印象手绘

室内设计
手绘透视技法

（第2版）

郏超意 编著

人民邮电出版社
北京

图书在版编目（CIP）数据

印象手绘：室内设计手绘透视技法 / 郊超意编著
. -- 2版. -- 北京：人民邮电出版社，2023.1
ISBN 978-7-115-59636-9

Ⅰ. ①印… Ⅱ. ①郊… Ⅲ. ①室内装饰设计—绘画技
法 Ⅳ. ①TU204.11

中国版本图书馆CIP数据核字(2022)第118510号

内 容 提 要

本书以室内设计表现为核心，结合透视的基本理论知识，系统、全面地诠释了各种室内空间场景的透视作图方法和表现技巧。本书内容安排注重整体知识框架的系统化和连贯性，从最基础的线条到综合案例的呈现，从简单的透视术语解释到整体透视空间的表现，由简单到复杂，循序渐进，充分地将室内设计表现知识进行了完整的延展和深化。

全书共 11 章，内容包括室内设计手绘与工具、室内设计与透视、线与比例、基础图形透视练习、体块的形成与明暗、室内设计阴影与质感表现、设计中的画面和透视图、室内单体及组合透视练习、室内设计透视的应用、室内空间综合表现、马克笔表现与透视。全书框架结构严谨，知识范围宽广，内容简洁扼要，案例表现丰富。

本书适合建筑设计、景观设计、室内设计等专业的在校学生，相关培训机构师生以及对设计手绘感兴趣的读者阅读。

◆ 编　著　郊超意
　　责任编辑　杨　璐
　　责任印制　马振武
◆ 人民邮电出版社出版发行　　北京市丰台区成寿寺路 11 号
　　邮编　100164　　电子邮件　315@ptpress.com.cn
　　网址　http://www.ptpress.com.cn
　　固安县铭成印刷有限公司印刷
◆ 开本：787×1092　1/16　　　　彩插：14
　　印张：17　　　　　　　　　2023 年 1 月第 2 版
　　字数：612 千字　　　　　　2025 年 8 月河北第 4 次印刷

定价：99.00 元

读者服务热线：(010)81055410　印装质量热线：(010)81055316
反盗版热线：(010)81055315

前言

本书是我多年从事室内设计手绘课程教学的经验积累和心得总结，主要讲解如何将室内透视学与手绘表现图结合，使手绘效果图更加严谨、准确、形象、逼真。编写本书的重点在于加强透视学在室内设计手绘表现图中的运用，重视透视知识在整体绘制过程中的重要性，纠正学习手绘的不规范现象，使读者对室内手绘有一个全新的认识，能够更科学地帮助读者掌握室内设计手绘技法。

学习手绘的主要目的是设计出优秀的作品，脱离设计谈手绘表现是本末倒置的，甚至可以说是纸上谈兵。所以，我们要在为设计服务的前提下进行手绘表现，这便是学习手绘的核心。在室内设计手绘表现中，对画面效果的追求是永恒不变的目标，但是，这种效果不仅仅是表现图本身的出彩，还体现出设计师对透视空间的理解和把握。我们需要借用空间的转化来表达自己的设计想法，塑造出较强的空间透视感，建立起一个良好的沟通媒介，以在短时间内直观明了地表达出设计理念及情感。

本书从最基础的手绘知识开始讲解，由易到难，循序渐进。同时，结合现代设计元素特点，以大量的实例诠释各种透视空间的表现技法。希望本书能够为在校学生和室内设计手绘从业人员提供一个相互交流与学习的平台，一起努力提升手绘表现能力，进而为室内设计尽一份绵薄之力。

在编写本书的过程中，我参阅了一些专家的有关资料与作品，从中受益颇多，在此深表感谢。书中难免存在疏漏之处，期盼广大读者批评和指正。

郑超意

2022年3月

目录

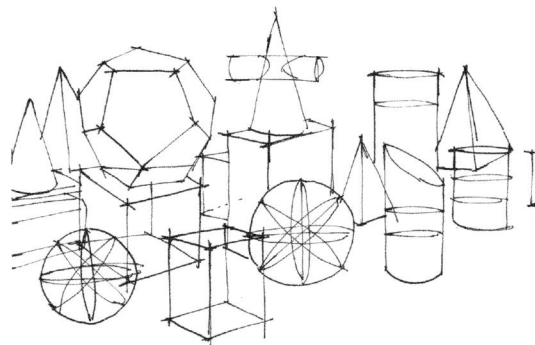

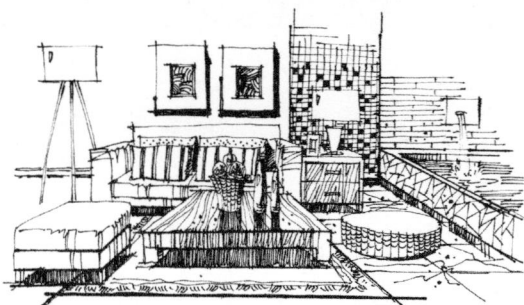

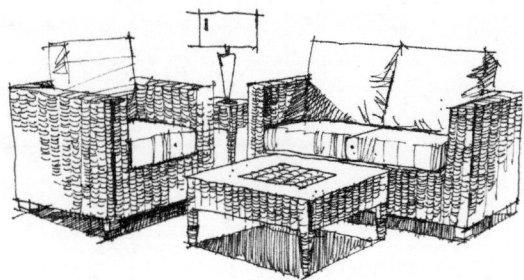

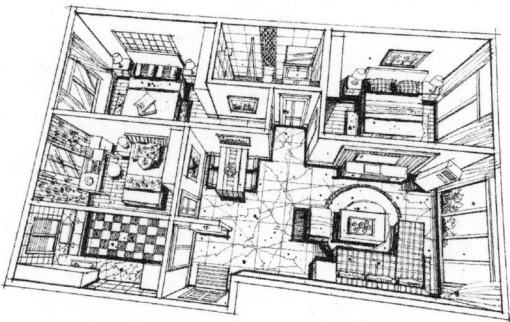

2013. 4. 4.

第1章 室内设计手绘与工具

1.1 室内设计表现的概念及历史

1.1.1 设计的定义

对于"设计"一词，各类词典有许多不同的注解，大概可归纳为计划、构思、策划、预先制定、绘制草图等。设计的宗旨是以人为本，最终服务于人，不断地满足人的需求（物质与精神），改善人们的生存环境和生活方式，提升人们的生活品质。因此可以说，设计是一种构思与计划，人类的一切创造都离不开设计。我们周围的物质环境（建筑、园林景观、道路、工业产品等）都是通过设计构思创造出来的。

设计是一个思考过程，即从无到有，从量变到质变，实现突变的一个过程。设计通过方案的实施改变过去传统的思维模式，对现有的观念进行提升，以不断地完善和改变人类的需求为最终目标。

设计更是一门哲学。通过哲学的思维方式和方法，我们能对设计进行整体的把握，而不局限在设计领域的某个局部看问题，还能把设计看作人与世界建立起来的某种特定的关系，从而解决设计中的诸多问题。

1.1.2 设计手绘表现的历史

设计手绘表现图在我国建筑学发展史上具有非常重要的地位。从春秋末期，以及晋代到唐代的描绘建筑图像开始，其独特的艺术语言与表现形式记录了中华民族每一历史时期不同的建筑面貌和审美风格。在表现形式上比较写实，呈现出了建筑的繁复、精美，可谓古代建筑画之精品。

在国外手绘表现历史中，尤其是在文艺复兴时期，一些建筑师堪称全才，他们采用不同的手绘表现技法，把设计和手绘表现技法精妙地融为一体。绘画技术、透视原理、工具、媒介和几何学等科学技术的不断发展，以及建筑风格特征的形成，对设计手绘的发展起了非常大的作用。

1.1.3 室内设计手绘表现图

室内设计手绘表现图也称室内设计透视效果图，是室内设计工程图中的一部分，它通过绘画手段直接而又形象地表达设计师的构思与想法，是传递设计信息及设计理念的重要工具。从设计的构图、立意、设计风格，到设计整体与局部的关系处理，室内的陈设与布局等各个方面都可以通过手绘表现图展示出来。同时在手、脑、眼的结合训练，以及在思维的灵动与连贯训练上，手绘表现图都有助于提升设计师的专业综合能力。所以通过手绘进行设计表达，是每一位准备投身或已从事设计工作的人士必须掌握的基本技能。

1.1.4 室内设计手绘表现图的意义

　　如今，在整个室内设计行业中，青睐手绘表现的业内人士与日俱增。手绘表现已然成为设计师做设计表现图的一种流行趋势。

　　设计方案在发展和规范的过程中，经历了从手绘表现到电脑表现，继而回归手绘表现的过程。历史经验证明，电脑效果图始终无法完全代替手绘图。不可否认，电脑可以提高我们的工作效率，使我们的设计图更精确。但是近些年，电脑绘制的不足之处逐渐显现，如表现手法公式化、配置的模型单一化，整体效果难以令人满意。对于设计师而言，手绘表达是他们运用感性思维以最快速、最便捷的方式在图纸上表达设计思路，用灵动的设计语言诠释他们的艺术魅力。当然，不论是手绘表现还是电脑表现，一个优秀的设计师都应予以重视，两者都很重要，因为它们有个共同的特点，即都是为设计服务的。

1.2 室内设计手绘表现图的绘制过程

1.2.1 概念设计阶段

　　室内概念设计是设计师对一个空间进行的一系列有序的、可组织的、理想性的设计活动，是一个由模糊概念到清晰思路，由粗到精，由抽象思维到具象表达的不断深化的过程。在设计时，应使用简练的线条或块面快速、生动地对整个空间的设计方案进行不断推敲和细化。

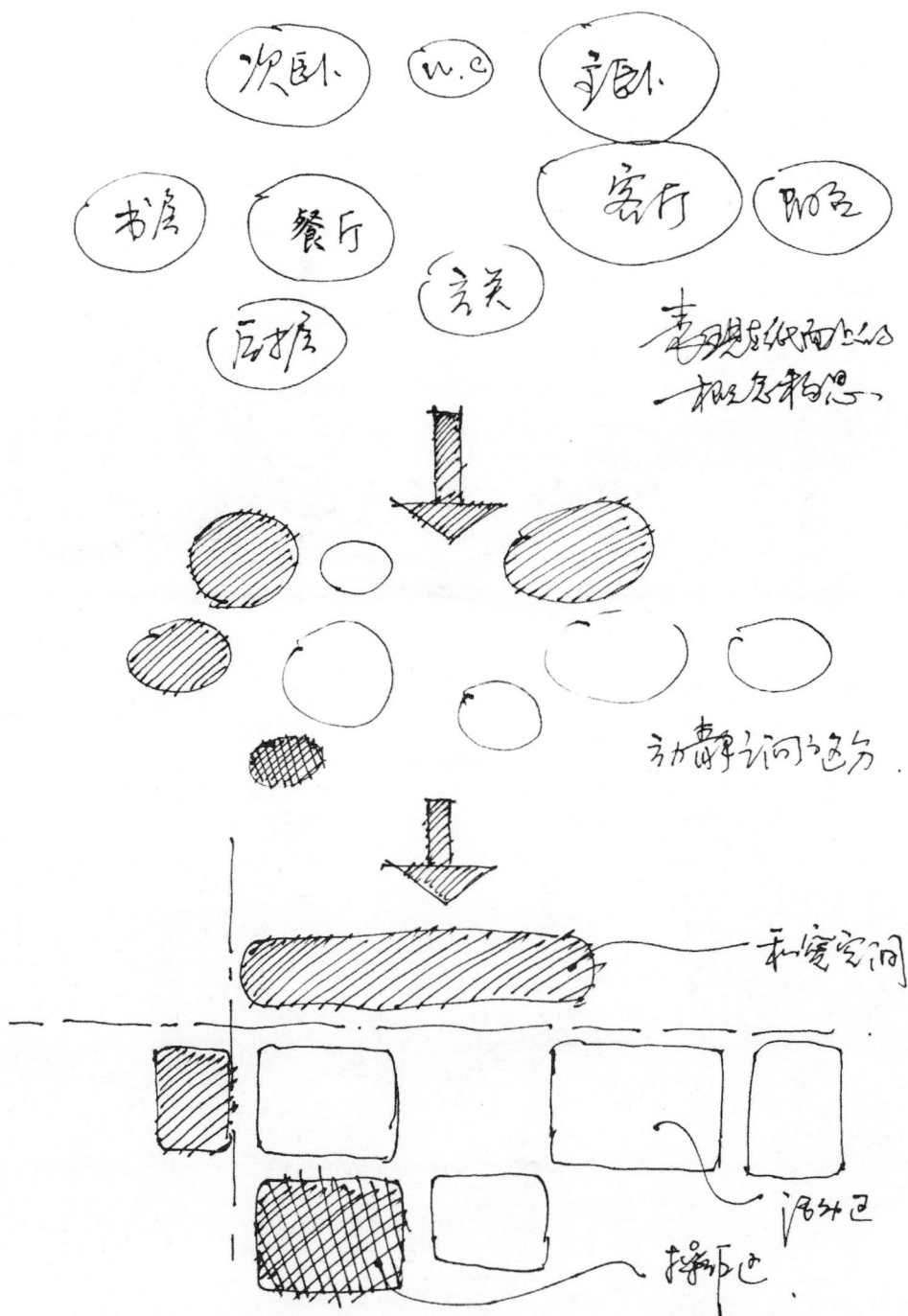

1.2.2 草图阶段

草图阶段指设计师在概念设计的基础上对空间的情景进行细化分析，把起初比较模糊的概念通过造型、比例、虚实等关系进一步推敲。所有的信息都应当在这个过程当中描绘出来。在表现内容上，不仅要有平面图的规划、立面图的设计，同时也常常利用透视效果图的空间界面草图进行构思与造型，从宏观的角度辨别整体空间的主体关系。这有利于后期造型的把握和整体设计的进一步调整与实施，并能更有效地解决有关空间的一些实质性问题。此时的表现更应该强调使用功能的取向和主题的个性化。

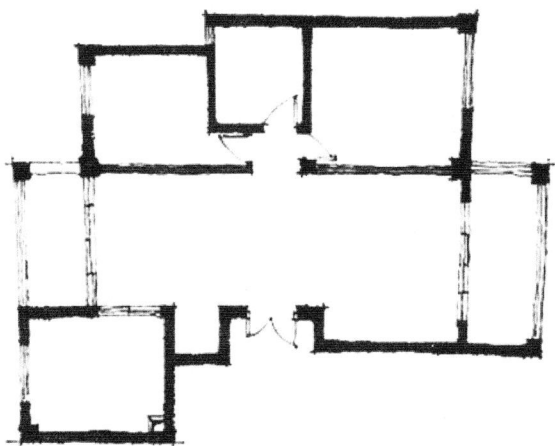

原始结构图   规划后的格局

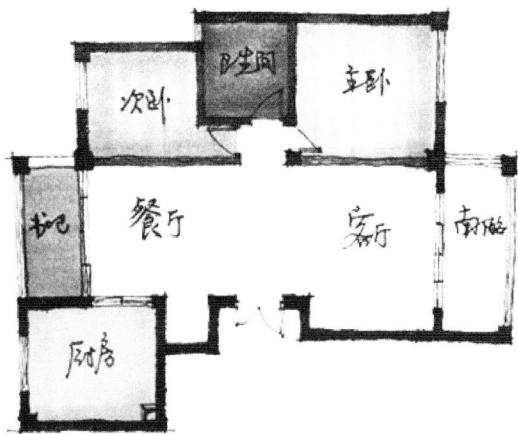

1.2.3 定稿阶段

手绘表现图的定稿阶段要求构图完整、画面饱满，所表现的空间、造型、比例、材质、色彩关系都应该准确和明确，并且有一定的视觉冲击力和艺术感染力，为此在表现风格上需统一化，能够达到社会审美的共性。在细节的刻画上要求形象逼真，以体现出一个专业设计师扎实的专业理论基础、表现能力和文化艺术修养。

1.3 绘制室内设计手绘表现图的工具介绍

1.3.1 工具简介

室内设计手绘表现图需用多种工具来绘制,目前普遍采用以下几种。

1.笔类工具

铅笔:铅笔是较为常用的一种绘图工具,平时使用较多的是HB、2B、6B三种型号。其中H系列为硬质铅笔,B系列为软质铅笔,表现图常用中软质铅笔起稿和画草图,可深可浅,比较容易涂改。炭笔也可归于此类,其色黑深沉,适合用于素描表现。当然还可以用自动铅笔,室内设计手绘表现图一般使用铅芯直径为0.5mm或者0.7mm的自动铅笔来绘制,其线条清晰,能保证画面干净,而且使用时比较便捷。

铅笔表现作品

硬　　　　　软硬适中　　　　软
⟵　　　　　　　　　　　⟶
…4H 3H 2H H　　HB　　B 2B 3B 4B…

钢笔:钢笔不仅是人们普遍使用的书写工具,也是设计师勾勒草图设计方案和快速表现的工具。钢笔绘制的线条变化均源于笔尖,画出来的线容易出效果,画的风格较严谨。在透视技法中,钢笔除了能绘制物体的结构轮廓外,在细部的刻画和面的转折上也能做到精细准确,能呈现出一种特殊的画面氛围。由于钢笔绘制的图不可修改,因此我们在下笔之前要心中有数,脑子里一定要对整体的布局、结构和透视关系有一个清晰的画面,才能够很好地安排线条的走向和排列,最终获得较好的画面效果。

钢笔表现作品

针管笔：针管笔是设计制图中必备的重要绘图工具，一般有两种：一种是墨水针管笔，另一种是一次性针管笔。针管笔普遍用于勾勒线条或者通过线条的排列组合、点与点的疏密关系来表达物体的虚实变化与明暗关系。因为其笔尖的特殊构造，画出来的线条均匀，没有粗细变化，所以只能用不同型号的笔来完成画面线条的粗细组合。针管笔的型号比较多，一般是0.1~0.5mm，使用时可根据绘画的需要进行选择。针管笔是画透视图的首选工具。

墨水针管笔

一次性针管笔

针管笔表现作品

彩色铅笔：用笔方法和铅笔相近，颜色较为透明，通常会选择水溶性彩色铅笔，上色后用水涂抹，有一种水彩的感觉，但是要求纸张较厚、颗粒较粗。

彩色铅笔表现作品

马克笔：色彩丰富，多达数百种。其主要分为水性和油性两类。油性马克笔颜色相对饱和，颜料挥发快，适合在任何纸张上面作画。油性马克笔绘制的画面风格豪放，类似于草图和速写的画法，是一种商业化的快速表现技法。

马克笔表现作品

水性双头马克笔

油性马克笔

我们选用两张透视图来进行比较，一张是线稿，另一张是用马克笔上色后的效果图。

其他画笔：在绘制草图时，很多时候也会用到软笔、签字笔、油画棒等特殊型材的画笔，其画面表现效果比较特别，能呈现出丰富多彩的画面感。

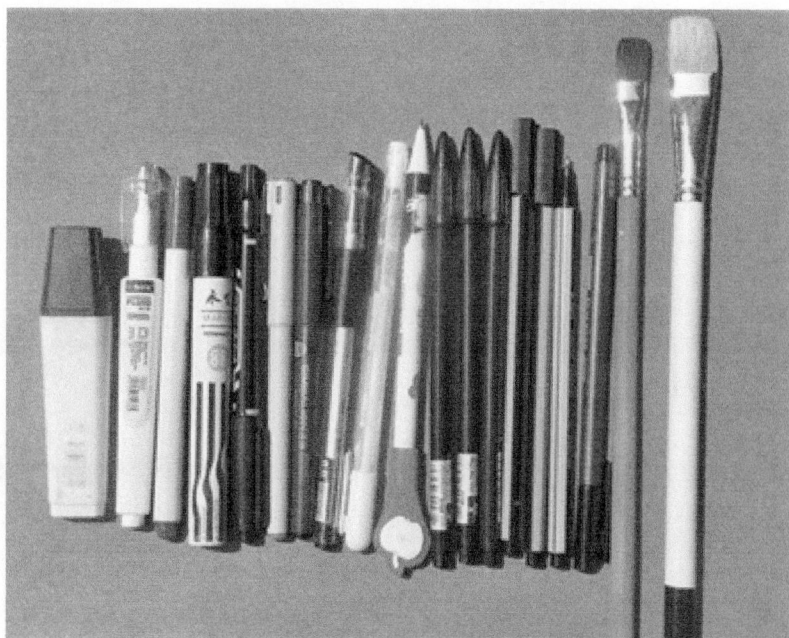

2.纸类工具

纸张的选择应随作图的形式和视觉表现来确定，绘画者必须熟悉各种不同纸张的特点。一般来说，应选用质地密实，且吸水性较好的纸张。

素描纸：纸质较好，表面略粗，铅笔较好着色，耐擦，适合画需要深入刻画的素描和彩色铅笔表现图。

水彩纸：正面颗粒较粗，吸水性强，比较适合表现一些精致的画面效果。

水彩纸表现效果

水粉纸：和水彩纸相比较薄，吸色比较稳定，但是不宜多涂改，不耐擦。

水粉纸表现效果

复印纸：一般作为普通办公用纸，以A0、A1、A2、A3和A4等标记来表示纸张幅面规格。在练习绘制手绘透视图时，一般会选择A3和A4规格的纸张，因为尺寸大小合适，比较容易把握。其纸面光滑，比较薄，手感柔软，适合多种不同型材的画笔。复印纸价格便宜，是练习绘制透视图的良好选择。

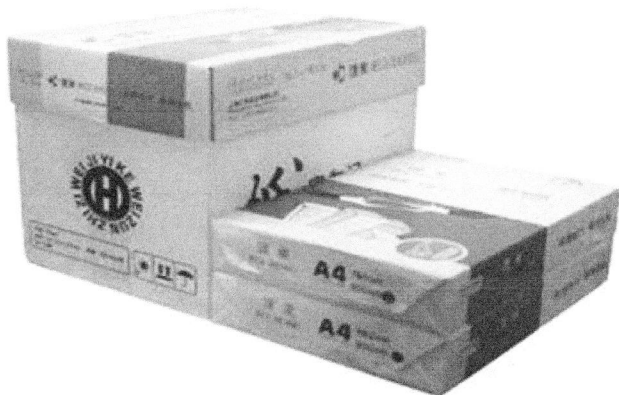

马克笔纸：针对马克笔的特性而设计的绘画纸张，纸质厚实，光泽度高。其对马克笔的色彩还原效果较好。我们常见的有单张的，也有装订成册的，携带比较方便。

拷贝纸：一种生产难度较高的文化工业用纸，一般为白色，因为其透明度较高，所以一般会用于透视图的重复绘制。

硫酸纸：硫酸纸的纸质比较特殊，看上去比较纯净，且透明度较高，被广泛运用到手绘设计图中。硫酸纸由于呈半透明状，且对油脂和水的渗透抵抗力强，透气性差，因此在用马克笔表现时很难吸附颜料，色彩的表现也比较差。

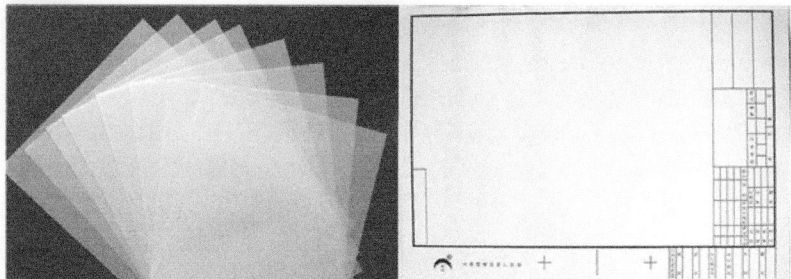

其他纸类工具：铜版纸、卡纸、牛皮纸和色纸等在绘制表现图中都能经常使用到。

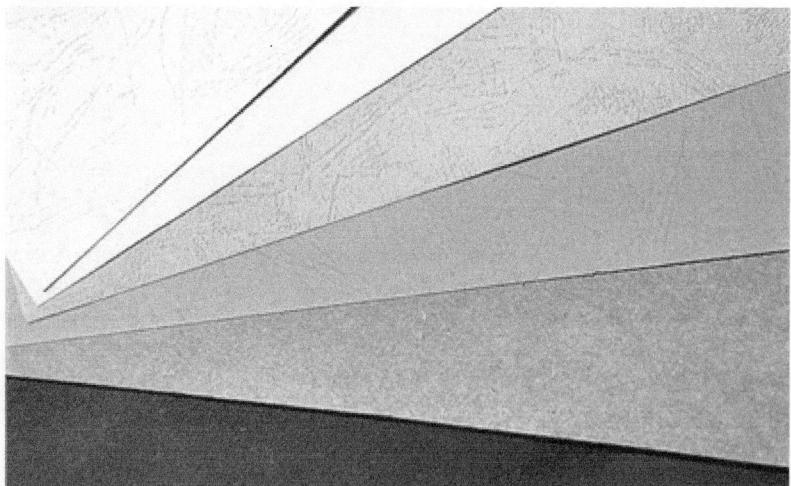

3.颜料工具

水彩颜料：水彩颜料是传统的着色工具，具有颜色明快、透明度高的特点，与水调和使用，其色度与纯度和水的加入量有关，水越多，色越浅，能体现出独特的渲染效果。当色彩重叠时，下面的颜色会透出来，即使长期保存也不易变色，所以水彩表现是现代很多设计师热衷的表现方法。

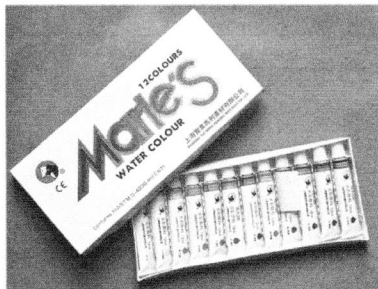

水粉颜料：又称广告颜料，由颜料粉、白粉、胶和水按一定的比例混合而成，属于不透明的水彩颜料。水粉颜料可用于较厚的着色，大面积上色时也不会出现不均匀的现象。

我们也可以使用丙烯颜料。虽然同属于不透明水彩颜料，但水粉颜料一般要比丙烯颜料便宜，在着色、颜色的数量及保存等方面比丙烯颜料稍逊一筹。另外，也可以尝试用纤维颜料，总之应根据不同用途进行选择。

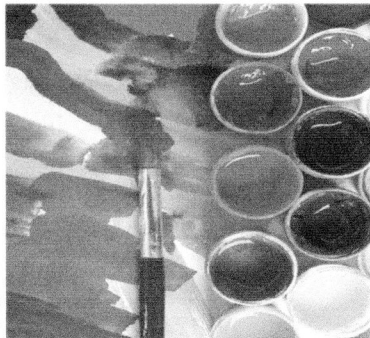

4.其他辅助工具

其他常用的绘画辅助工具有三角尺、比例尺、丁字尺、曲线尺、蛇尺、模板、调色盒、剪刀、橡皮、胶带纸、透明胶、刀片、电吹风等。

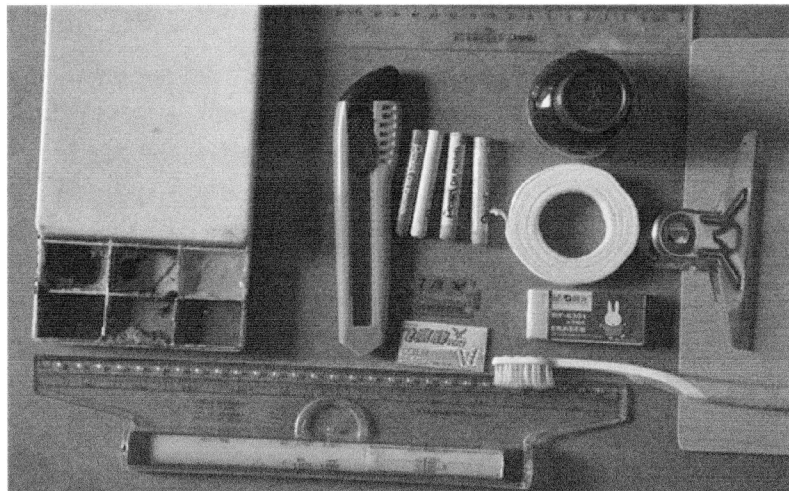

同时，创造一个良好的工作环境也是十分必要的。绘画者结合工作条件，准备一个合适的绘图工作台，绘画时会更加方便。

1.3.2 正确的绘图姿势

手绘表现创作对握笔、用笔的姿势是有一定要求的，当然，这是由绘画者平时用笔的习惯所决定的，但是正确的握笔姿势是画好一张手绘表现图的前提。从专业的角度来说，建议大家按照以下方法进行练习。

1.握笔方法

正确的握笔方法

在正确的握笔方法示范中可以看到，握笔时笔杆放在拇指、食指和中指的3个指梢之间，食指在前，拇指在左后，中指在右下，食指应较拇指低些，拇指和食指自然弯曲，形成椭圆状，指尖（食指）应距笔尖约3cm。中指的第1关节从后面抵住笔杆，笔杆斜靠在虎口处，无名指和小指一齐弯曲，依次靠在中指的后面。笔杆与纸张保持60°角，掌心虚圆，指关节略弯曲。要注意用笔力度，应尽量放松，不可过分用力。

错误的握笔方法

上面介绍的标准握笔、用笔姿势是非常简单的，一定要养成良好的握笔和用笔的习惯。对于初学者来说，可能不太适应，甚至很别扭，于是在不经意间养成了错误的握笔、用笔习惯，形成了错误的姿势，以后很难调整过来，就会直接影响画面所表现的效果。下图是几种常见的错误握笔和用笔姿势。

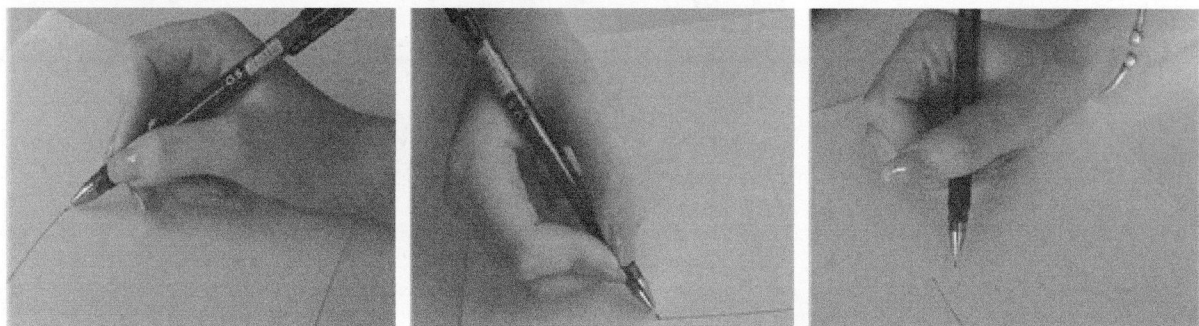

2.坐姿

除了正确的握笔和用笔姿势之外，正确的坐姿也很关键。我们在绘制一张手绘表现图时，要求先坐好，头正、肩平、胸稍挺起，身体稍微往前倾；腰要挺直，眼睛与画面保持一定的距离，这样有利于对画面的整体观察；两肩自然下垂，尽可能放松，使手臂能够自然地来回移动。

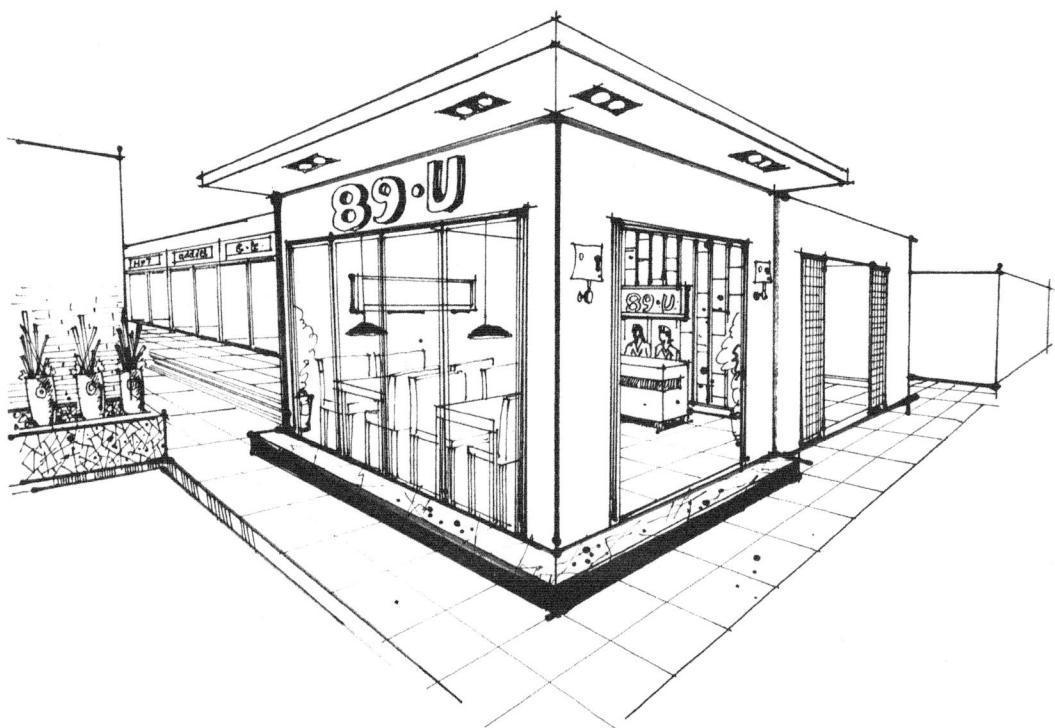

第2章 室内设计与透视

2.1 透视的基本概念

2.1.1 透视的含义

　　"透视"一词的英文"perspective"源于拉丁文"perspclre"（看透），含义为透视感、透视法、透视图等。

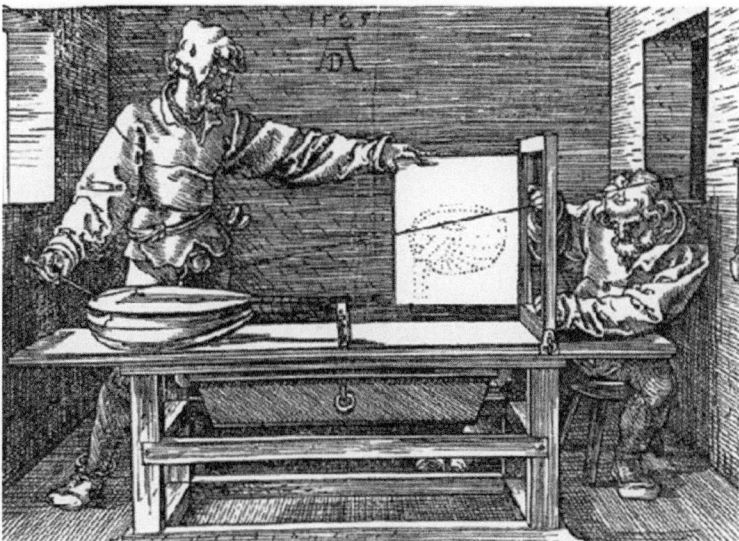

2.1.2 什么是透视

　　研究透视的方法最初是通过一块透明的平面去观察景物，研究在一定视觉空间范围内所形成的景物状态，根据一定的图形产生的原理和变化规律，在平面画幅上通过线条来表现其空间位置、轮廓和投影，从而完成三维空间的表达。

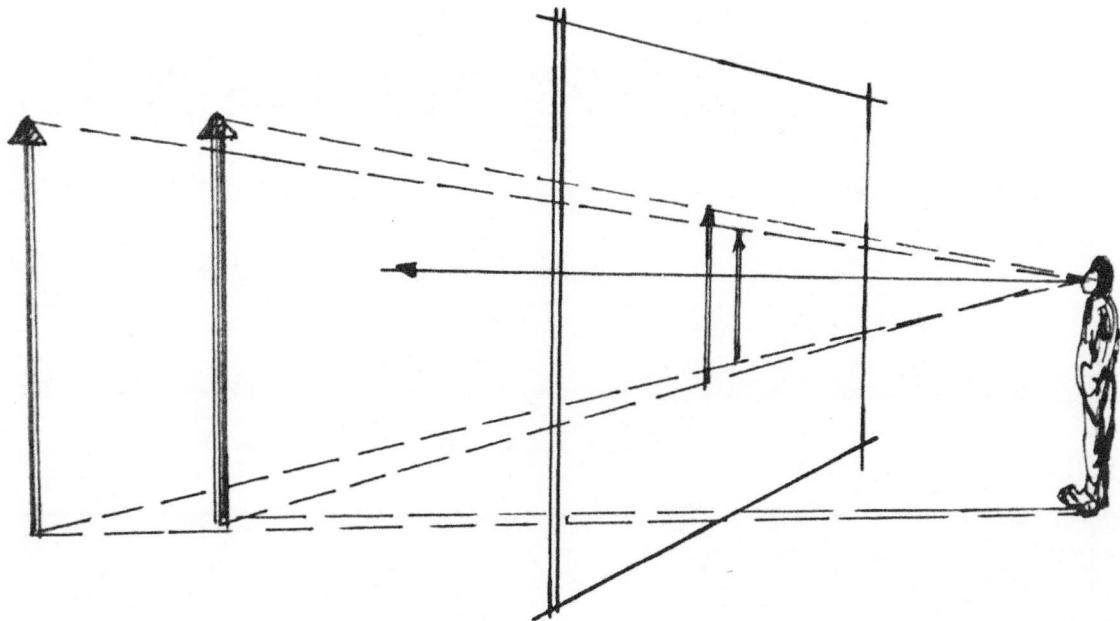

2.1.3 透视的研究对象

室内设计手绘是要在平面的画纸上绘制出室内设计场景，表达出室内的空间感、色彩和材质等。室内设计透视的表现是针对立体感和空间感的。

一般画面中的立体感和空间距离感可以用以下几种方法来表现。

1.图形的重叠关系

将画面中的各种形体画成重叠状，人们会觉得完整的形体的位置靠前，被遮挡的形体的位置靠后。形体的层层重叠让人感觉一层比一层更远。不产生重叠关系的形体就像在同一个平面上。

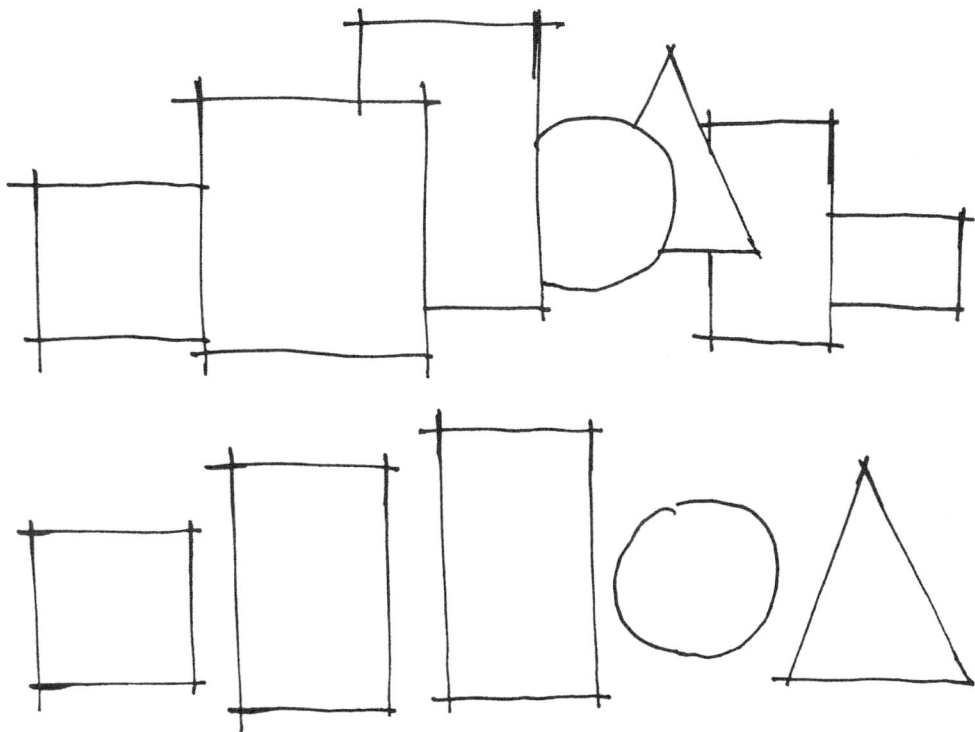

2.距离的远近关系

物体与视点的距离的不同会让物体之间形成明暗对比，物体的清晰度也随距离的增加而降低。

3.色彩的关系

受大气或空气的阻隔，物体的色彩会产生冷暖变化。近处色彩倾向明确，远处色彩倾向模糊，近处色彩偏暖，远处色彩偏冷，这样就形成了空间感。

2.1.4 空间的主要分类

1.一维空间

在视觉艺术中，凡是在一定的空间中存在点、线的空间即为一维空间，也称一元一次空间或一度空间。

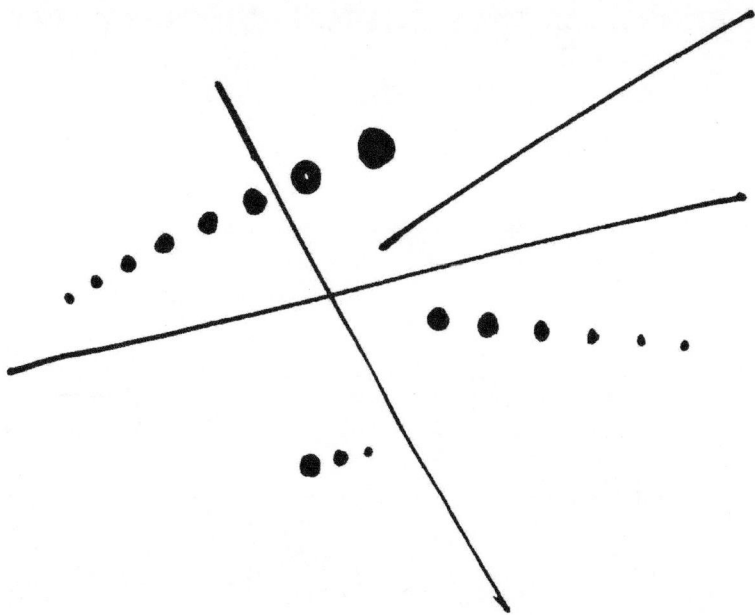

2.二维空间

在一定的空间中存在由线的有序排列组合成的平面，这种空间称为二维空间或二度空间。

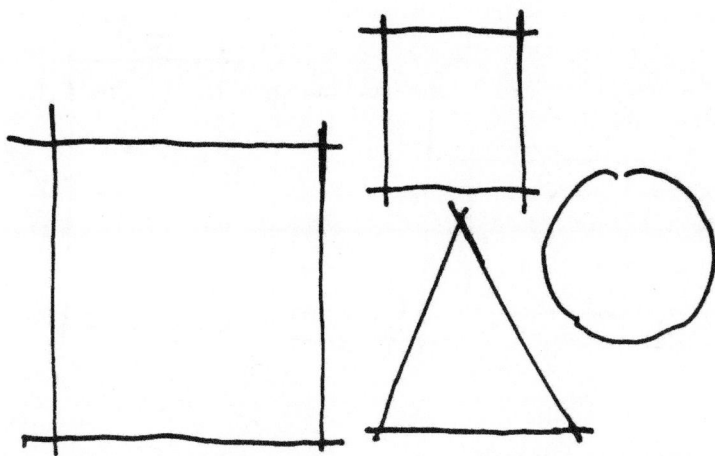

3.三维空间

与平面的垂直方向的纵深面形成立体状态的空间，称为三维空间。

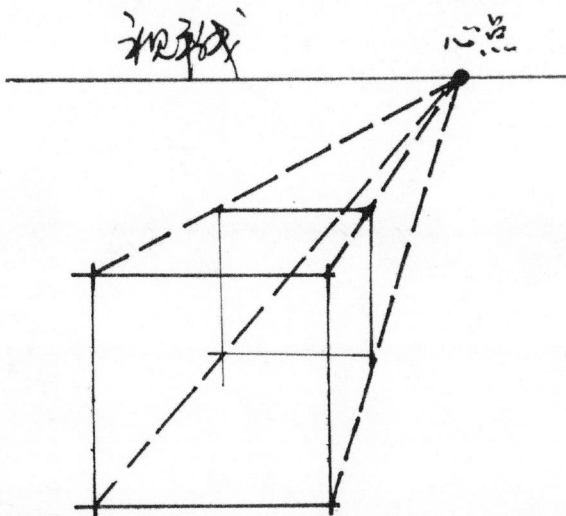

2.1.5 透视的基本术语和作图框架

在学习透视原理和绘画之前，应对透视的常用术语及作图框架有一定的了解。

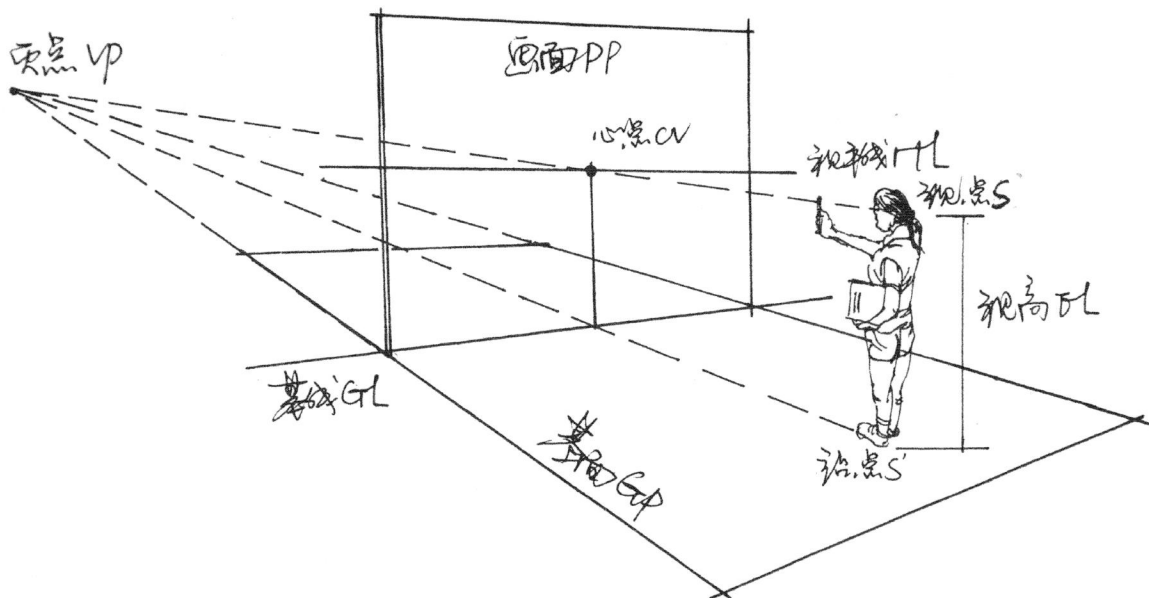

视点（目点）：画者的眼睛位置，用S来表示。

视线：过视点向景物上的某一点所引的连线，是作图时假想的直线，根据作图需要可以任意引用作为参考线。

视角：视角是观察物体时，从物体四周（上、下、左、右）引出的光线在人眼光心处所形成的夹角。在画室内设计表现图时，一般使用60°以内的视觉角度。

视中线：由视点引向景物任何一点的直线为视线，其中引向正前方并与画面垂直的为视中线，平视时与地平面平行，俯、仰视的视中线倾斜或者垂直于地平面。

主视线：从视点向正前方引向地平线的水平视线。

画面（PP）：假设的画者与被画物之间的透明画图平面，被画物上各个关键点聚向视点的视线，将物体图像映现在透明平面上。画面须平行于画者的颜面，垂直于视中线，且平视的画面垂直于地平面，俯、仰视的画面倾斜或平行于地平面。

心点（CV）：视中线与画面的交点，且视中线必与画面垂直。

主点：视者的主视线与画面的交点。

距点：在画面上以主点为圆心、视距长为半径作圆，在此圆上的任意点，一般都可以称为距点，视平线上的距点有两个，左右两个距点到主点的距离和视距相等，它们是与画面成45°的变线的灭点。

基线（GL）：画面与地平面的交线，即取景框的底边。

基面（GP）：透视学中假设的作为基准的水平面。

视平线（HL）：经过心点所作的水平线。

视平面：视点和视线所在的平面，平视的视平面平行于地平面，俯视或仰视的视平面倾斜于地平面，正俯视或仰视的视平面垂直于地平面。

视高：平视时，视点至地面的高度，在画面上即基线至视平线的高度。

视距：视点至心点的距离。

变线：与画面不平行的直线，随着画面上的透视方向发生变化，要么指向远端的某个消失点，要么终止于某个消失点，且互相平行的变线共用一个消失点。

灭点（VP）：实际平行的直线受透视影响，在画面中并不平行，其最终形成的透视向远方汇集于一点，这个点便是灭点。

灭线：与画面不平行的平面无限延伸，在画面上最终消失在一条直线上，这条线就是灭线。

2.1.6 设计透视图的基本类型

在我们绘制设计透视图时，需要从物体、画面、视点和视向之间的关系加以考虑。画面与物体的位置关系不同，所产生的设计透视图不同。

一幅设计透视图只能有唯一的视点和视向，考虑物体和画面的关系，我们常见的手绘透视根据透视类型可分为一点透视、两点透视和三点透视3种。

下面我们简单地介绍一下这3种透视。

1.一点透视

从物体与画面的关系上看，物体有长、宽、高3组不同方向的边，每组有4条边。如果其中一组面（或是两组边）平行于画面，另外一组边垂直于画面，这种情况下就叫平行透视。由于在平行透视中只有垂直于画面的边有灭点，并且只有一个灭点，因此平行透视也叫一点透视。一点透视中，心点与灭点重合。

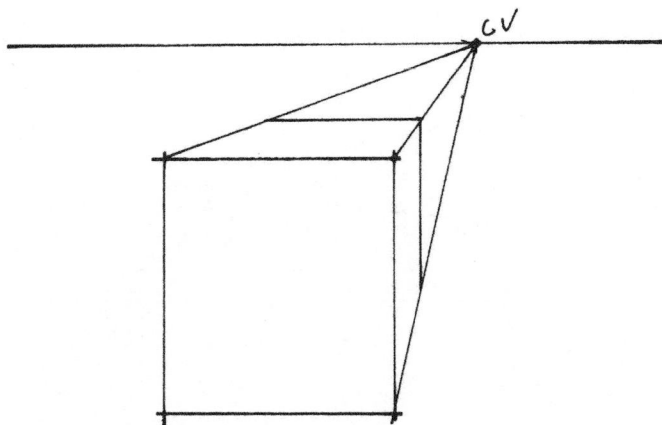

2.两点透视

如果物体的各个面均不平行于画面，而是出现两组面与画面形成一定的角度，且两个角度相加为90°，那么这种透视为成角透视。在平视时，由于成角透视中所有平行于基面的线都会消失在左右两个灭点，故成角透视也称为两点透视。

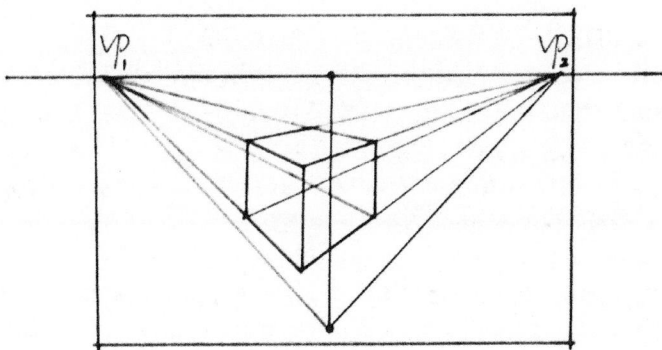

3.三点透视

当视中线向上或向下倾斜于基面时，物体上没有一组边平行于画面，三组边与画面相交于三个灭点。在三点透视中，当成角透视呈现俯视情况时，称为成角斜俯视，成角透视呈现仰视情况时称为成角斜仰视。

正俯视和正仰视时，物体上只有垂直于基面的边与画面相交，所以正俯视和正仰视时的透视也是一点透视。

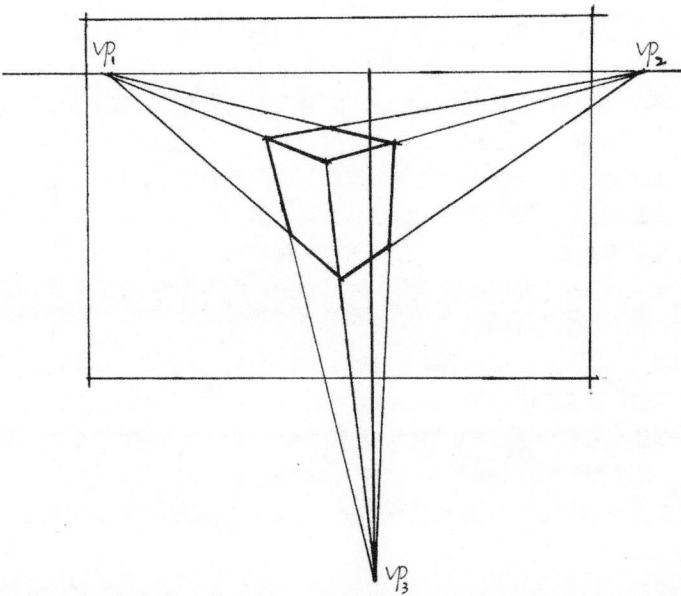

2.2 透视在室内设计表现中的重要性

透视的原理和作图方法在室内手绘表现中起着重要的作用。首先，透视的准确绘制有助于对形体的有效把握，而形体的准确表现恰恰是室内手绘表现的基础，是画面效果的基本保证，可以使画面更符合人们视觉的合理性和规范性，学好透视基础可以帮助我们控制画面，提高表现技法。水平其次，我们可以通过透视图对设计方案做进一步的推敲，以更好地体现我们的设计意图。尤其是在进行草图创作阶段，利用透视图从多角度推敲整体方案的立意是设计师常用的手段，也是完成优秀设计关键的一步。所以通过大量的实际练习，掌握透视的基本规律，以求最终能够灵活地表现画面效果，淋漓尽致地表达设计创意。

2.3 一点透视

　　一点透视在室内手绘表现图里经常用到，因为通过一点透视绘制出来的画面视感平稳、稳重，透视的纵深感强，表现范围较广，场景深远，主次分明，且绘制起来比较容易。但是处理不当就会使画面显得呆板。

2.3.1 一点透视的基本概念与特征

1.一点透视的概念

　　一般是以立方体为例，其中一组面与画面保持平行，其他与画面垂直的边只有一个灭点，在这种状态下的透视称为一点透视。

　　下面我们以立方体为例，用手绘的方式来示范一点透视。

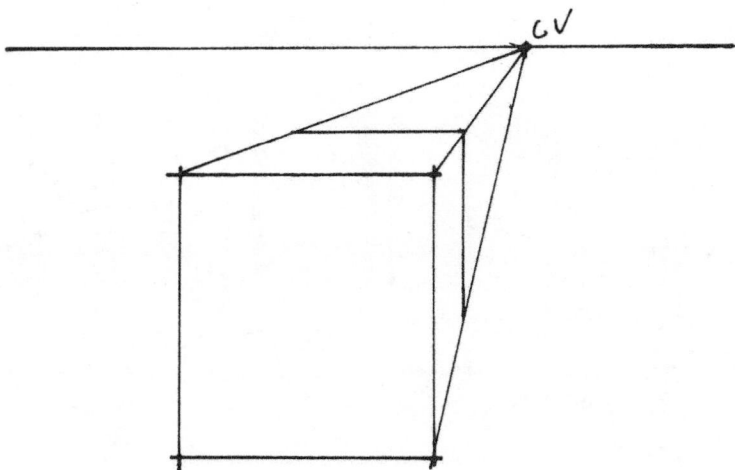

（1）首先画立方体的一个面与画面平行。

（2）确定视平线的位置。

（3）确定灭点的位置。在一点透视中只确定一个灭点。

（4）确定看物体的角度，是平视、俯视，还是仰视？我们先确定立方体在视平线之下。

（5）将立方体与画面平行的那个面上的所有点连接于灭点。

（6）确定立方体的深度。一点透视中物体的深度通过距点可求得。

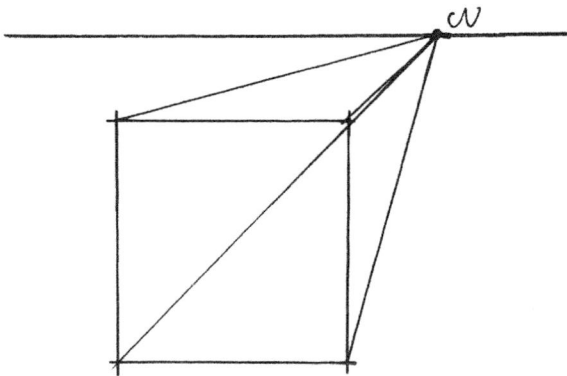

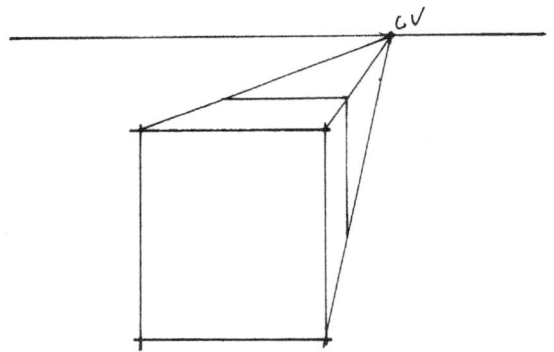

（7）完成一点透视的立方体的绘制。

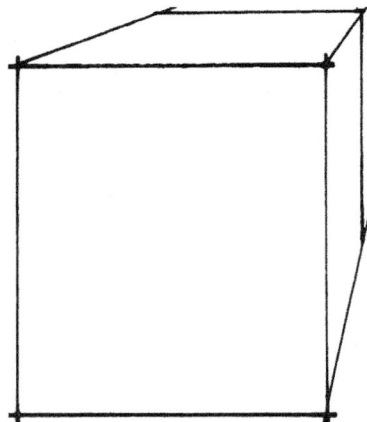

2.一点透视的基本特征

如下图所示，在透明的玻璃板画面后平放一个立方体和一个正方形平面，立方体的两对竖立面中有一对与画面平行，所以一点透视又称为平行透视。通过对下图的绘制和理解，我们可以得出一点透视的基本特征。

一点透视的放置状态　　　　　　　　　　　**一点透视的透视状态**

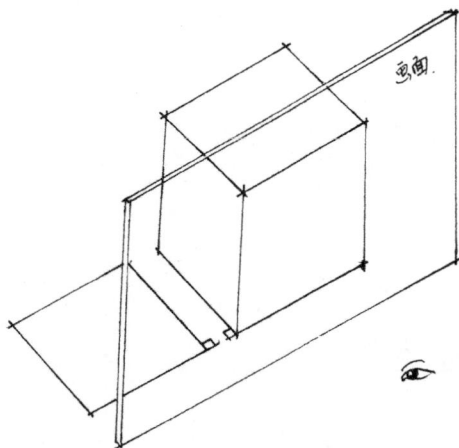

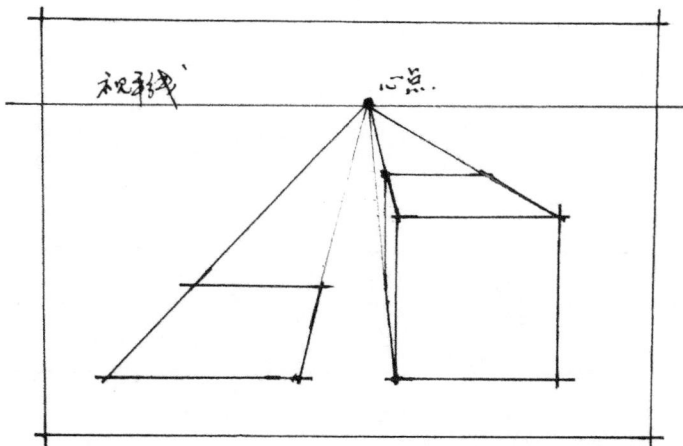

一点透视的特征有以下几点。

第1点：不管物体在什么位置，一点透视只有一个灭点（也是心点和主点）。

第2点：立方体有两对边与画面平行。

第3点：垂直于画面直角水平线的B边向心点消失。

第4点：平行于画面且与基线垂直的C边与画面保持平行。

第5点：平行于画面又平行于基面的A边仍然保持水平。

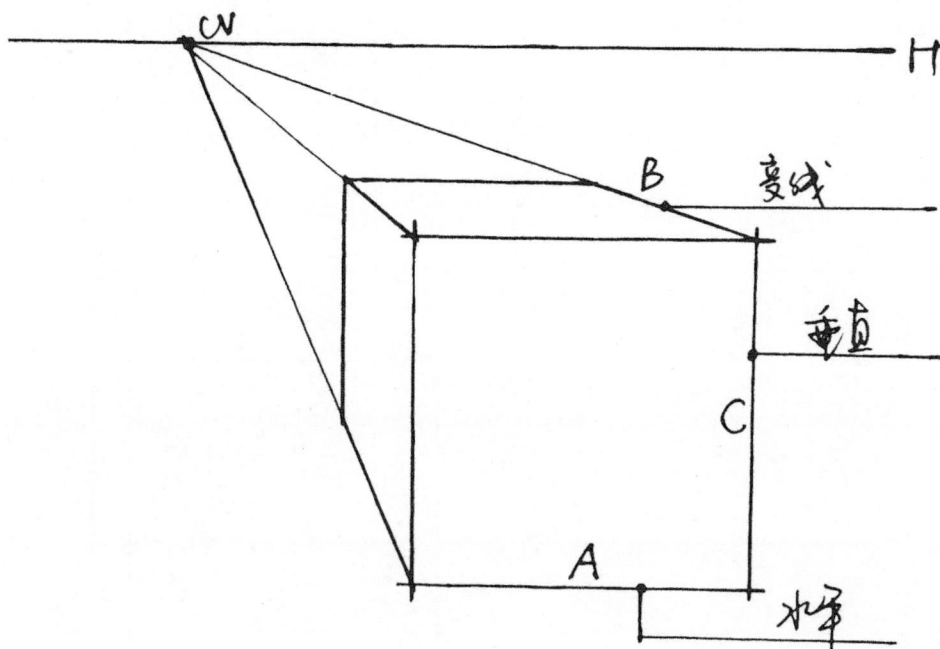

2.3.2 一点透视的3种线段方向

立方体的三组边，每组4条边相互平行，分别代表立方体的长、宽、高的方向和尺寸。

立方体的平行放置状态　　　　　　**立方体的一点透视状态**

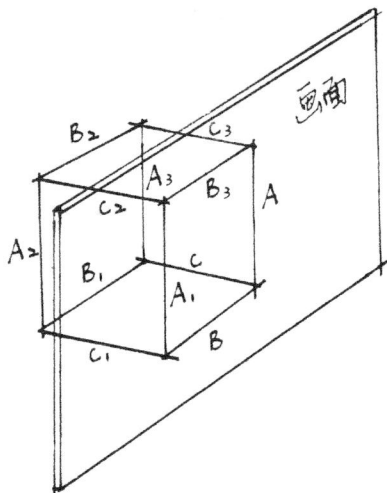
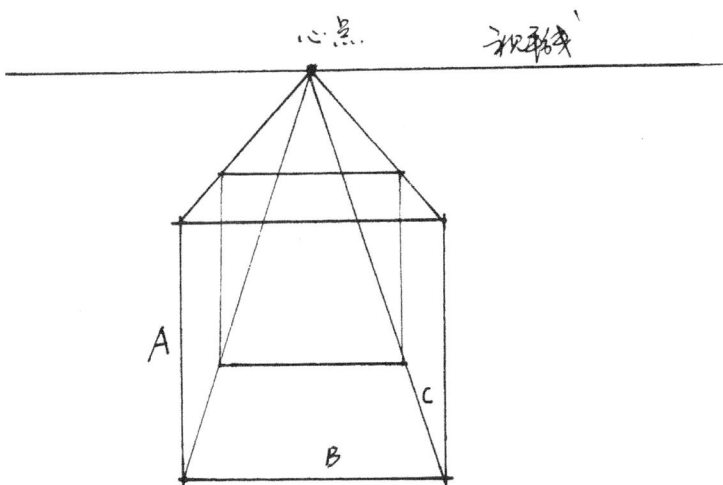

立方体呈一点透视状态放置，三组边的透视方向分别为：A 边垂直于画面，透视方向为垂直；B 边与视平线平行，透视方向为水平；C 边为与画面垂直的变线，透视向心点汇聚。

一点透视的立方体透视图3组边的透视方向分别是垂直、水平、向心点。

垂直、水平、向心点是一点透视单体边线的透视方向，也是多个长方体组合成的一点透视场景中线段的透视方向。画一幅一点透视场景图时，一般会建议绘画者按上图的要求想象着去画，这样有助于画好空间的透视效果。

沿着这些网状线条的3个方向就可以完整地勾画出空间物体的轮廓，以及物体与空间之间的关系。

图A：面对一张画纸，定好视平线和心点的位置，设想画纸上布满了竖线、横线以及从心点发射出的线。

图B：在画复杂的形体时，可以通过这些线去确定所要绘制的形体，因为形体的轮廓都"隐藏"在这些线条中。

图C：通过心点的线条能将绘画者的视线引向纵深，从而对在平面上绘制的画作产生三维的视觉感受。所以初画透视图时，一般都会先从心点引出一些辅助线（变线）来帮助我们理解空间的透视感。

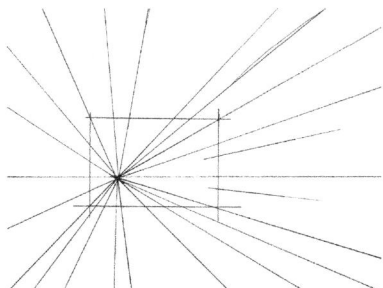
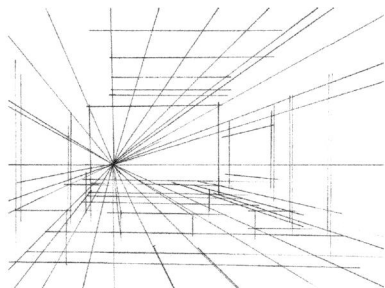
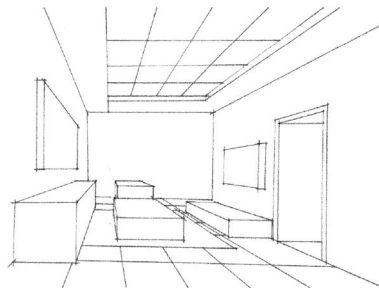

图A　　　　　　　　　　图B　　　　　　　　　　图C

2.3.3 一点透视图的分析

通过上面的透视空间感的练习，我们可以得出一点透视的基本规律。

规律1：一点透视立方体的水平面与视平线的规律

以视平线为界，水平面在视平线下方可见物体的顶面，如下图中的立方体4、5、9、13；水平面在视平线上方可见物体的底面，如下图中的立方体1、2、6、10。水平面距离视平线越远，水平面透视越宽，反之越窄。水平面与视平线同高时，水平面呈一条直线。

规律2：一点透视立方体的侧立面与主垂线的规律

以主垂线为界，在其左方的物体可见到右侧立面，在其右方的物体可见到左侧立面，如下图所示。同样大小的侧立面，距主垂线越远透视下的侧立面越宽，反之越窄。如果侧立面与主垂线重合，则侧立面呈一条直线。

规律3：一点透视立方体与灭线的规律

同两条灭线都不接触的一点透视立方体，能见到3个面；同一条灭线接触的一点透视立方体，能见到两个面；同两条灭线都接触的一点透视立方体，只能见到一个面。

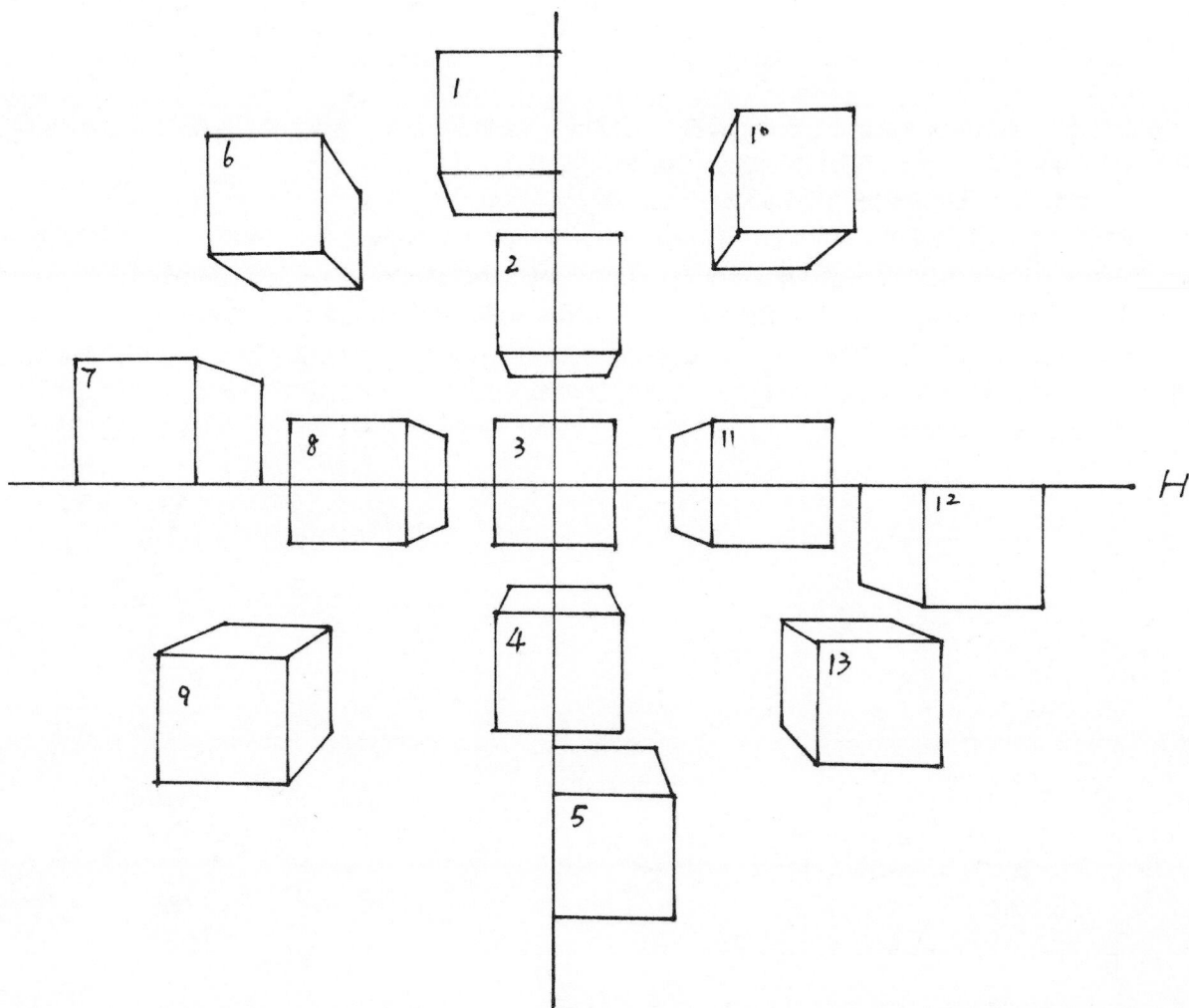

2.3.4 一点透视网格线的练习

要想捕捉到画面表现的空间感，必须要对透视物体的透视线进行把握，所以要画好一幅完整的透视效果图，应对透视网格线进行反复绘制练习，了解在不同的空间下，透视网格线是什么样子的。只有不断地练习，才可以提升对透视空间中物体与物体、物体与空间之间关系把握的准确性。下面我们试着设定一些画面空间，然后从心点出发，画大量的透视线条。

我们先确定画面中的视平线和灭点的位置，然后以灭点为起始画出向四周发射的透视线。

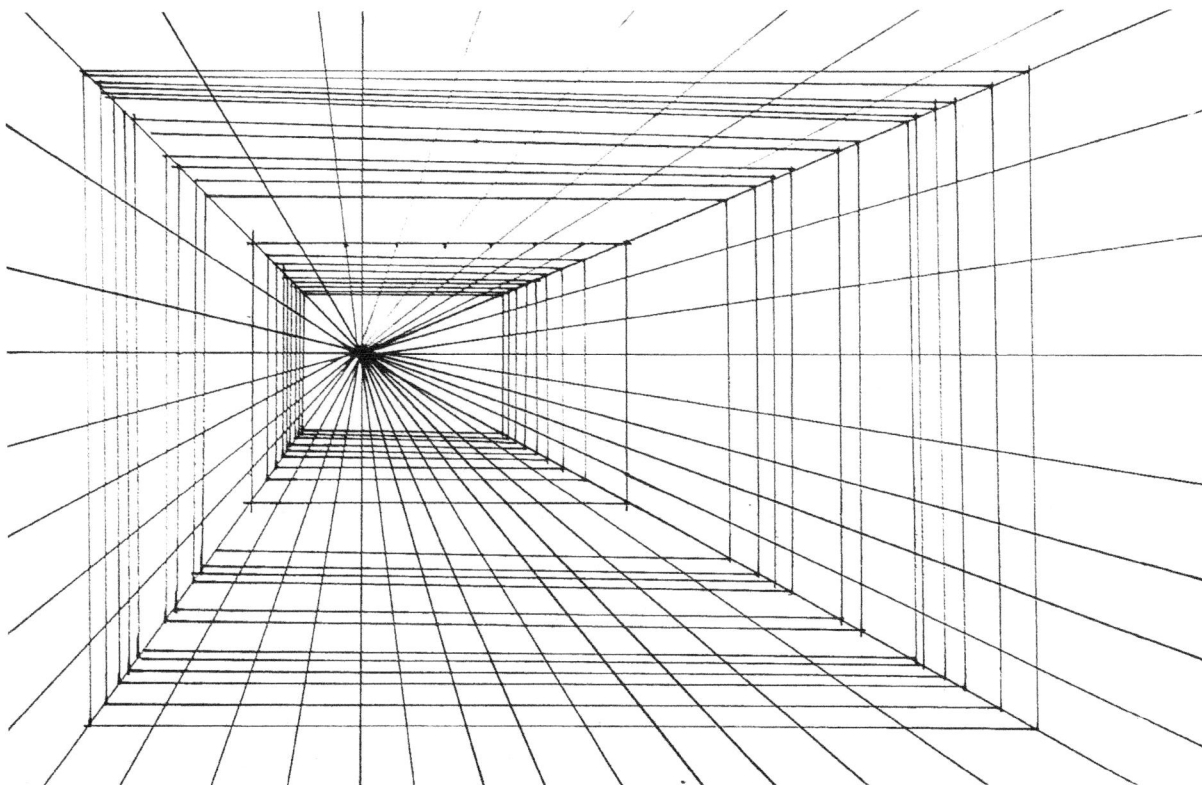

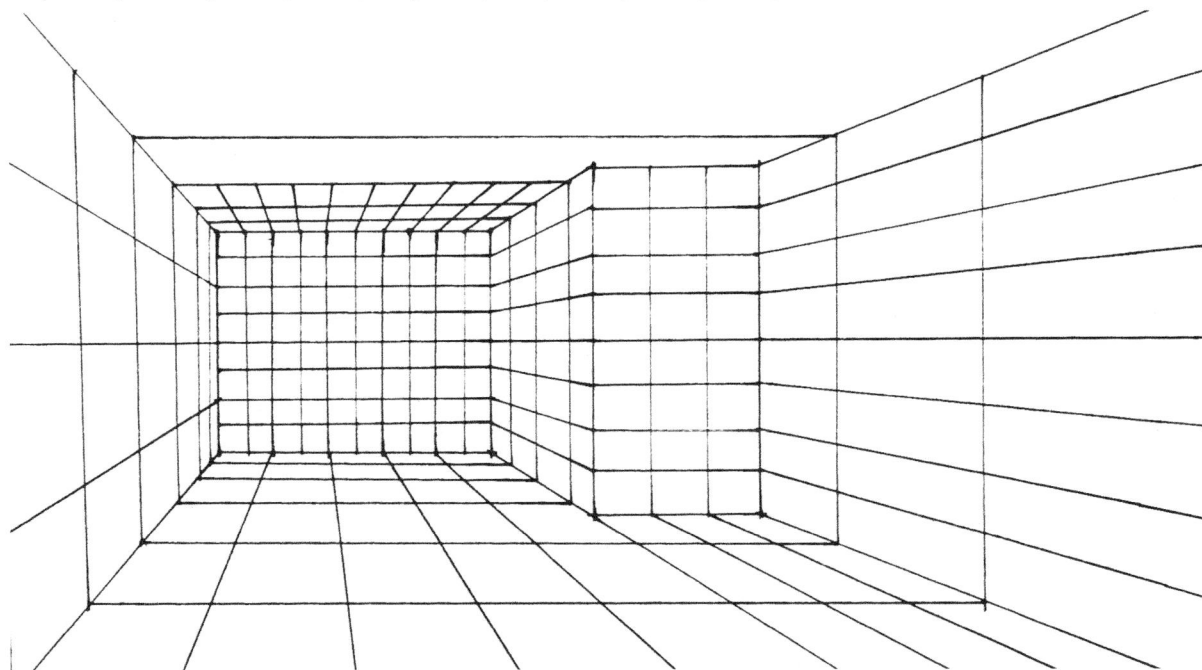

2.3.5 一点透视空间感的练习

空间透视感是我们练习整体透视效果与想象力的基础。我们要把一些有形态的物件绘制在一个产生透视变化的空间里，是需要通过大量的透视感来练习和想象的。那么画面上一些错综复杂的形体如何组织在一起呢？接下来我们进行一些简单的透视空间感的练习。先绘制最简单的立方体，确定好视平线和主点，确定在其上下左右分别能看到哪几个面。这种练习的目的在于把握一个形体在不同视角和视线的变化下所产生的透视形态。

练习1：先练习一组长方体在如下图所示的4个角度的透视图。

练习2：再练习一组立方体在如下图所示的9个角度的透视图。

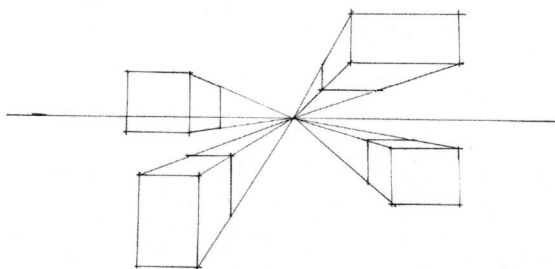

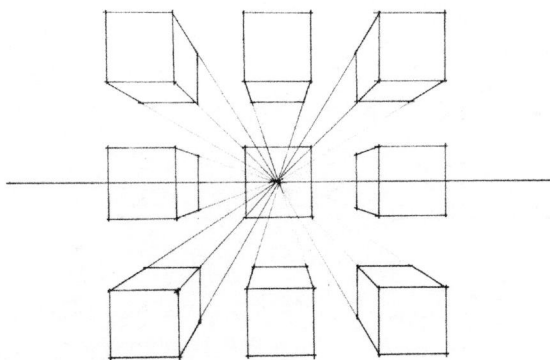

练习3：利用上述所讲的方法，尝试着把整张纸画满立方体，来加强透视空间感的训练。

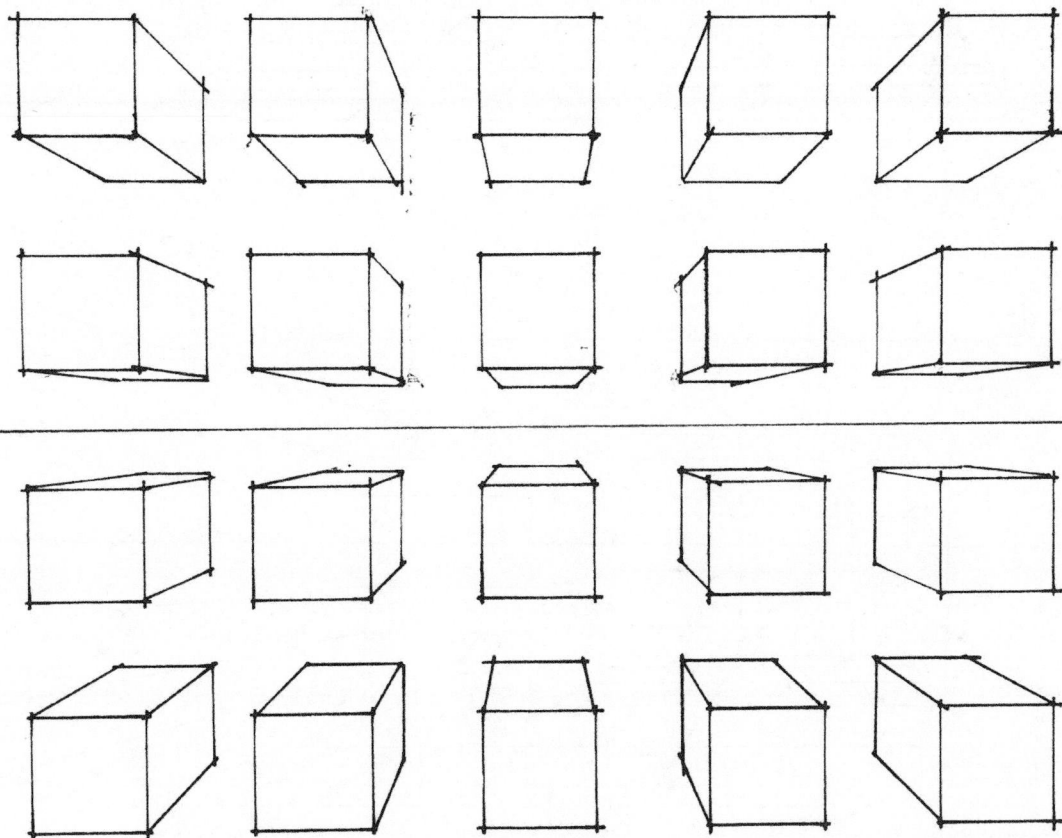

2.4 两点透视

2.3节讲了一点透视的基本原理、基本绘图步骤和如何将其运用到室内透视图中。在表现透视效果时，除了一点透视之外，两点透视也是较为常见的表现手法，相较一点透视其更能充分表现形体，更具有真实性。两点透视的构图变化丰富，形式感较强，重点突出，使整体画面比较有节奏感。本节内容我们依然以方形物体作为表现两点透视的例子。

2.4.1 两点透视的基本概念与特征

1.两点透视的基本概念

如果室内物体仅有垂直方向的线条与画面平行，而另外两组水平线条与画面成一定角度，且两角度相加为90°，则不与画面平行的两组水平线（称为变线）会分别向左和右消失在视平线上，这种情况下的透视称为两点透视。由于两组变线与画面形成角度关系，因此两点透视也称为成角透视。

和一点透视相比较，两点透视主要是观察物体的角度发生了变化。一点透视是观察者站在物体的正面观察，而两点透视是观察者与物体形成一定角度，所以观察到的物体的面就发生了变化。如图1是在一点透视的情况下看到的正面图；图2则是移动了视点位置，形成了有一定角度的透视效果。从图2上我们可以清晰地看到除了垂直线依然平行于画面，水平方向的线都发生了一定的变形，分别于左右两个灭点消失，并消失在视平线上，这就是两点透视。

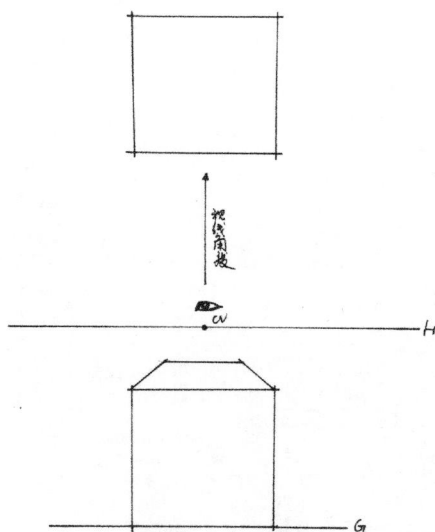

图1 一点透视

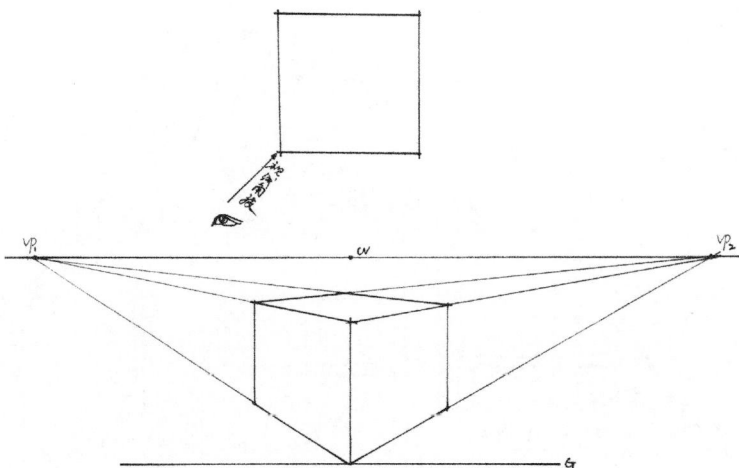

图2 两点透视

下面先以立方体为例画两点透视。

（1）确定视平线和画面的位置。视平线的确定主要是根据我们以什么样的角度去观察这个物体，是平视、俯视，还是仰视，这主要取决于我们所表现的内容。

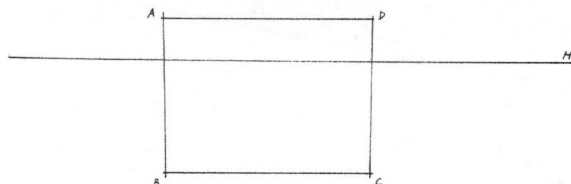

（2）确定视平线上的灭点位置，注意两点透视要确定两个灭点。

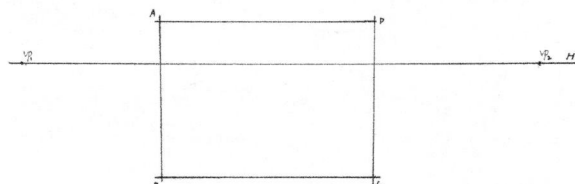

（3）确定立方体的垂直线条，将其连接于视平线上的左右灭点VP$_1$和VP$_2$。

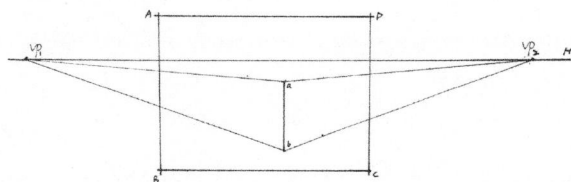

（4）确定立方体的深度，并完成立方体的两点透视。两点透视中物体的深度可通过测点法来求。

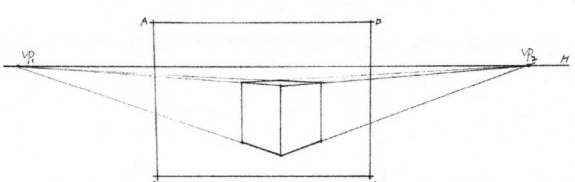

2.两点透视的特征

立方体的两对竖立面与画面都不平行，与画面分别成角1和角2，两角相加为90°，即互为余角，如图1所示，所以立方体的两点透视又称为余角透视。

分析立方体3组边的透视方向：c边平行于画面的垂直边线，透视方向为垂直；a边和b边为变线，同画面分别成角1和角2，分别向左右延伸，其透视方向分别向左右余点。

图2中，两点透视立方体透视图的3组的透视方向是：c边垂直于视平线，a边向左余点，b边向右余点。

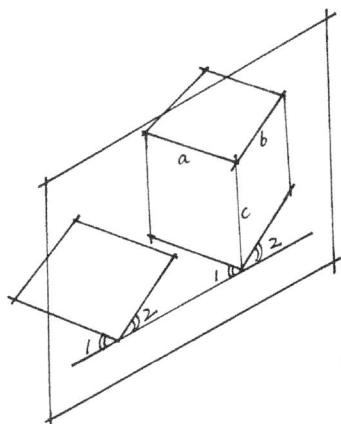
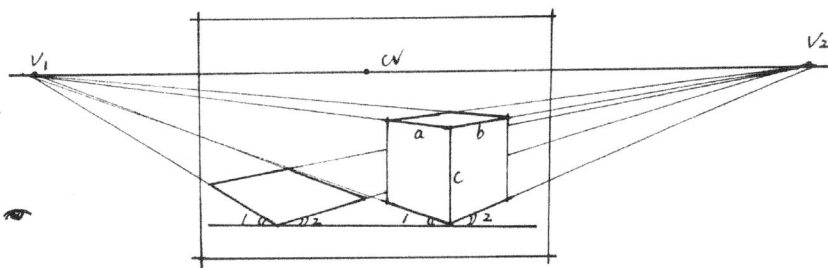

图1　　　　　　　　　　　　　　　　　　图2

在画两点透视的室内场景图时，对众多相互平行的立方体（或长方体）的物体和空间，均应遵循相同的透视方向，就能画出稳定、平衡、排列有序的空间场景图。

下图为两点透视场景画法示意，透视方向为向左右余点和垂直的3个方向。

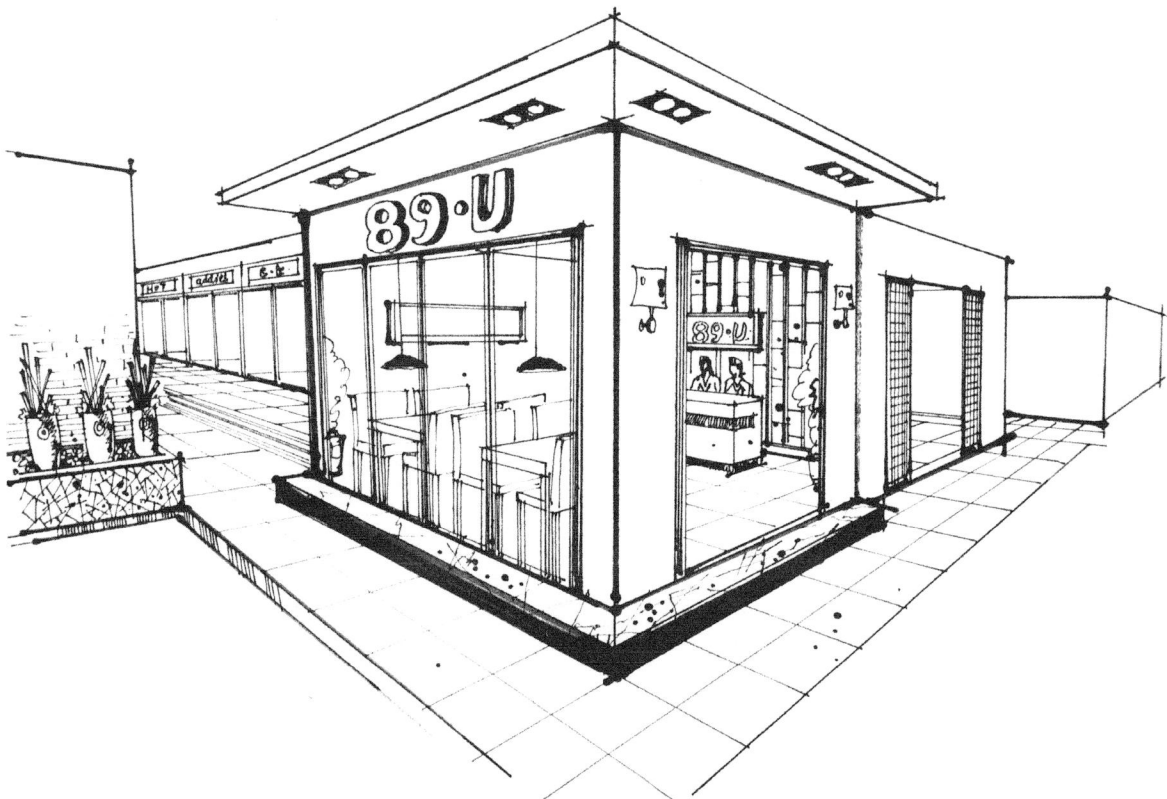

2.4.2 两点透视空间感的练习

两点透视是室内设计表现中常见的透视表现手法，要理解和掌握两点透视空间的变化规律，需要进行大量的两点透视训练，培养透视感。下面试着设定一些画面空间，然后画出不同角度下的透视图。

练习1：下图的练习主要是针对5个不同角度的不同体块进行透视练习，以助于我们灵活地掌握两点透视在不同视角下的透视，同时可增强对两点透视空间感的把握。

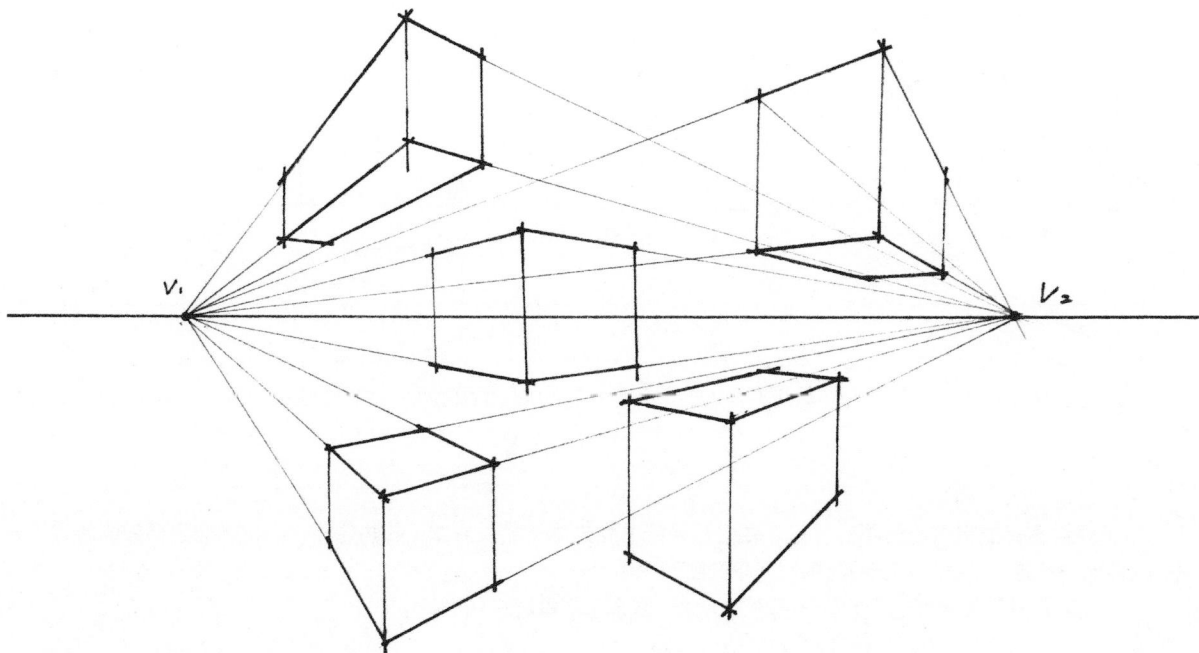

练习2：下图的练习是9个立方体分别在视平线的上、中、下和中垂线的左、中、右的角度上的透视效果。在绘制两点透视图时，下图的9种角度基本上诠释了大部分能够应用到表现两点透视图中的透视状态。

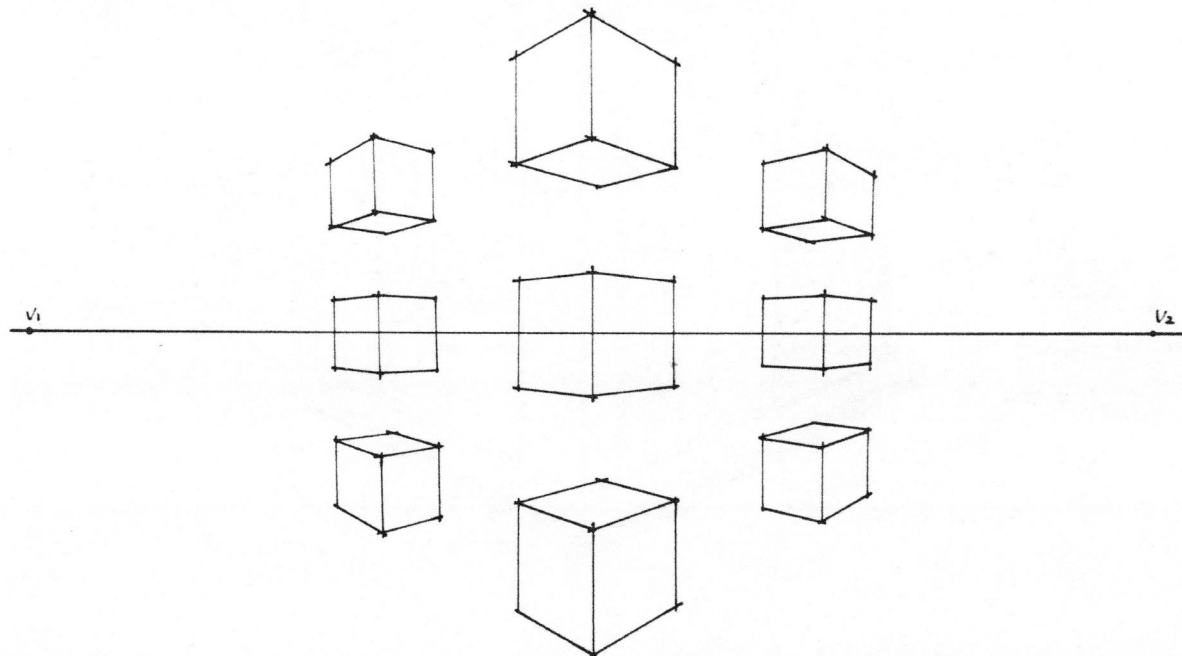

练习3：在这组透视练习中，多个立体体块的灭点和视点统一。

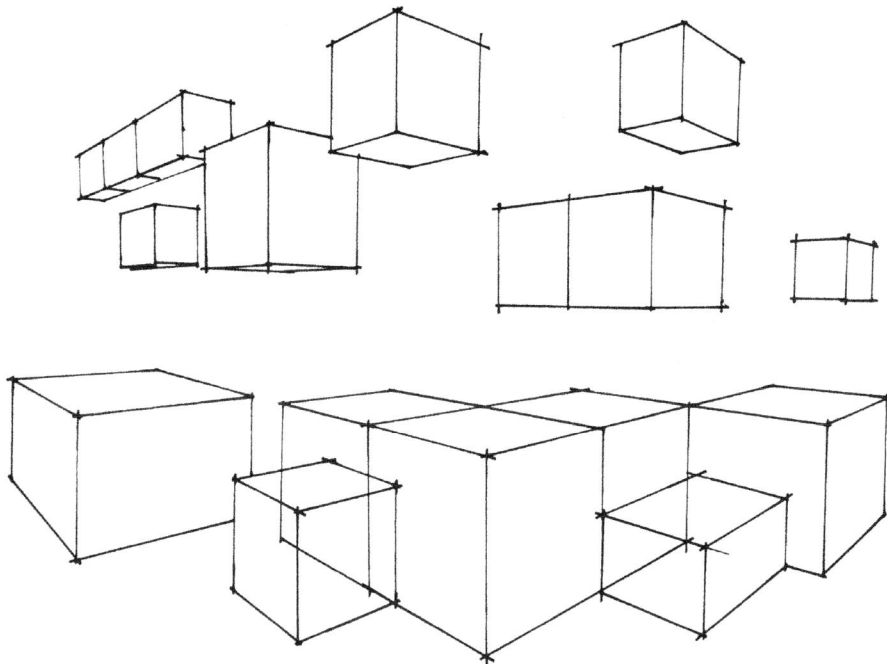

练习4：下图为两点透视的记忆方法训练。这种同一点透视记忆的训练方法在两点透视中是最基础的。通过仔细观察，我们不难分析出两点透视在画面上形成的基本规律，即两点透视场景的3条灭线。

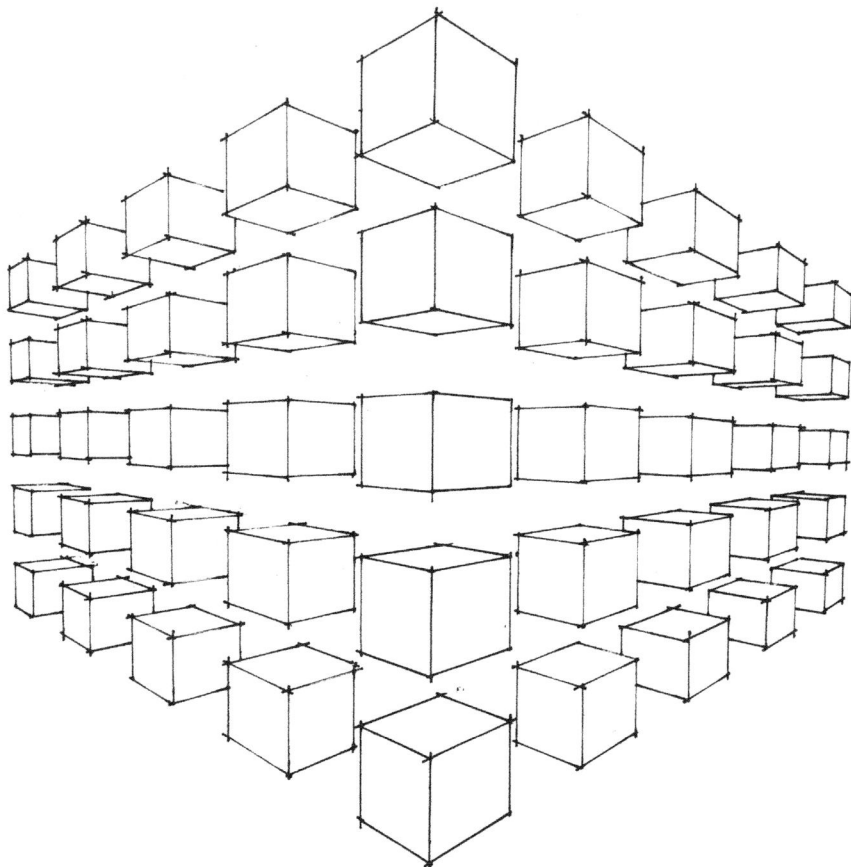

2.4.3 两点透视的基本规律

通过2.4.2节练习4的学习，可以发现同一个物体在画面上表现远近变化时是有规律性的，下面将详细讲解这几个规律。

两点透视立方体的3条灭线

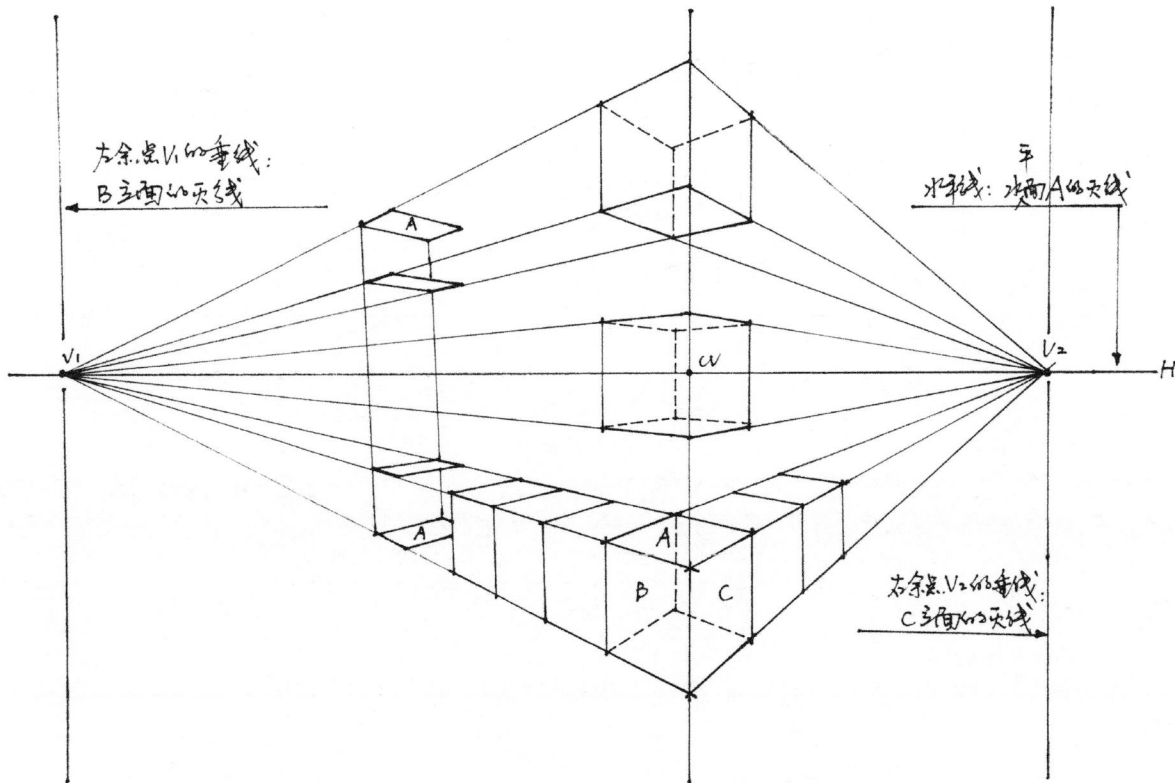

规律1：立方体3组围合面的变化

A水平面的两组边向视平线上的左右余点消失，灭线为视平线。B是左立面，其上下两条边向左余点消失，左右两条边垂直于地平面，灭线是通过左余点的垂线。C是右立面，其上下两条边向右余点消失，左右两条边垂直于地平面，灭线是通过右余点的垂线。视平线、通过右余点的垂线和通过左余点的垂线这3条灭线，决定了两点透视立方体围合面的朝向和透视的宽窄。

规律2：两点透视立方体水平面的宽窄变化

水平面A的灭线是视平线，处在视平线上下的水平面A相当于立方体的顶面和底面。立方体上下移动时，距离视平线越远，两个A面就越宽，反之越窄。和视平线等高的水平面的透视是一条水平直线。

规律3：两点透视立方体竖立面的宽窄变化

左立面B和右立面C的灭线分别是通过左右余点的垂线，各竖立面离各自余点垂线距离越近，竖立面的宽度就越窄，反之越宽。

2.4.4 两点透视三种视角的透视特征

在两点透视的手绘表现图中，根据所表现的场景重点内容不同，所选的透视角度也是不同的。两点透视中的45°视角是比较好掌握的角度，但45°视角并非适用于一切室内场景的手绘，这就需要我们能大致熟悉并掌握不同视角下的形体透视变化规律。

下面以立方体为例，讲解两点透视在不同视角下所呈现的透视状态及透视宽窄变化。

角度1：立方体的两个立面与画面形成a、b两个角，其角度相差甚大。两个余点的位置经常是一个在画框内，另一个在相反方向较远的地方。在这种角度下，离余点较远的立面看上去较宽，而离余点较近的立面看上去则较窄。

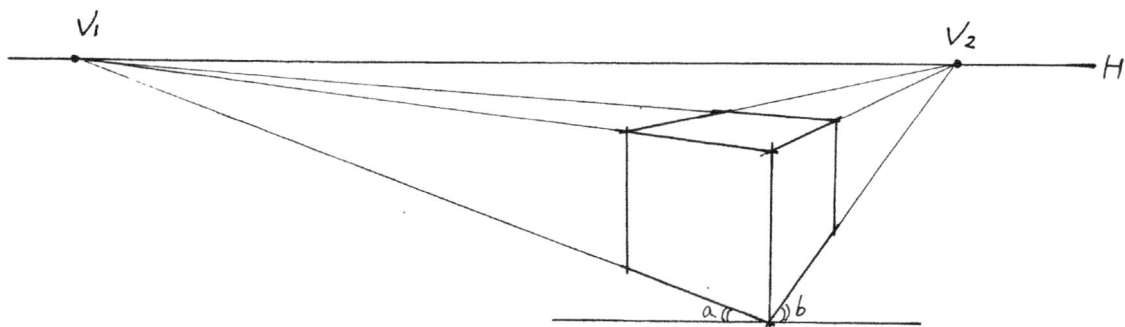

角度2：立方体的两个立面与画面形成a、b两个角，其角度大小差不多。余点V_1离心点的距离缩短，而余点V_2离心点的距离变远。在这种角度下，余点较远的竖立面看上去稍宽，而余点近的竖立面看上去稍窄。

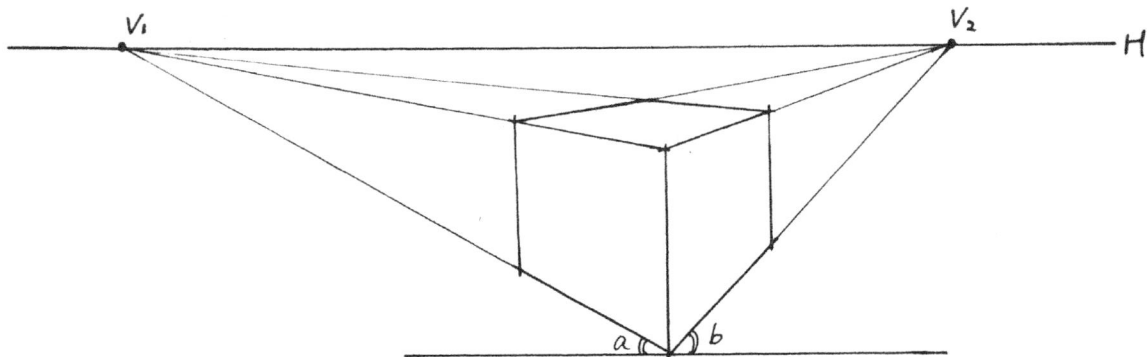

角度3：立方体的两个立面与画面形成a、b两个角，其角度均为45°。在这种角度下，两个余点与心点的距离相等，两个立面的宽窄看上去也相等。

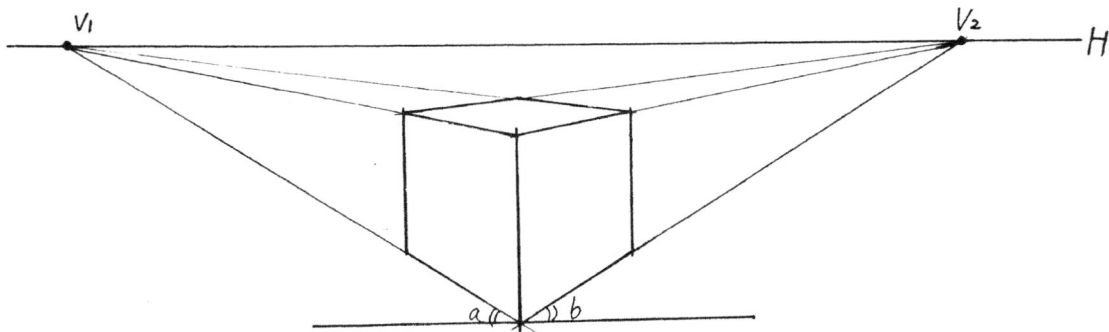

2.5 透视在室内手绘中的作用

透视在效果图中的重要性好比人体中的骨架。如果我们把握不当，画面就会出现结构松散、空间凌乱、内容杂乱无章的状况，整个画面会失去立体感。一张优秀的效果图必须建立在透视准确的基础上，所以只有掌握了透视的基本规律，才能判断出所描绘的形体发生了什么变化，以及如何变化。在我们构思时，正确理解和灵活运用透视的规律，能够表现出丰富多彩的空间视觉效果，使作品更准确，更具有艺术感染力。透视在室内设计领域中所体现的价值主要有下面几点。

2.5.1 有利于模糊方案的视觉化

在设计师设计一个空间之前，需要将一个预想的设计方案进行分析和转化，不断地进行深入和提炼，使之变为可视的设计草图。其最好的途径就是画手绘透视图。在这个过程中，设计师的创意灵感会一一表现出来，他们将特定的空间及空间关系利用透视原理和方法表达出来，形象且真实地反映出所设想的情景和创意效果。

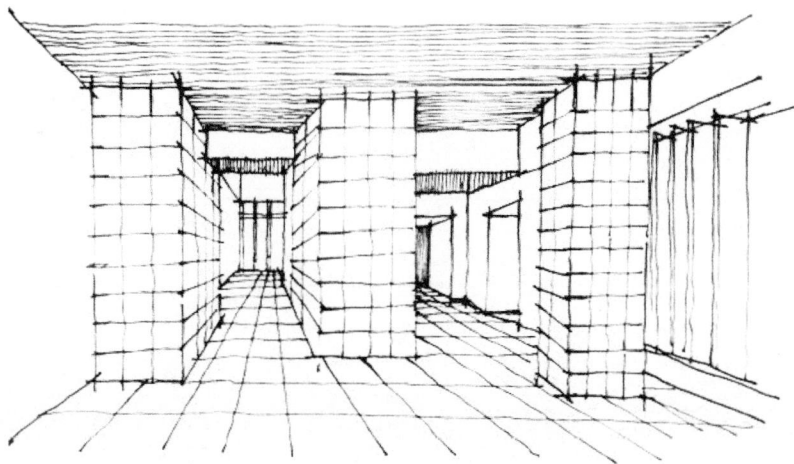

2.5.2 有利于对空间概念的培养

通常设计师会借用空间的转化来表达自己的基本想法，塑造出较强的空间立体感，让观者能直接、有效地看懂他们的构思与创意，建立起一个良好的沟通媒介。所以，透视的基本理论和绘图方法是每个设计师必须具备的专业知识，它有利于设计师正确地判断和表现空间场景的立体感，并发现形体的变化规律，从而加深对空间变化的认知，实现对空间景物在特定范围内的想象与表达。

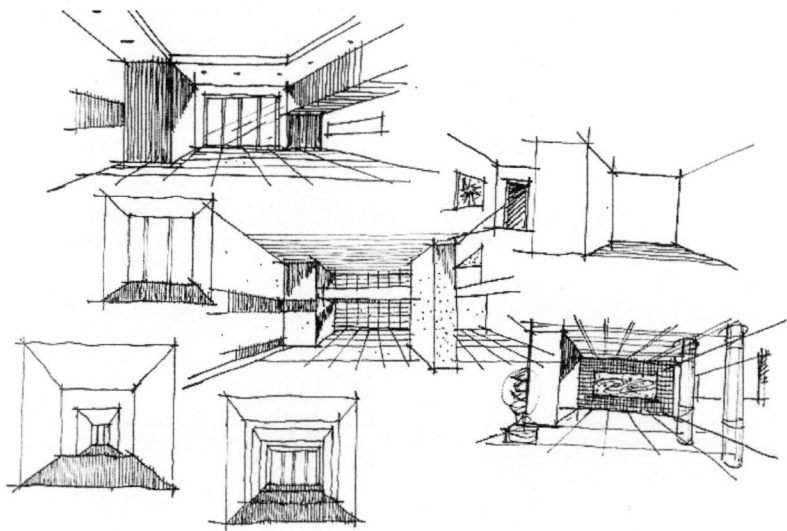

2.5.3 有利于拓宽设计思维

　　设计是一个思维创造的过程，设计师通过草图的表现形式来阐述自己的设计观点，反映出自己的思维活动。其思维或者想象，会直接影响最终的设计效果。而设计师思维的拓宽需要通过大量的空间设计构思和快速草图表达来实现，这就要求设计师具有快速且直观表现草图的能力。对于室内设计师而言，一定要了解空间的概念，只有了解空间的变化关系，才能真正地了解设计的真谛。那么，设计师如何才能准确、生动地表现室内空间的变化关系呢？显然，具备完备的透视知识是准确表达空间设计的前提，哪怕是简单的几笔勾勒，只要你所表达的物体透视关系正确，自然就会产生真实的画面感。

　　要成为一名出色的室内设计师，设计思维的训练是必不可少的，需要勾画大量的草图。所以深刻理解透视中的基本原理，熟练运用透视的作图方法，能有效地提升设计师快速、准确地表现创意的能力，能增强设计师在设计表现中的信心，并最终促进其设计思维的拓宽。

2.6 透视的基本原理与室内应用

2.6.1 视平线

1.视平线的概念

视平线是指视平面与画面垂直相交的线，它是视平面的灭线。在平行线中，以画者为中心，会有无穷多个方向，每一个方向都会消失在一个灭点上。

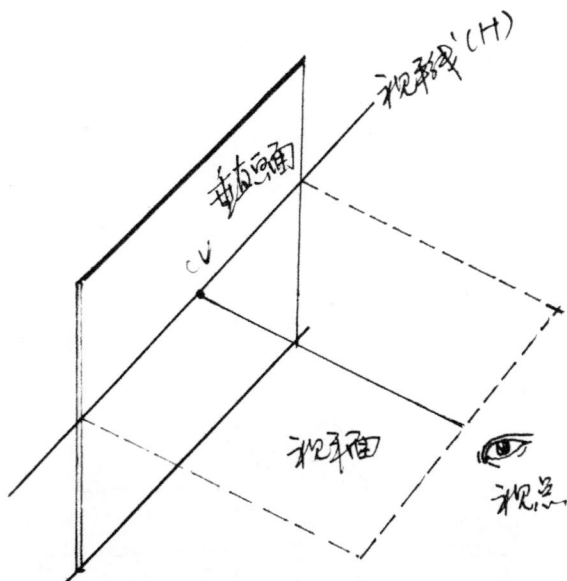

2.视平线的作用

下图中的3个灭点位于一条直线上，这条直线就是视平线。一般不会在透视图中把视平线画出来，但是绘制的时候脑子里一定要有这条线，因为视平线是画好一张透视草图的坐标，尤其是在室内表现以及风景写生的训练中起着非常重要的作用。同时还可以用视平线来检验画面中的线段是平的还是斜的。在平视、俯视或者仰视的情况下，一般都以视平面作为被画线段是平还是斜的测定基准。

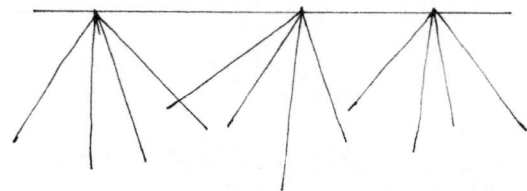

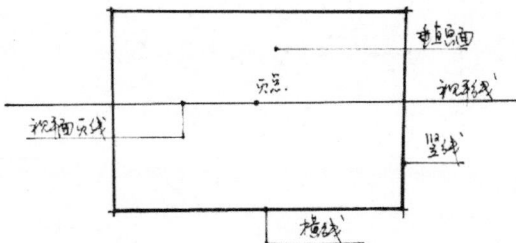

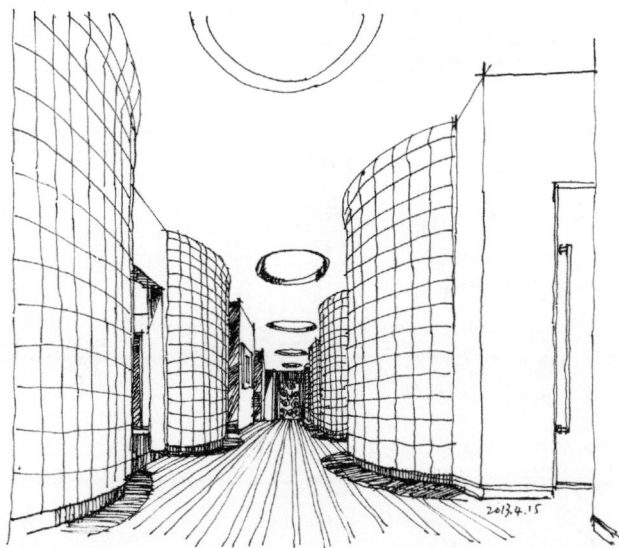

3.视平线的高度

视平线的高度是指视点到基面的垂直距离，也就是观察者的眼睛离地面的高度。视平线的高低会影响观察者观察物体的感受。在绘制的过程中，视平线是一个主观的概念，可根据画面的需求确定视平线的高度。

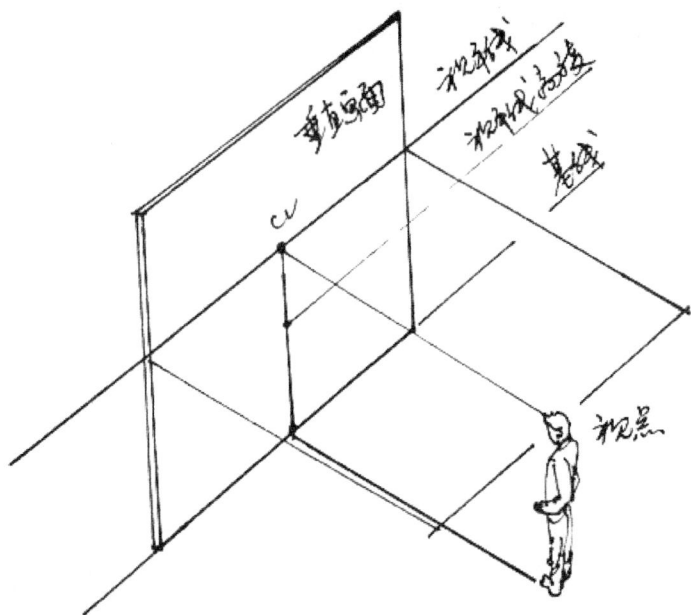

在室内透视图中，视平线的高低直接影响某一界面是否要突出表现。可见，视平线的高度选择对透视效果有着十分重要的作用。

高视平线构图：视平线在画面靠上的位置，大部分的景物在画面的下半部分，画面充实，适合表现宏大的透视场面。

中视平线构图：视平线位置居中，所呈现的上下景物在画面中的比例相当，给人一种舒适、稳定的感觉。

低视平线构图：视平线在画面靠下的位置，大部分的空间集中在画面的上方，给人一种庄重、气势磅礴的感觉。

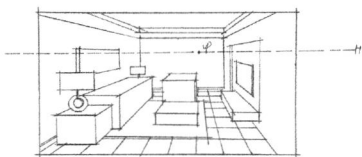

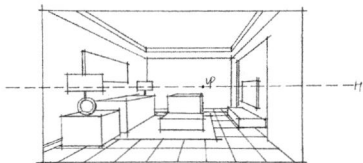

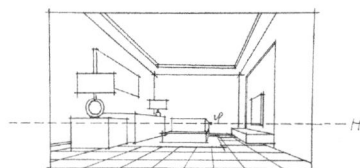

从上面的图可以看出，选择视平线的高度在画面的中间，即视平线上下两个部分的占比相等，透视图会显得呆板、不活跃。视平线应适当升高或者降低一点儿，这样可使透视图效果更为生动。

通过3幅不同视平线高度的室内透视图表现，可以得出选择视平线高度的几点原则。

第1点：在平视时，视平线的高度就是画面视平线的位置。

第2点：在选择视平线的高度时，视平线在画面的中间，即视平线上下两个部分占比相等，所表现出来的透视效果会显得呆板。

第3点：当我们选择的视平线较高时，就成了俯视图，视平线以上的部分看到的就会偏少。

第4点：视平线较低时，室内的天花板和上部分装饰物就相对突出。

第5点：在绘制室内透视效果图时，视高的选择一般会取人的平均高度150~170cm，或者适当地降低一点儿，这比较符合人们正常观察物体的高度，但有些时候为了特意表现某个特定的场景，也可以适当做些调整。

4.利用视平线的高度来表现特殊的透视效果图

在画面上，绘画者会根据表现的需要决定视高，如果想重点表现视平线以上的物体，比如下图表现某酒店大堂的天花板时，就会把视平线定位在画面的下方；如果想表现大堂的地面拼花造型，就会把视平线定位在画面的上方。

下图所表现的主题为某酒店大堂的室内空间透视图，因特意表现该大堂的天花吊顶的气势，所以选择了视平线在较低的位置。

下图中视平线则选择了较高的位置，所以该空间的地面设计就相对重要一些。

由此可知，视平线高度的选择主要取决于我们想表现一个什么样的空间效果及设计想法，它不是一成不变的，而是可以灵活运用的。

2.6.2 灭点

1.灭点的概念

灭点指的是透视图中不与画面平行的各条线的延长线向地平线延伸后相交的点，即透视线的消失点。我们在自然环境当中，观察到的建筑群或者园林街道都会向一些主要的方向消失，产生透视变化。在实际的自然环境中，这些线一般是不会相交的，但是在透视图中，这些线的延长线会相交，我们也能感觉到物体的大小变化。

2.灭点位置的寻求

灭点不在遥不可及的天空或地平线上，它就在你所绘制的画面上。从视点引一条平行于某变线的视线（灭点寻求线），其与画面相交的一点，即是该变线的灭点。

要确定室内地面铺设的地砖的灭点，就可以先确定两条灭线的位置。

*AB*变线的延长线与*DC*变线的延长线相交，交点就是灭点。

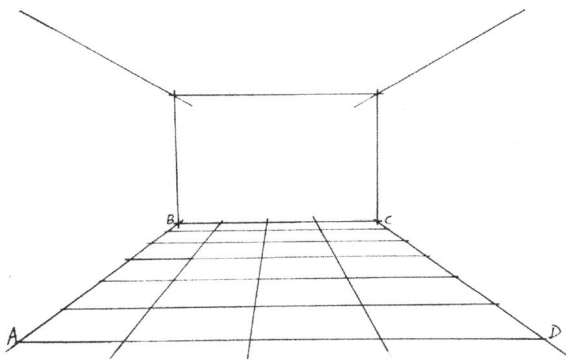

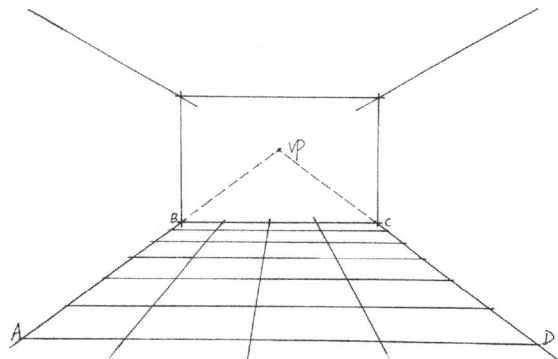

练习：下图为某教学楼的过道透视图。

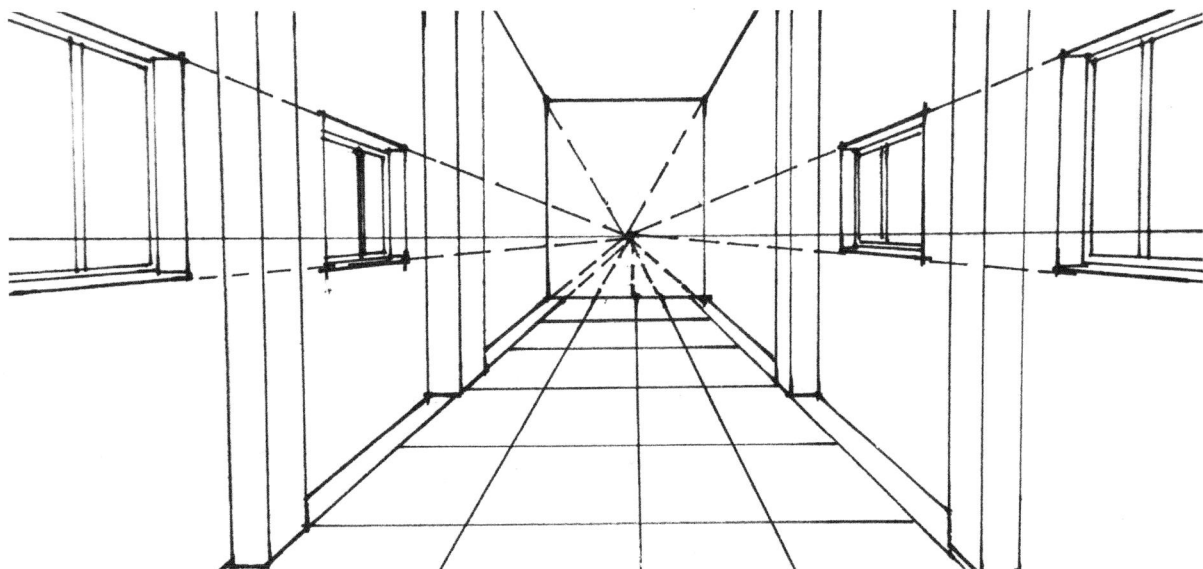

3.灭点的选择与作用

在绘制透视图时，首先应该选择并确定灭点的位置。在前面"透视的基本术语"里讲过，主视线与画面的交点就是心点，主视线的作用是把绘画者的视线引向画面的中心位置。一般在一点透视中，心点就是灭点，所以在绘制透视图时，正确选择灭点的位置是画好草图的第一步。

右图反映了灭点对透视效果的影响。为了突出左边的家具，强调室内天花较深远、宽广的视觉效果，应将灭点的位置尽可能定位在画面的右侧。

右图是会客厅的室内空间透视图。为了充分表现两边的墙面、地面的丰富的装饰效果和家具的样式，透视图中的灭点选择了居中的位置。所以灭点的选择是根据我们想表达的某个特定的内容决定的，灭点不一定位于画面的中央，甚至可以不在画面上，这主要取决于取景的不同。

4.画出草图中的灭点

我们在勾勒草图的时候，可以先把一些比较有特征及方向感的透视线轻轻地画出来，并向一点或者两点消失，然后集中精力关注整体的消失方向，这样可以帮助绘画者准确地确定灭点。

面对一张画纸，先定好视平线和灭点的位置，根据透视的特征，设想画面上布满了由竖线、横线以及从灭点引出来的线。

要表达的透视形体，无论复杂还是简单，其轮廓线都暗藏在网格中。

我们只要沿着网格线就能勾画出物体的轮廓线。而从灭点引出来的线条能将我们的视线引向纵深，使我们面对一张二维的画纸也能产生三维空间的视觉感受。

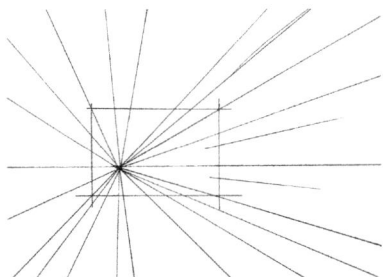

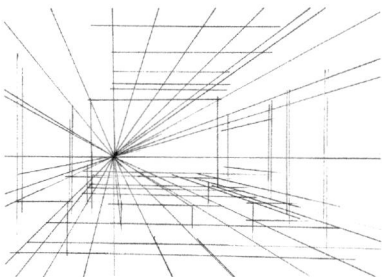

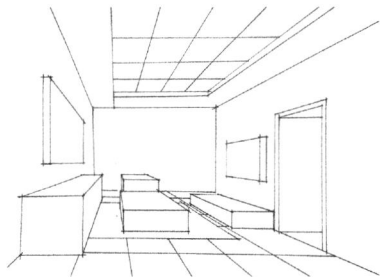

观察一幅室内透视效果图，其所有的透视线从侧面、顶面和地面逐渐消失汇聚在一个点，这效果好比一个物体从集中的点往四周扩散开。

当我们走在大街上，会感觉到离我们近的实物的体积会较大，离我们越远的实物的体积会较小，并逐渐消失在一个点。从众多的建筑物中，不难发现它们的窗户、挑檐等的透视线数量众多，这些透视线与画面的透视线条平行。

右图为某城市的街道，可以发现街道景物高低不同，但是其透视线消失于同一点。

将上图中的街道景物进行体块归纳，用整齐划一的体块来排列时，透视线的效果会较为强烈。所以在我们对一些比较庞大的景物进行写生或者创作时，可以把形体复杂的物体归纳为简单的体块的形态，然后在体块的基础上进行细化，但是要注意它们之间的联系与微妙变化，这样可以让我们对大空间场景的透视把握得更准确。

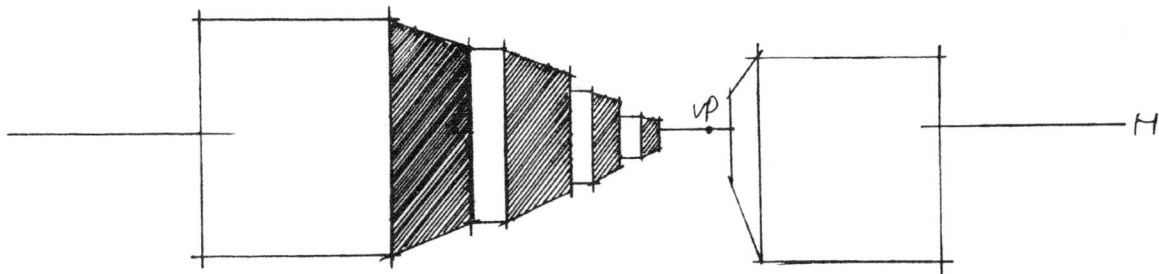

49

5.灭点的最佳位置选择

　　灭点不一定要在画面的中心点上，因为在中心位置往往会使画面显得呆板，缺乏变化，而将灭点设在画面偏左或偏右的位置，画面就会产生均衡美感。在绘制室内透视图时，一般会把灭点的位置确定在画面靠左或靠右的1/3处。在一点透视中，常采用这样的灭点位置。

在两点透视画面中，两个灭点最佳的位置在画宽1/3的左右范围内。

6.灭点位置改变带来的不同效果

在室内透视图中，灭点位置的选择要根据室内设计的内容和要求，以及空间形态的特征来确定。选择一个合适的灭点位置不但能突出设计的重点，还能更清楚地表达出设计构思。对于同一个空间，使用不同的灭点位置会产生完全不同的画面效果。所以我们在正式确定构图时，不妨先多尝试几个灭点位置勾勒出几幅小草图，然后从中选择最能体现设计主体的一幅来画正式的效果图。通过观察下图灭点位置的变化所产生的效果不难发现，在同一个取景范围中，灭点的上下移动，实际上是视平线的上下移动，而视平线作为垂直方向空间景物及构图的分割线，在移动的过程中必然会使构图中景物的比例和焦点产生变化。

灭点位置1：主要强调上方天花板和右侧墙面的表现，画面比较大气和活泼。

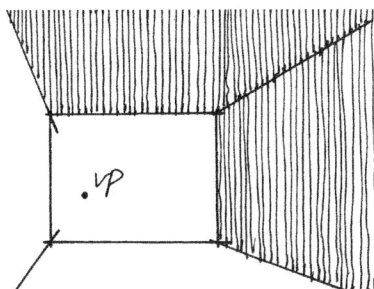

灭点位置2：主要强调天花的表现，画面比较庄重、严肃。

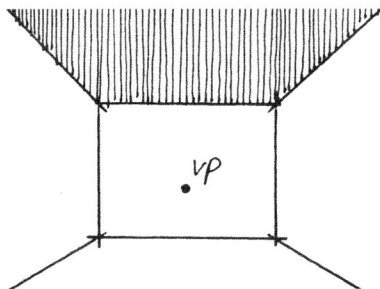

灭点位置3：主要是以天花板和左边墙面为表现主体。

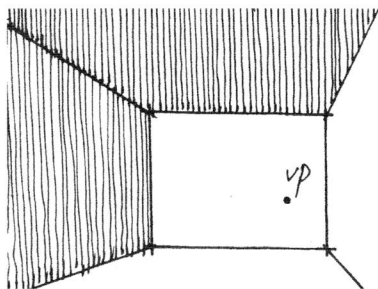

灭点位置4：重点表现右边墙面。

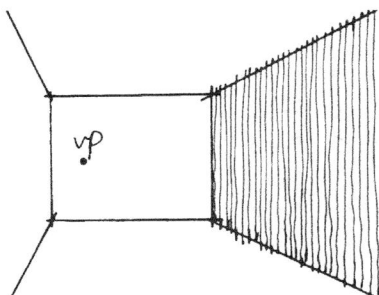

灭点位置5：此构图各个方向表现平均，说明性比较强，但是整个画面显得比较呆板。

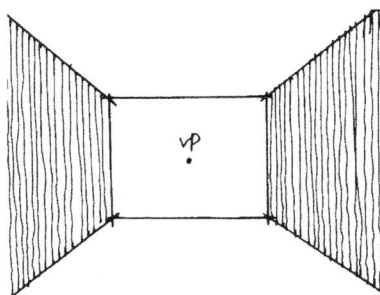

灭点位置6：室内垂直方向空间分布较均匀，表现重点是上方天花板和左边墙面。这种构图画面活跃，是比较常用的一种表现形式。

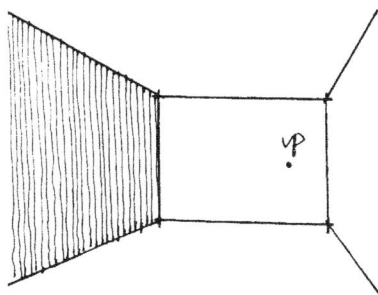

灭点位置7：灭点偏上，主要表现室内地面或者下半部分的物体。该构图主要以地面和右边的墙面刻画为主。

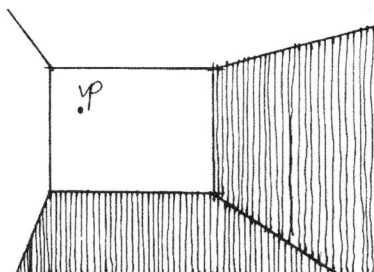

灭点位置8：重点表现地面上的物体，同时两边的墙面均能有所涉及。

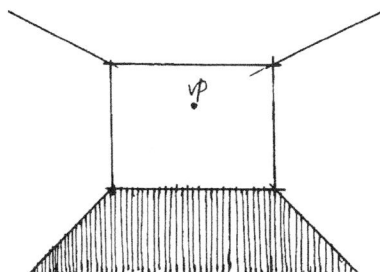

灭点位置9：重点强调左边墙面和地面物体的表现，其构图比较有变化感。

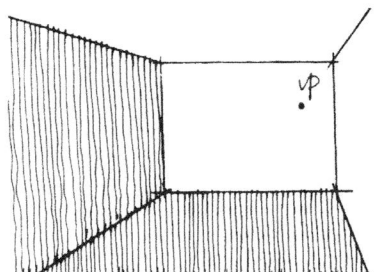

如果我们走在大街上，眼睛盯着某一个方向保持不变，而脚步却在移动，则所观察到的物体会随着脚步移动。也就是说，当我们移动位置的时候，同一方向线条的灭点似乎在和我们同步移动，但是真正的灭点是不会移动的，因为灭点既然是无限远，就不会因为绘画者自身位置的改变而变化。这里我们根据前面描绘的不同灭点位置所呈现的不同效果，画出室内客厅在灭点处于不同位置的情况下的变化和效果。

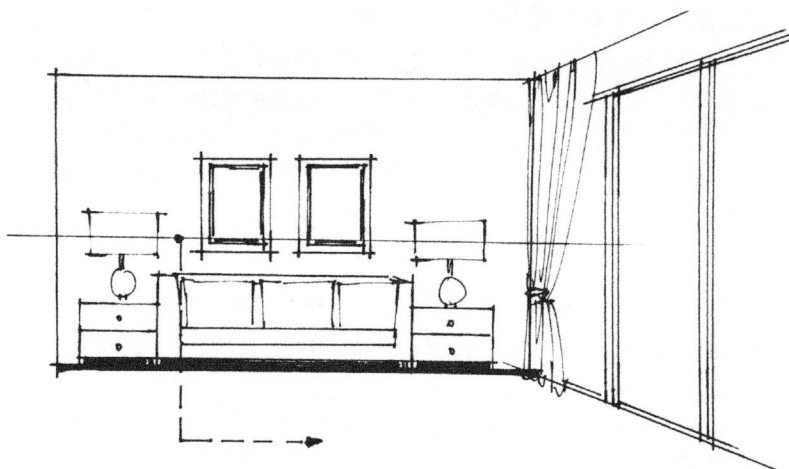

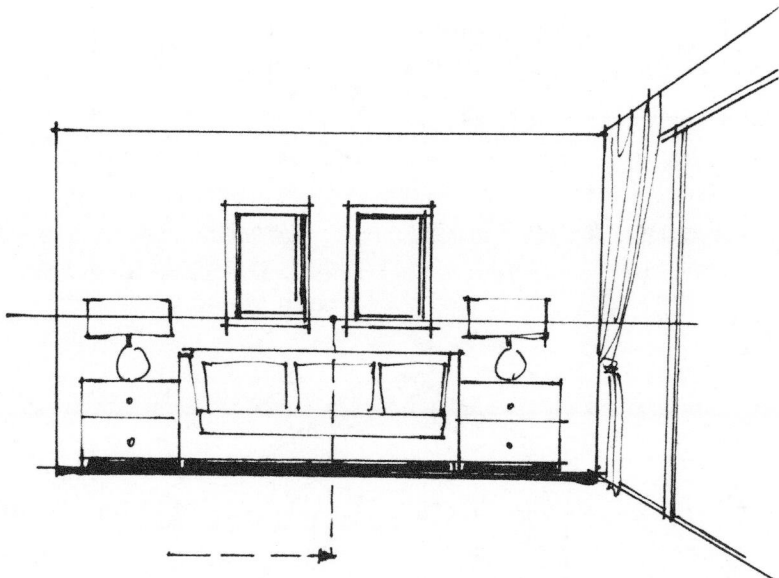

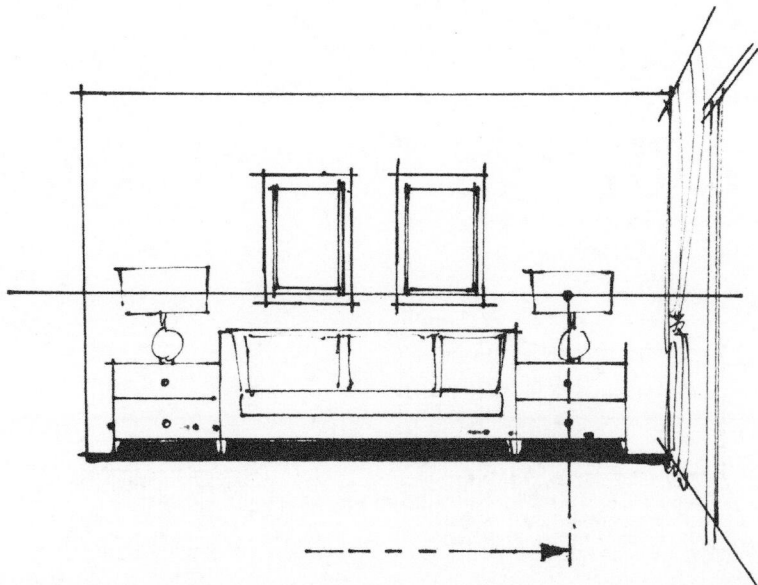

第3章 线与比例

3.1 线条

对于初学者来说，画线条的学习和练习必不可少。刚开始绘制线条时总担心会破坏画面的完整和纯净，而感到害怕或不自信。记住，没有一个成功的画家或者设计师不经历这个过程，初学者要放开胆子，多加练习即可。

3.1.1 什么是线条

线条是一切造型艺术的基础，在绘画领域用于勾勒轮廓的线有曲线、直线、折线，有粗线、细线，有实线、虚线，统称"线条"。好的线稿能表达绘画者的思想感情和视觉语言，促使人们交流。

当我们开始尝试画一条直线时，要把手固定在一个稳定的平面上，然后在纸面上移动手臂，大胆、坚定地把它画出来，在画的过程中不要断断续续或者中途断线。

3.1.2 线条的重要性

1.线条是造型艺术的基础

线条是构成主要视觉艺术的元素之一，它是一切造型的基础，同时也是一种对美的认知。其美感主要来自对自然、对生活中千变万化的物体的简练概括和提炼。绘画者通过对物体的细致观察与理解，发现其呈现出的不同姿态，寻找其中的规律，体现线条的美感。无论是徒手练习还是借助尺规练习，线条始终是室内设计表现图的根本。

2.线条具有性格特征

线条不仅能表现物体的形体特征，还能体现绘画者的情绪与性格，不同形态的线条，可给人不同的感受，人们对线条的感知很容易引起心理联想，激发相应的情感世界。对于一张设计草图来说，线条所呈现出来的感觉能直接反映绘画者直率、自由、奔放、严谨等性格特征，因此可以说线条是"有性格的，有生命力的"。

3.1.3 线条的分类

1.直线

直线分为横直线、竖直线和斜直线。

横直线

横直线在绘图表现中可给人一种平静、广阔、安静之感。

线条是绘制草图的基础,所以先来练习绘制线条中基础的横直线,尝试在一张空白的纸上画出流畅的横直线吧。

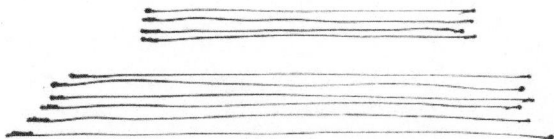

竖直线

竖直线可给人一种挺拔、庄重、升腾之感。

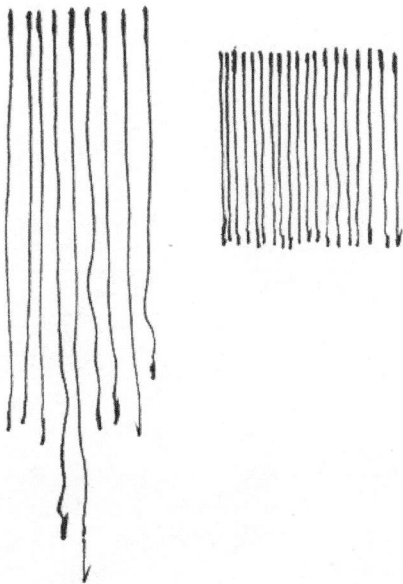

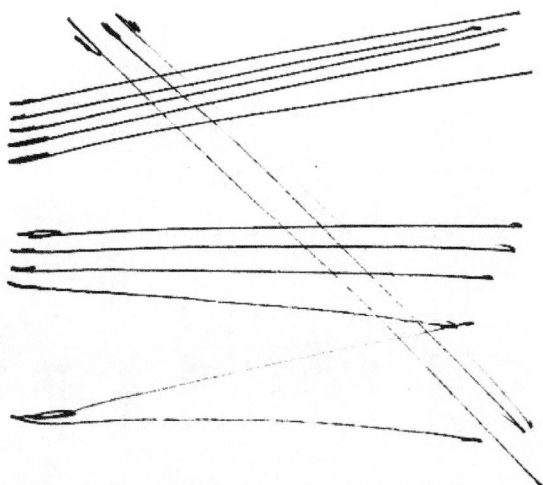

斜直线

斜直线可带来空间变化,给人有创意和活泼的感觉。

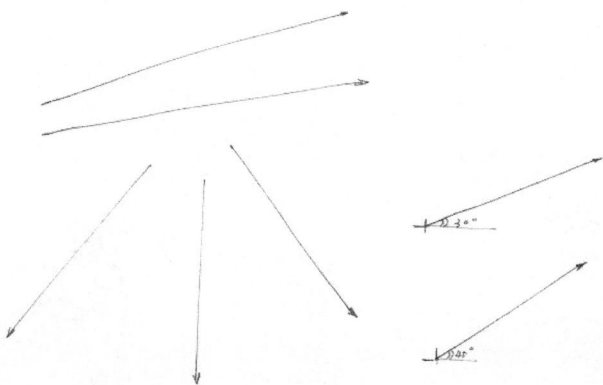

绘制直线的基本技巧

在绘制直线的过程中要一气呵成，不能断断续续，起笔时应心平气和，运笔时应放松缓慢，收笔时要干脆利落。在练习的时候不妨找一些小技巧，比如先在画面上确定两个点，然后从一个点画一条直线到另外一个点，注意从第1个点出发的时候，你的眼睛就要比你的笔尖先到达第2个点，这样反复练习几遍就会找到画直线的感觉。

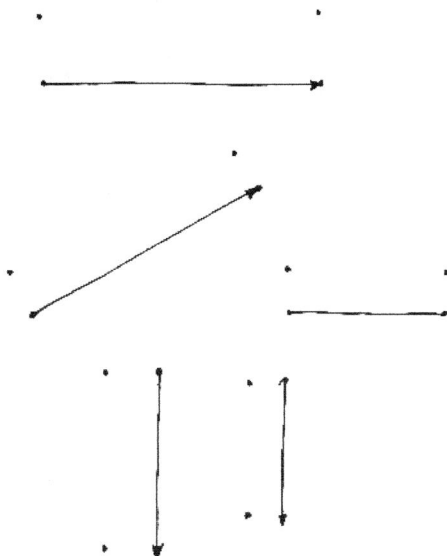

直线的控制练习

练习1：在水平、垂直、斜向等方向上画出等间距的直线，同时保持线条的粗细一致。

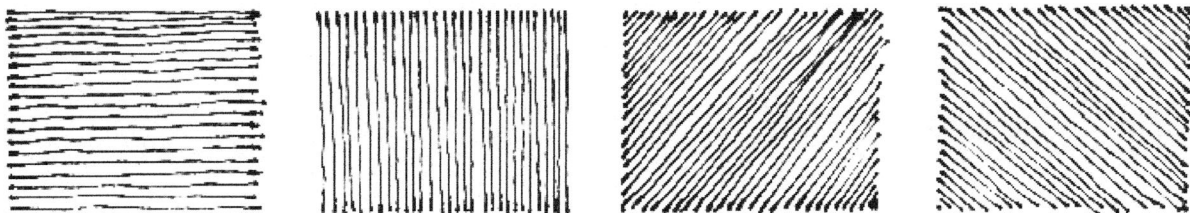

练习2：缓慢画出疏密有变化的直线。

练习3：画出同一方向间距有变化的直线。

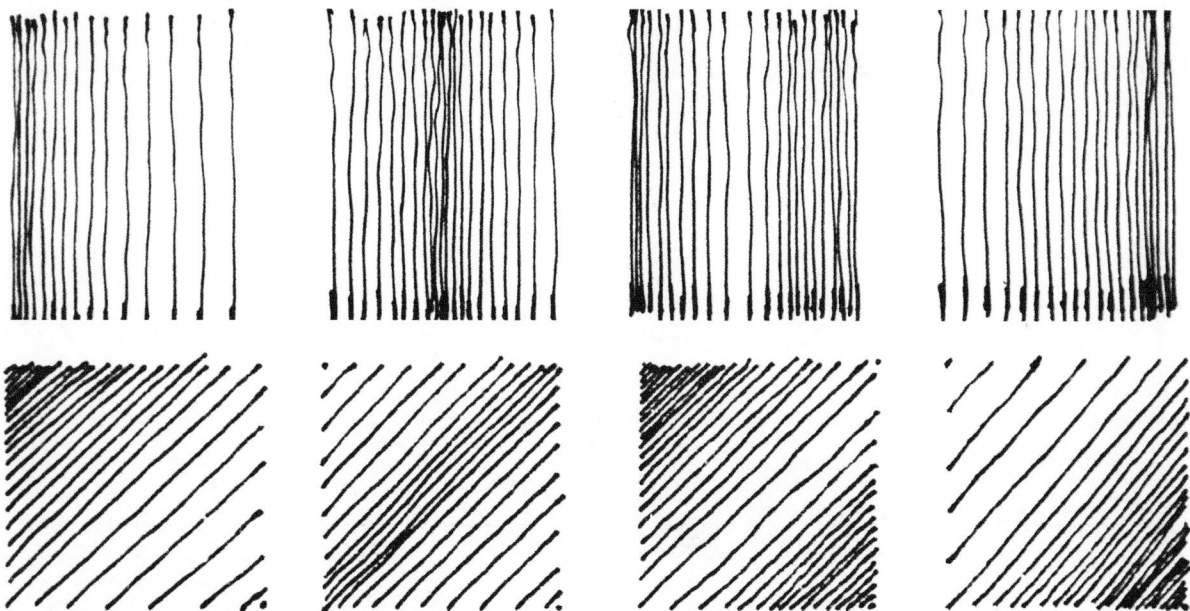

练习4：直线组合练习。

练习5：色块渐变练习。

渐变退晕

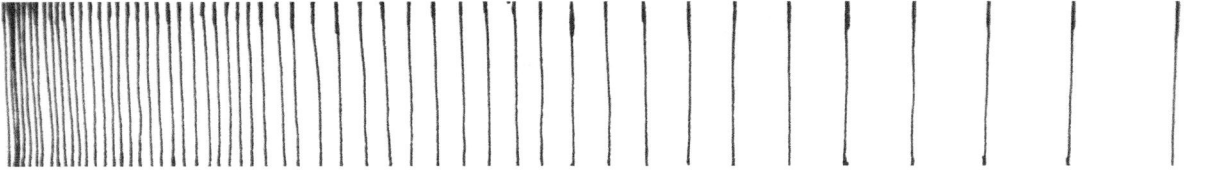

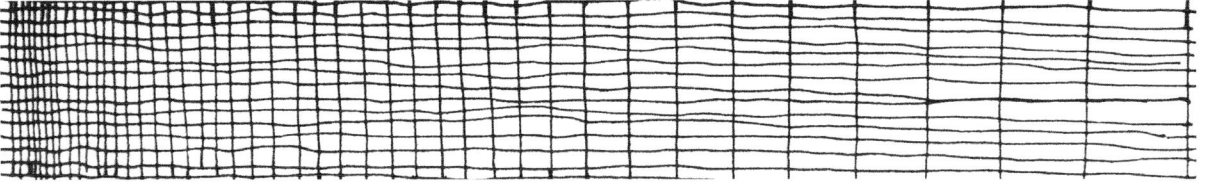

分格退晕

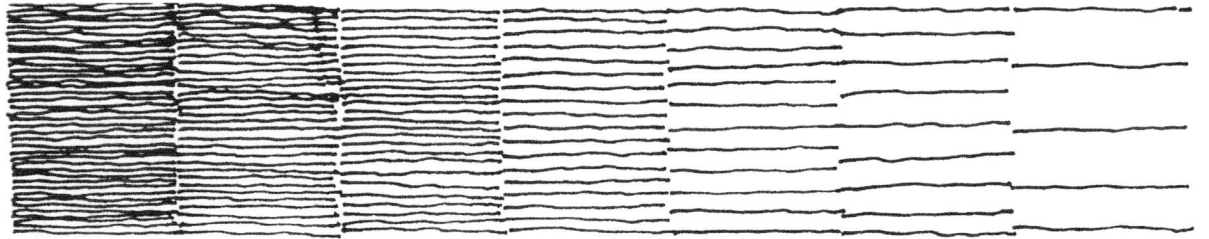

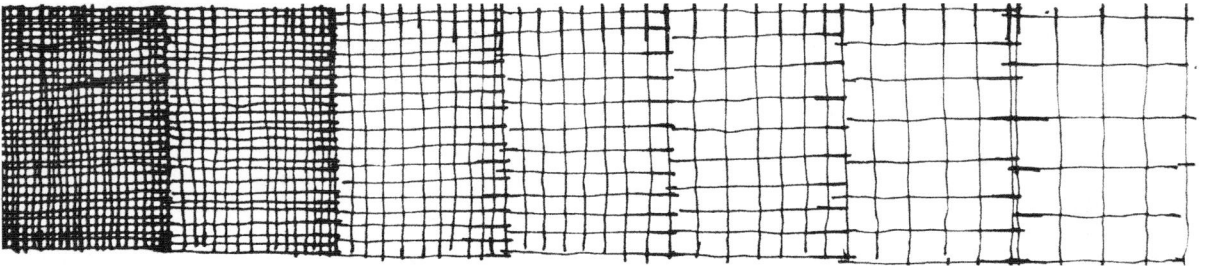

2.曲线

曲线在设计草图中运用广泛，在绘制曲线时要注意线条的流畅和圆润感。曲线给人一种柔和、轻巧、灵动、优美、愉悦之感。

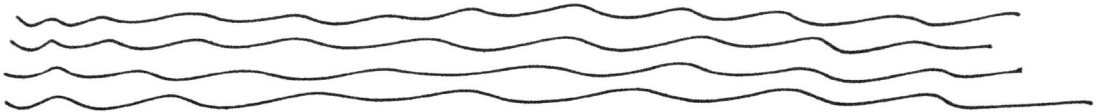

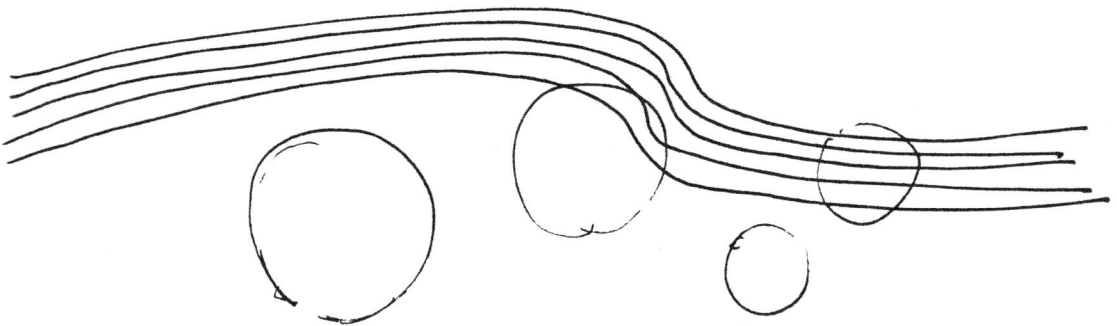

　　曲线的绘制是非常难把握的，在表现物体结构时，落笔一定要心中有数，以免勾勒不到位，破坏整个画面。初学者可以借用铅笔、尺子来辅助绘制曲线。在画曲线的时候，应该注意以下3点。

第1点：手腕及指关节要放松，线条变化才自然。

第2点：确保线条流畅，运笔不要犹豫不决，画歪了也不要紧。

第3点：注意笔触，不要刻意去描，曲线本身给人的感觉就是飘逸、灵动的。

曲线的练习

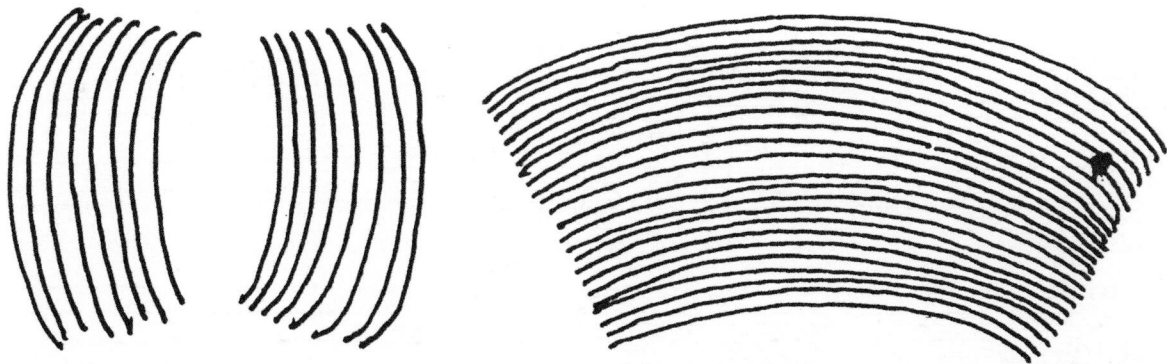

曲线块面练习

曲线空间透视草图作品

3.折线

折线分为直折线和曲折线。

直折线

直折线相对有序、有组织性，在室内表现中多用于表现木纹、云石和窗帘等。

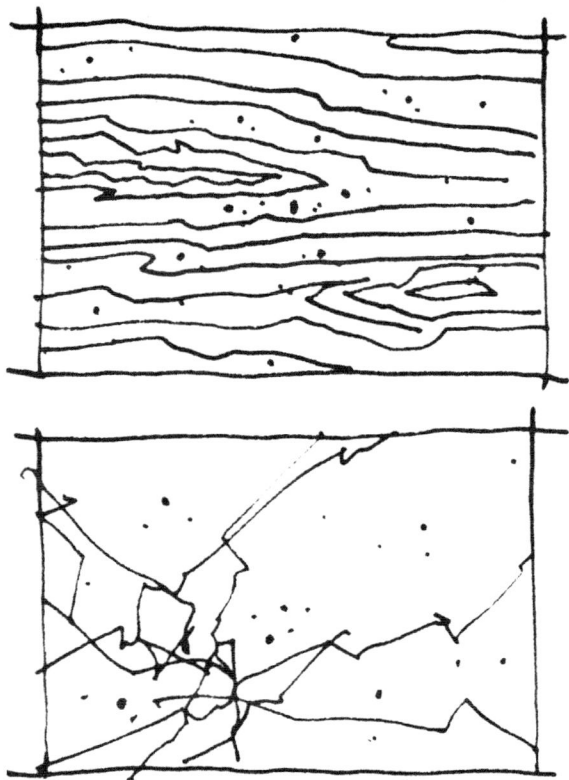

曲折线

曲折线相对比较活泼、无序、无组织性，多用于勾勒植物外形。

3.1.4 如何练习画线条

线条的绘制质量基于大量的绘画练习，要善于观察和分析，培养自己从生活中发现美、感受美的能力，提升自己的审美能力，为所要表达的作品增添丰富、美妙的亮点，提高作品的观赏性。

线条的练习对于初学者非常重要，它决定了效果图的美观性，所以在大量练习线条的过程中，一定要找到适合自己的方法，以免花费大量时间却没有达到应有的线条质量和美感。起初可以拿一些好的草图作品来慢慢练习，刚开始可以画得随意一些，一笔一笔去表现，做到运笔肯定、自信，直到画准为止。还有就是切忌焦躁，要保持平和的心态，对画出来的每根线负责，因为画出的每一条线都是"有生命"的。当然，我们在练习线条的时候难免会出现一些差错，下面介绍几种常见的错误。

1.心中无数，草草了之

在练习线条之前心里没有底，这边画几笔，那边画几笔，始终找不到练习线条的方向，也意识不到线条练习的重要性。

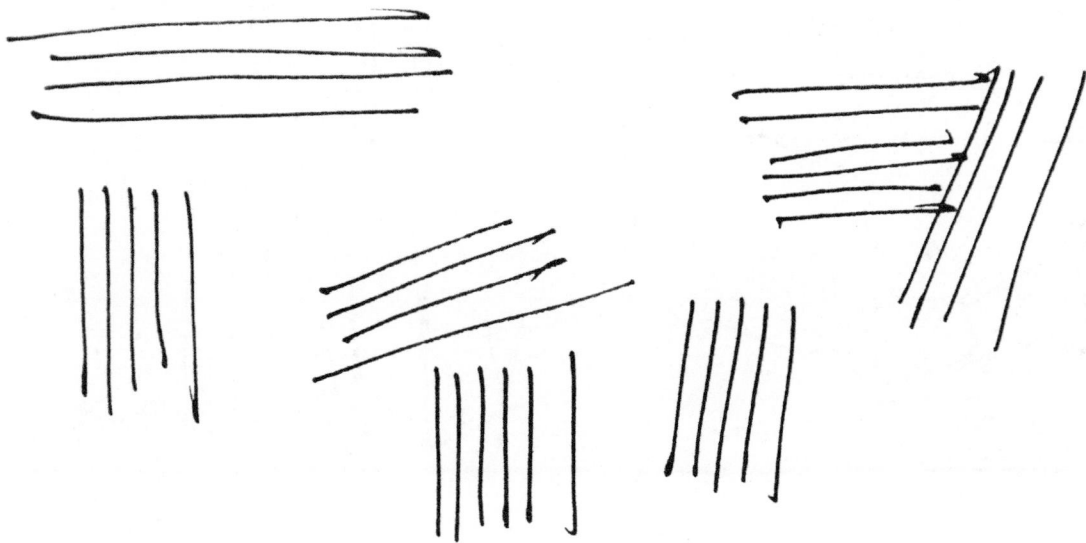

2.耐心不够，缺少坚持

在刚开始练习时，由于没有经历过线条练习的过程，所以容易心情烦躁，坚持不下去，没有一笔一笔地画，导致画面杂乱无章。练习线条犹如练毛笔字，要心静。

3.线条僵硬，没有活力

线条僵硬主要是练习不够所致，所谓熟能生巧，只要每天坚持练习，不久就会有进步。练习时，可以多临摹一些优秀的线条作品。

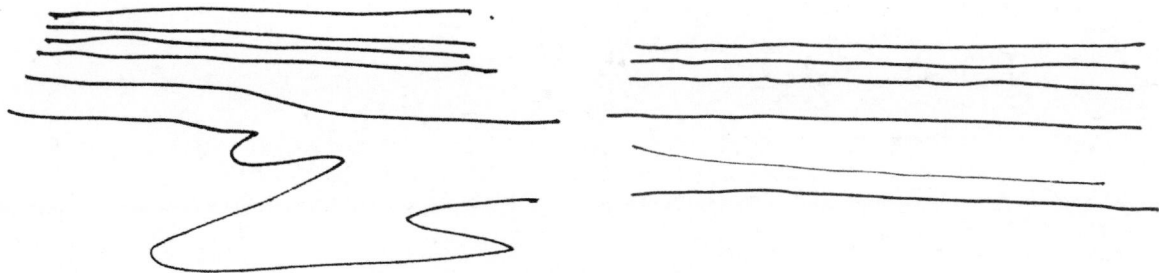

4.没有方向感，线条不整齐

收笔不准确，停笔过于随意，不会观察整体画面关系，尤其是在画一些较长的线条时，更难以把握它的准确性。另外，不恰当的握笔姿势也会影响线条的方向感。

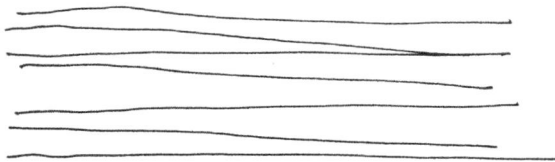

5.反复修改，缺少自信

线条讲究美感，因此最忌讳对其进行反复修改。线条的表现要求用笔肯定、有力、自信。与用铅笔画素描不同，画错了是不便修改的，所以我们在练习画线条时下笔应该自信、洒脱一些。

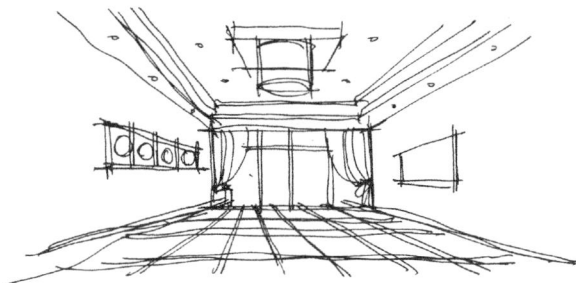

6.交线过于出头，张牙舞爪

一般为了使画出来的形体好看、不呆板，在手绘的时候，可以让两条相交的线略微出头，这样看上去会更加自然。但是一定要把握好度，过了可能会破坏画面效果。

线条交点不出头，整个画面会显得非常拘谨、笨重，缺乏艺术感染力，给人一种条条框框的束缚感，所以在草图表现时应尽可能避免出现这种情况。

线条出头太多，太过流畅豪放，容易收不住，如果整张画面都出现这种情况，就会显得杂乱无章，给人一种很尖锐的视觉感受。所以在绘制的时候一定要把握好度，注重画面的整体视觉感受。

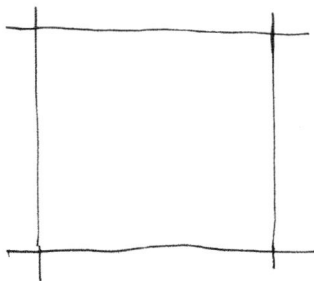

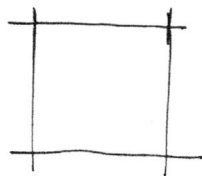

7.构图不当，没有画面感

任何作品，首先会从构图评判它的好坏，线条也不例外。巧妙的构图可以增加画面的美感，如果构图不均衡，表现的画面就会缺少重心感，给人不稳重的感觉。

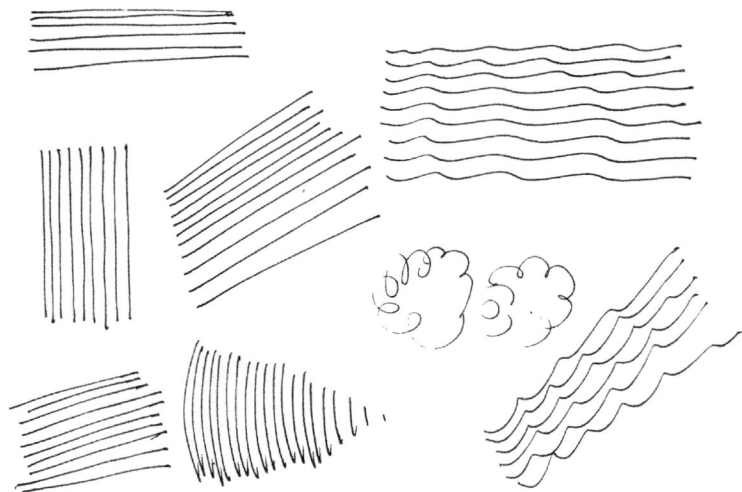

8.长线画不准，把握不当

长线画不准是初学者的通病，一味地追求线条的水平度，难免就会出现线条跑偏的现象。通常，我们宁可线条局部弯曲，也要缓慢而有节奏地画下去，以保证线条的整体方向平直。

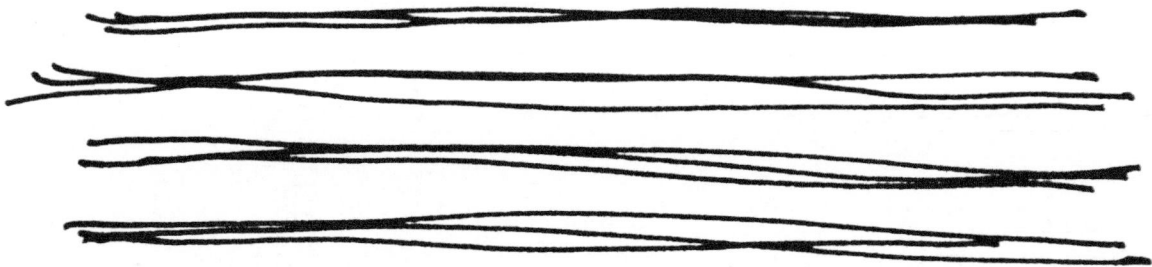

提示

第1点：通过观察优秀的线条作品，深入体会绘画者在作品中表达的不同情感和性格，培养自身从生活中发现美的能力，提升造型艺术能力和创意表现力。

第2点：善于思考，认真观察，坚持不懈地练习线条，从枯燥的练习中寻找乐趣。

对于初学者来说，一般会先拿一幅绘画作品来临摹。刚开始临摹时，初学者容易把线条画得比较轻柔、不准确，需要不断用浅淡的线条去刻画，直到捕捉到形体的雏形，再一笔一笔加重、加粗，使形体越来越完整，接着再不断地修整，这样画出来的草图就比较干净。在此过程中要善于对形体进行比较、观察、分析。最后定稿。

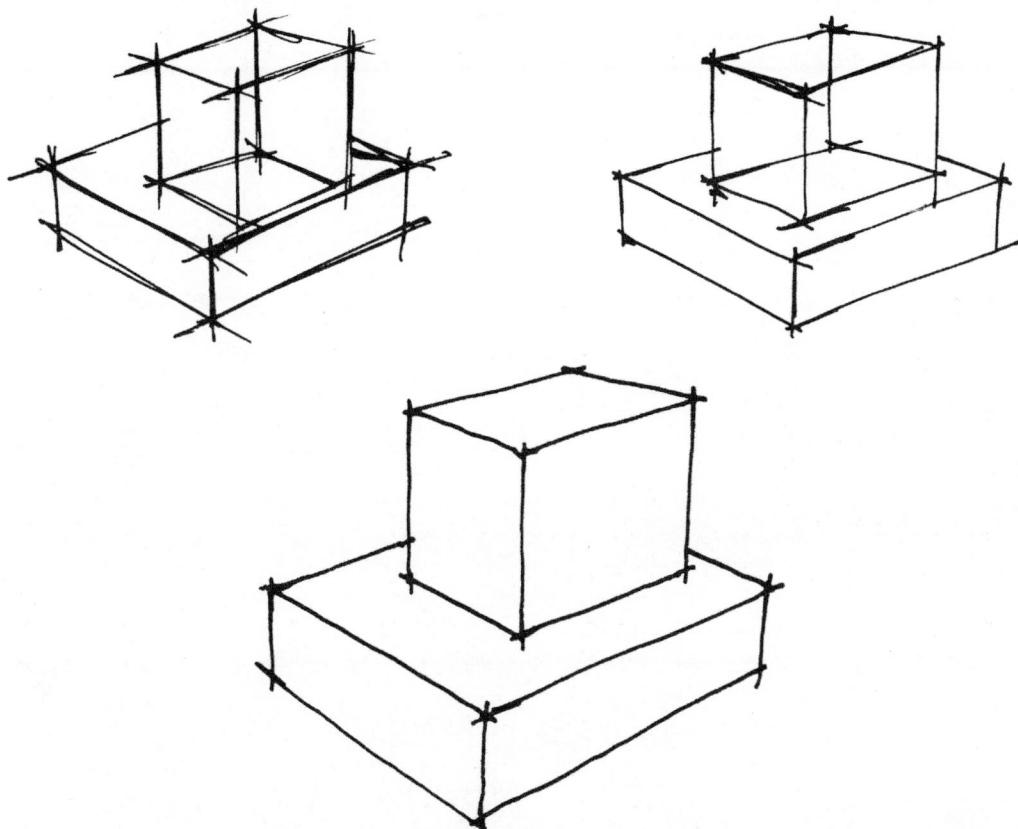

3.1.5 线条的趣味练习

线条不仅仅是单一的线图和造型中的基础元素，其本身也蕴藏着丰富的含义，画出的每一条线都有很强的生命力。线条的粗细、曲直、长短、虚实都是绘画者对所观察物体的感知的呈现，主导着绘画者的内心和作画风格。下面我们进行线条的趣味练习，从练习中体会线条带给我们的乐趣和愉悦性。

练习1：横线的练习是最基础的，这种练习主要是保持线条的水平间隔和线条的粗细一致，其关键在于控制。

练习2：竖线练习主要是要求手腕的把控力度到位。短竖线很好掌控，但长竖线很难一次性画完。

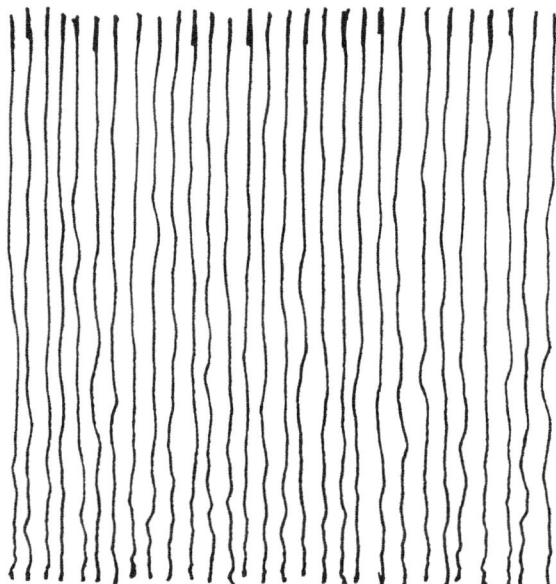

练习3：斜直线要遵循"笔未到而眼先到"的基本方法来绘制。

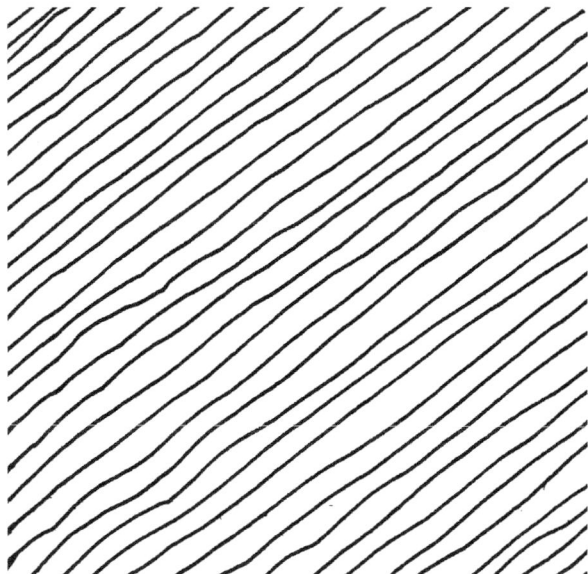

练习4：用最基础的横线和竖线进行组合练习，画出画面的肌理感。

练习5：线条具有空间性，画出的每一条线都是有方向性的，所以我们试着用横线、竖线、斜直线来组织一个具有透视空间感的图案。

练习6：发挥自己的想象，拿一些文字来练习，把文字部分留白，其余部分画线，看看是什么样的效果。这比较考验初学者对线条的把控能力。

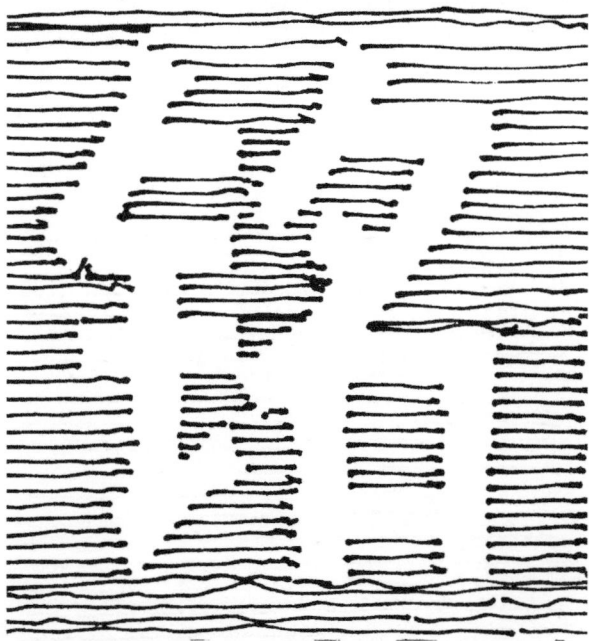

练习7：运用线条的变化画出空间的渐变关系，表现形体的空间感和立体感。

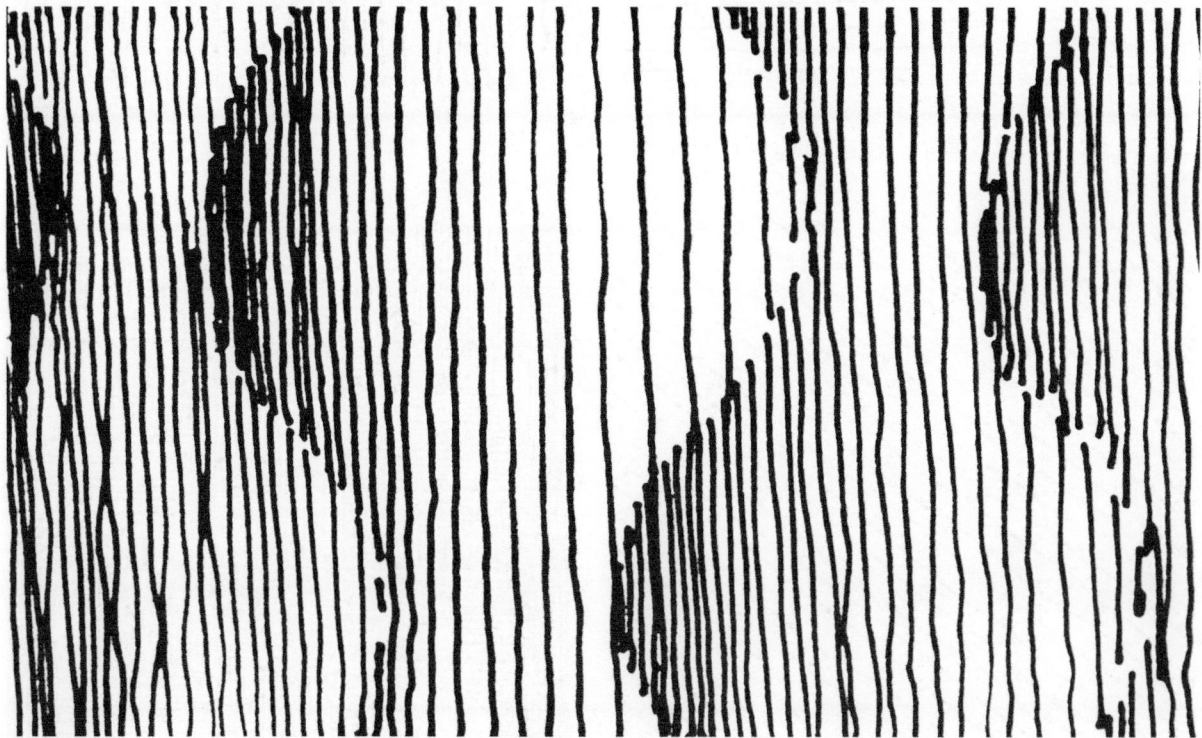

提示

通过本小节的内容，初步认识线条的表现力，并学会通过观察、欣赏优秀的作品来体会线条的魅力，了解由多种线条组成的纹理。要求：尝试画出长短不一、有曲直变化及疏密不同的线条，感受线条组合的层次效果。

3.1.6 线条的虚实

在室内透视图的表现上，可以通过线条的轻重变化塑造画面的虚实感和立体效果。从视觉上感受线条的重量就是通过线条的粗细实现的：线条越粗，重量越重；线条越细，重量越轻。线条的轻重可以帮助我们区分室内的各部分元素。下图中两个同大小、同体积的立方体，因为轮廓线条的粗细不同，给我们的视觉感受便是左边的立方体要重于右边的立方体。

线条在画面中的虚实表现

我们在画面中表现线条常使用近实远虚、主实次虚的手法。这里的实，即结构线条清晰，细节刻画深入，线条的轻重对比强烈；虚，即结构线条相对模糊，细节刻画较少，线条的轻重对比弱。

下面用结构素描举例进行对比。

从这张几何形体的素描作品中可以观察到，前面形体的线条较粗，对比更强烈，后面衬布的线条相对较细，通过近实远虚的手法，可以增强画面的空间感和层次感。

这张景物写生作品采用了主实次虚的手法，即主体对比很强烈，刻画细腻，结构线明显，周围的次体对比相对较弱，从而实现突出画面主体的作用。

3.1.7 徒手绘制线条的方法要点

1.徒手绘制的概念

徒手绘制是指不借用其他绘图工具，单纯靠画笔和颜料进行的绘制，也称为徒手作图。

徒手绘制也是透视图表现的一个重要环节，通过快速的徒手绘制去表现透视空间，可以激发创作灵感。通常在设计的初级阶段——草图阶段，会用徒手绘制的方式代替其他表现方式。绘制时要做到眼手并用，注意整体构图、透视方向及绘画程序；在保证方向正确、长短基本符合比例的前提下，尽量使线条平直、粗细均匀、浓淡一致。由于透视图表现所使用的画笔多种多样，表现出的效果也截然不同，所以要掌握好画笔工具的使用。下面列举几种我们平时常用的画笔所表现出来的效果。

铅笔

美术钢笔

普通书写钢笔

针管笔

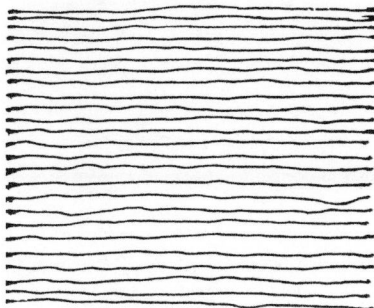

马克笔

签字笔

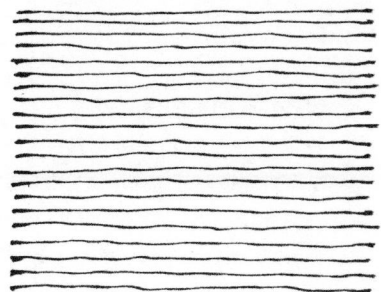

2.徒手绘制线条的要领

正确示例

线条尽量平直连贯，一次性画完一条。

过长的线条可分开画，但是要注意连接处的自然衔接。

错误示例

分小段连接线条，重复描绘，线条断断续续，比较僵硬。

线条衔接处重复出现接点，接点较突出。

宁可局部出现小的弯曲，也要保证线条的整体平直。

一味追求线条的平直而出现过抖的现象。

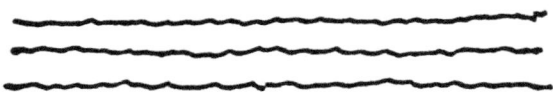

粗细分明，层次丰富，线形准确。

粗细没有变化，线形不准确。

3.1.8 线条的排列组合

自然界中的景物都各有其外在形式和线条结构，这些外在的形式和不同的线条结构构成了一个个画面。正所谓没有线条就不存在画面，不同形态的线条构成了不同形状的图形。同类线条的重复、排列组合会使画面产生一种音乐般的节奏感和韵律感，其形状不同、排列疏密不同，会给人不同的视觉效果：有的轻快醒目，有的柔和浑厚；有的缓慢，有的急剧……

线条的排列组合分类情况

直线的排列：分横排列、竖排列和斜排列等来表现物体的结构造型及明暗关系。

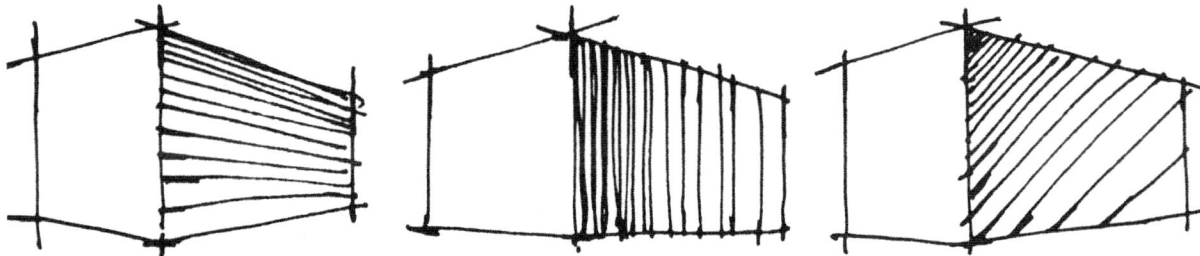

在室内透视表现中，根据所画物体不同的材质要选择不同的排列表现方式。在表现物体的过程中，应注意用线条的轻重、排列的虚实和间距，表现明暗关系。

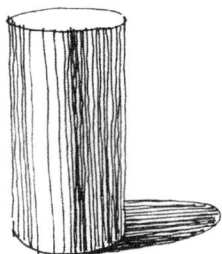

不锈钢

石头

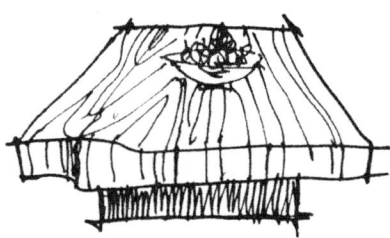

茶几

3.1.9 线条表现图案

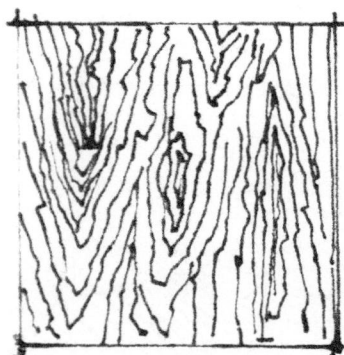

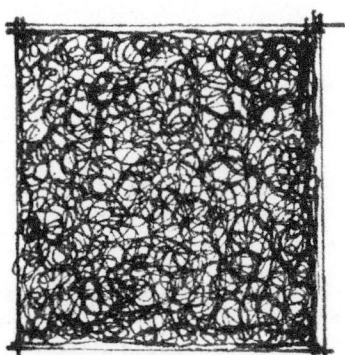

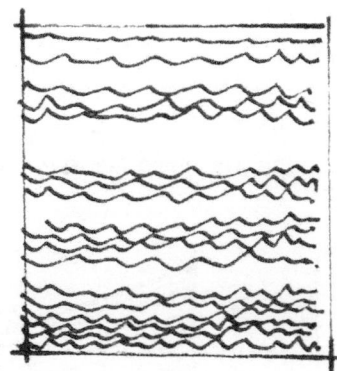

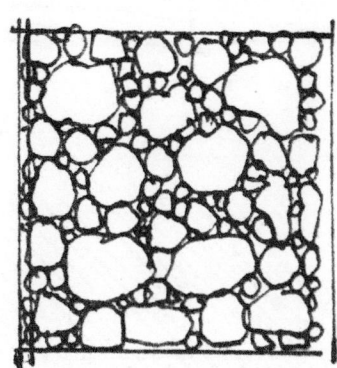

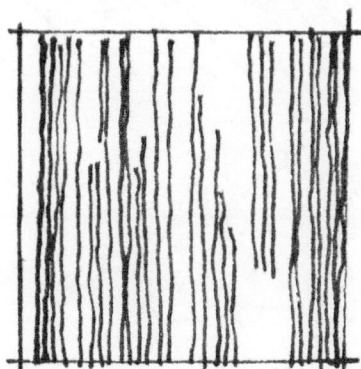

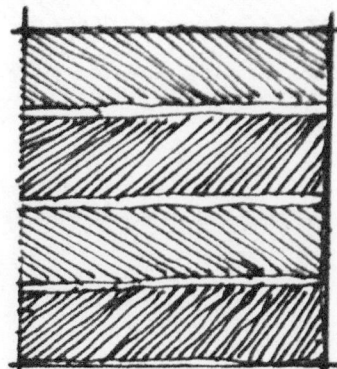

3.1.10 线条综合运用练习空间透视图

3.1.11 线条与明暗

在能较准确地把握形体结构和特征的基础上，可逐步在形体上加入光线的变化，给予形体色调。在前面讲过通过线条的排列可以产生明暗，即运用直线、斜线或者点画出不同深浅，在一张白色的画纸上练习均匀分布加以不同方向的排线所产生的色调感。

在表现色块时，采用的是由线条的构成和有序、无序地排列产生明暗效果，色调的深浅变化主要靠线条排列的间距和线条的轻重体现，线与线之间的距离越宽，色调就越淡；线与线排列得越密，产生的色调也就越浓。同样，线条的轻重也能表现色调的明暗。下面通过斜线的排列组合表现明暗的变化。

斜直线表现的效果

斜直线循环表现的效果

乱线和点表现的效果

72

3.2 比例

比例是指一种事物在整体中所占的分量，在图纸表现中泛指图形在其所在整体画面所占的尺寸占比，它是物象的形体存在的基本形式。也就是说，物象的形体表现为一定的比例关系。尤其是在透视图中，同等大小的物体会因为透视关系产生大小的变化，所以物体比例的大小决定着透视作品的画面感，甚至还被看作评价一幅作品好坏的元素之一。

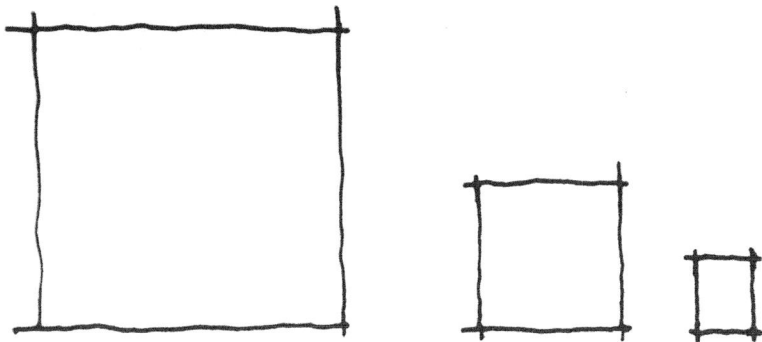

3.2.1 目测比例法

在调整画面中物体比例的过程中，目测是一种最直接的方法，可以通过主体与背景之间的面积对比，以及物体与物体之间的对比，寻找合适的比例关系，这就要求绘画者有敏锐的观察力和对比能力。目测确定物体的比例也是草图设计表现的最终目的——不借用任何测量工具，准确把握形体的比例。

主体与背景之间的对比　　　　　　物体与物体之间的对比　　　　　　面积之间的对比

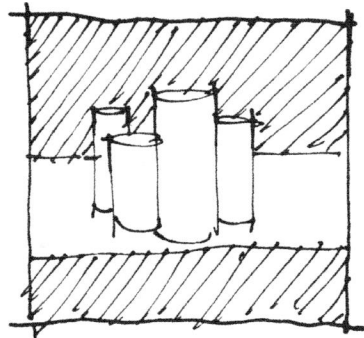

3.2.2 测量比例法

测量比例法就是通过手中的工具进行测量，一般可以用手中的画笔作为测量工具。测量时需要掌握以下两点。

第1点：握住画笔，手臂伸直，画笔垂直或平行于物体，往上或者往下移动手臂时画笔始终与地面垂直。

第2点：利用大拇指对所测量的尺寸作记号，对画笔的笔尖到大拇指指尖的距离做个标志。所测量的长度与物体本身的实际尺寸毫无关系，通过标志的长短比较得出实物的大概比例关系。

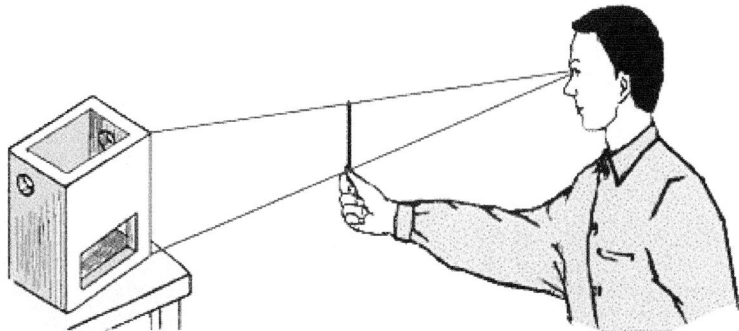

竖着比：作一
条垂直线，观察在这
条线上的所有物体。

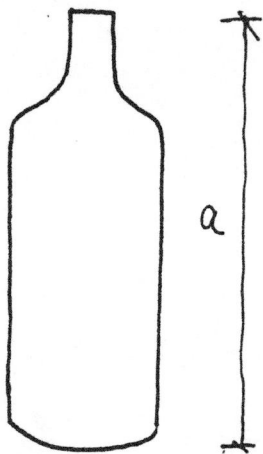

横着比：当
画某个物体位置的
时候，就可以作一
条辅助线去观察它
的宽度。

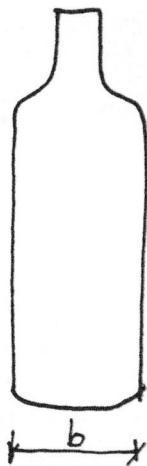

3.2.3 寻找参考线的比例法

先找到该物体的一条参考线，以这条参考线为单位去确定线条的比例尺寸，相应地找到1/2、2倍、3倍的尺寸线。

以下图中的立方体为例，先确定以a边为参考线，然后用a边和b、c边进行对比，观察它们的比例关系。通过仔细观察、对比后发现，a边是b边的1/2，c边是a边的1.5倍，b边是a边的2倍。只要有了这个有效的尺寸信息，就不难把握形体的比例关系了。

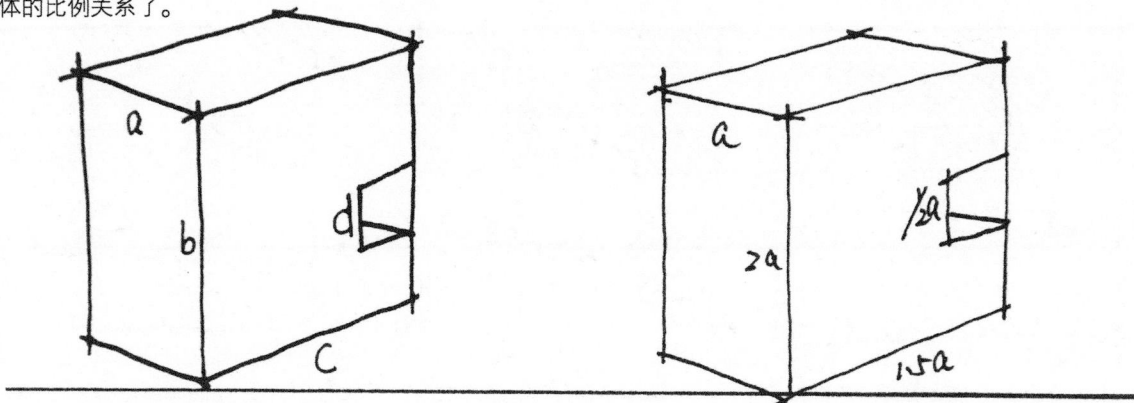

下图中图B是临摹参考图A的画面，通过仔细观察可以发现，图B并没有完全遵循图A的比例关系，因此图B就失去了特点，比较平庸。

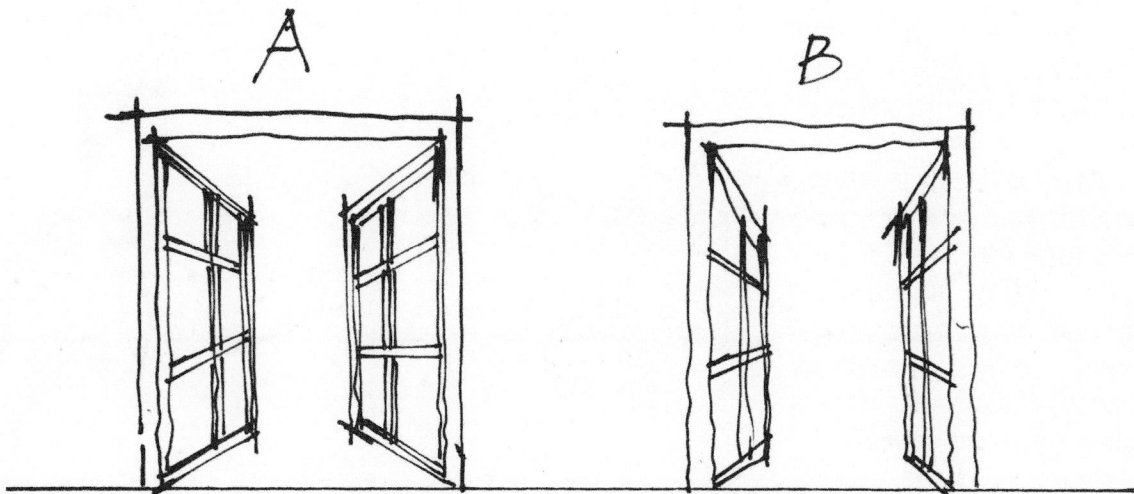

3.2.4 对同类形体的写生训练

对同类形体的写生训练有助于提高对形体外观的观察力，掌握它们轮廓的变化和特点。比例不同，外形也截然不同。

如果我们观察一个瓶子，想要把它画出来，首先得确定它的整体高度与宽度的比例，然后再确定其他各个部分之间的比例。观察的方法是，尽量找出两个相似的部分，比如将瓶口与瓶底相比较，因为两者都在水平方向上，又都在一条中轴线上，所以很容易找出它们之间的比例关系。

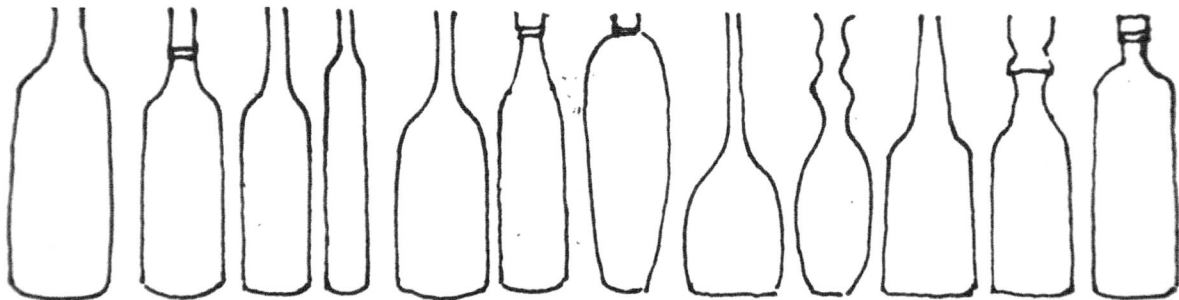

3.2.5 等分

等分在绘画中非常常见，主要是通过目测对一条直线、曲线或者某一个角进行寻找相等的尺度。这种方法用在作图的过程中简洁、方便又快捷。

1.二等分

二等分相对比较简单，直接目视线条的中心点即可，也称中点等分。

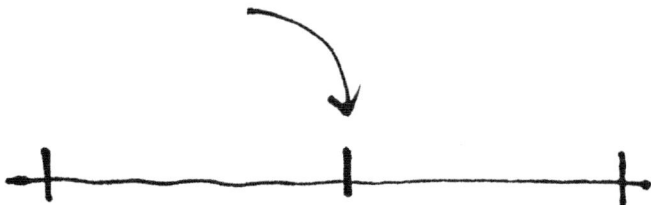

2.三等分

三等分同二等分的原理一样，先画一个长方形，然后画出对角线，可以通过交点找到等分点。

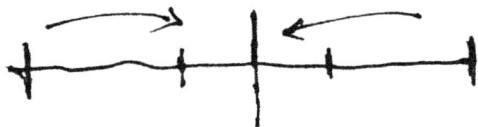

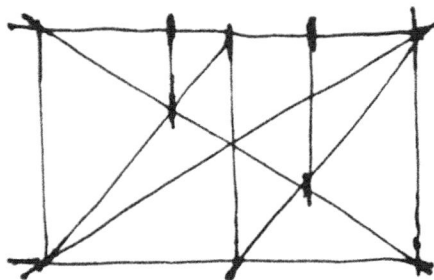

3.四等分

四等分就是在二等分的基础上再二等分。

4.五等分

先估算中间的长度，然后估算两边长度均为中间长的2倍，再在左右两边等分。

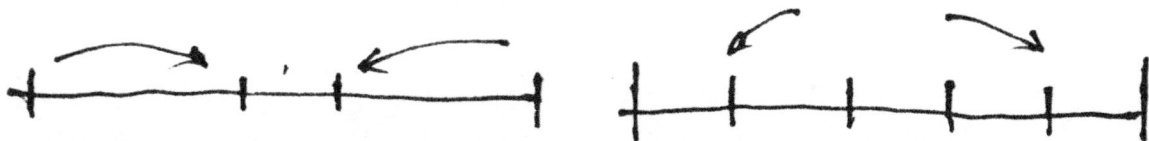

5.六等分

六等分就是在三等分的基础上再二等分。

6.八等分

八等分就是在二等分的基础上重复2次二等分。

7.九等分

九等分就是在三等分的基础上重复1次三等分。

8.十等分

十等分就是在五等分的基础上再二等分。

第4章 基础图形透视练习

4.1　基础图形透视练习

在几何学中，面是线的移动轨迹，即大量密集的线进行有序的排列会产生面。通常所说的面有一定的范围，它由四周的边线所围绕，边线的长短也就是我们所说的长度和宽度，因为有了长度和宽度的概念，就形成了二度空间（二维空间）。本章内容围绕基础几何图形及其构造来讲述。

4.2　基础几何图形

为了勾勒准确的图样造型，一般先把整个图样简单地概括为几何图形，以免把握不准整体图形的形态特征，继而深入内部的细节，丰富其本身的结构特征。几何图形作为构造中的基础图形，很有必要对其进行反复的绘画练习。

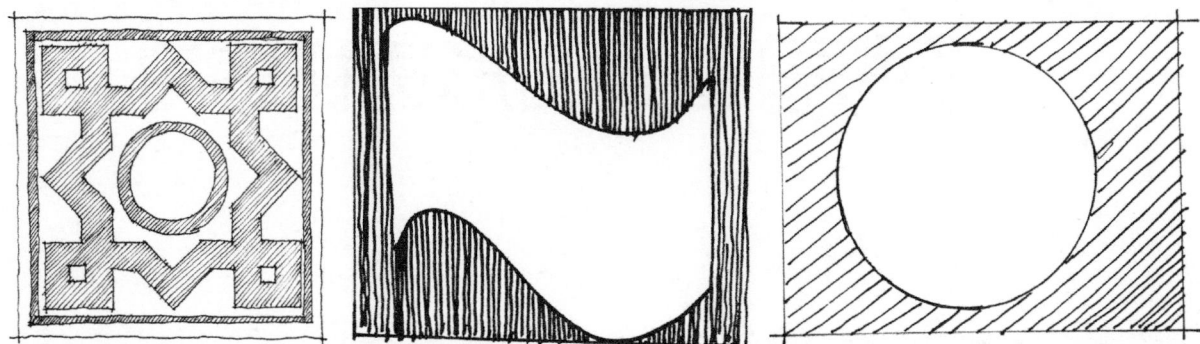

4.2.1　正方形

正方形是几何图形中的基础图形，由视觉上最协调的水平线和垂直线构成。它由单独直线构成，四边都相等，具有双对称轴，绘画时比较容易把握，相对稳定、有序。下面先把正方形一笔一笔地画出来。

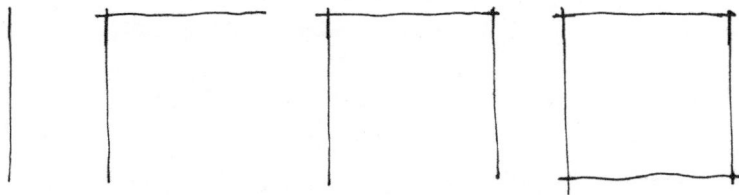

为了画准透视效果图，需要不断画一些简单的草图进行等分练习，以把握比例划分的准确性。下面以正方形为例，进行等分练习。

练习1

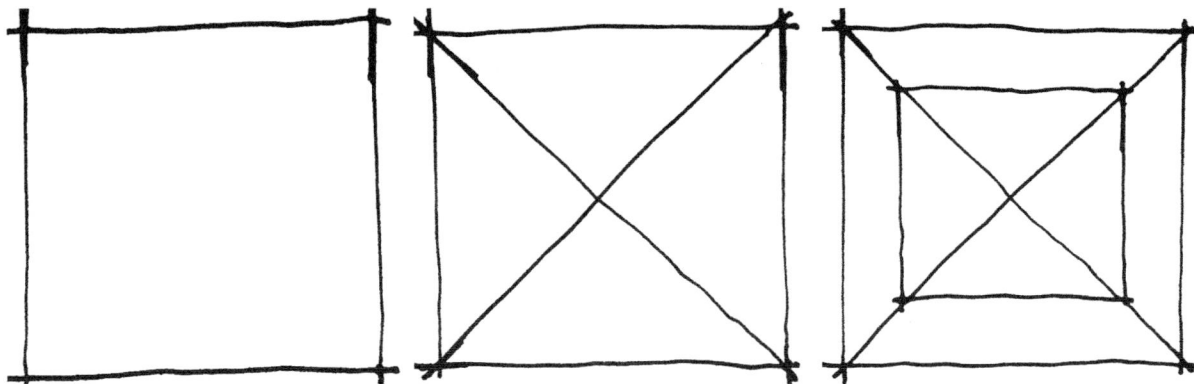

练习2

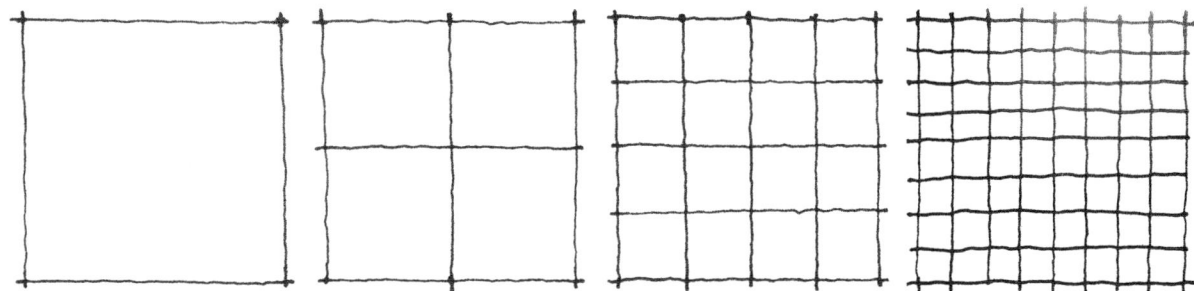

1.正方形的练习

练习画一组由大变小的正方形，试想一下能有什么样的画面感觉。

通过对画面的观察，不难发现，所画的这组正方形已经产生了一种大的形体往前冲，小的形体往后退的画面效果，其实在这个变化过程中已经体现了近大远小的透视规律。

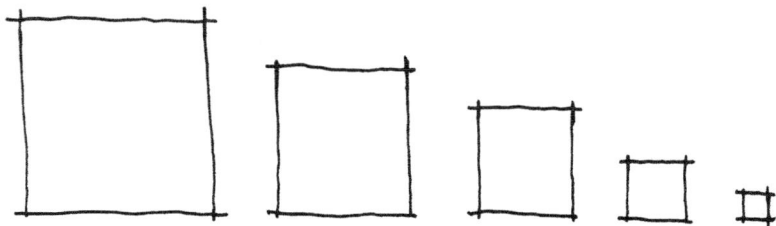

接下来练习画一组倾斜的正方形，表现等角透视的效果。

下面这组正方形更明显地体现了透视中的灭点。

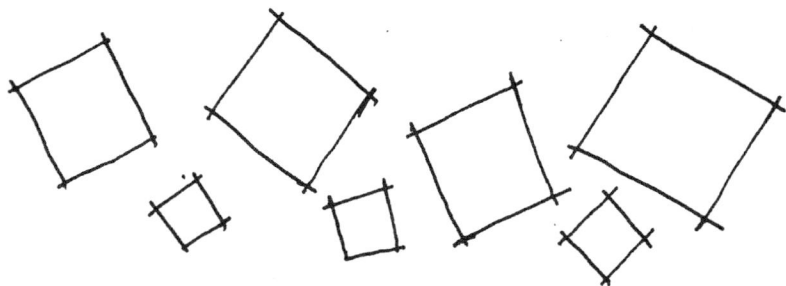

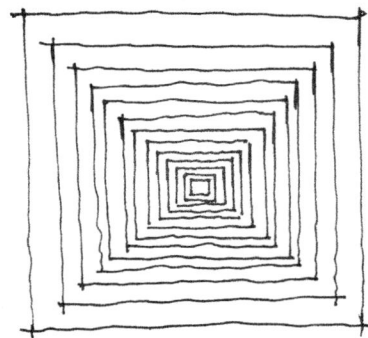

2.正方形在室内设计表现中的运用

正方形的绘制在室内设计草图表现中较为常见，比如墙面上的照片、地面的铺设等。

照片墙

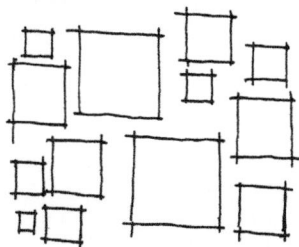

地面铺装

4.2.2 圆形

圆形由单独的曲线构成，具有向心性和流动性的视觉特征，象征着完整、圆满、团圆。下面这个练习很简单，先随手画几个圆，从绘制的过程中找出画圆的方法。

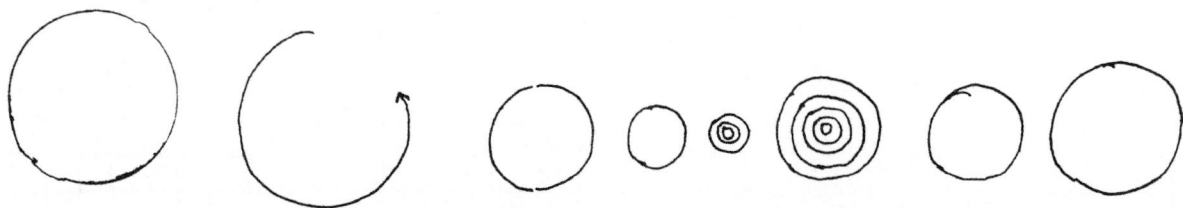

在练习画圆的过程中我们发现：画的圆越大，越难把握。所以接下来要想办法借助一些辅助线，把圆分割成几份来完成。

圆是由点运动的轨迹形成的，在圆的轮廓上有4个距离相等的点，将这4个点中相对的两个点两两连接，可以得到两条等长且相互垂直的线；若将4个距离相等点中相邻的两个点两两连接，就会得到一个正方形。所以在画一些比较大的圆时，通常会用外切正方形的方法来作图。

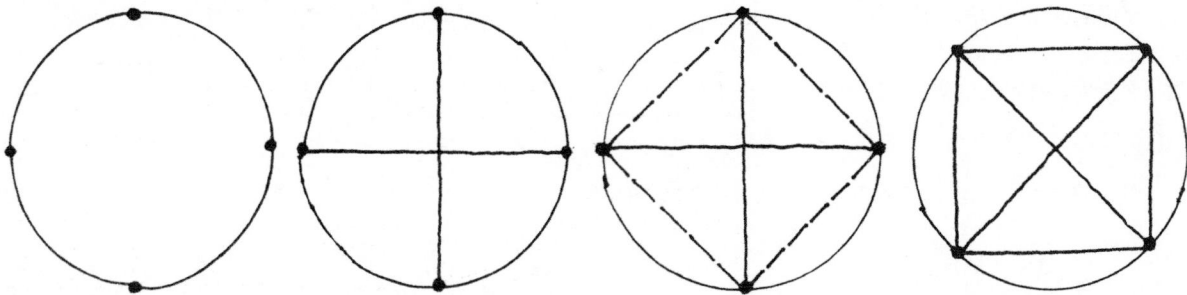

在正方形对角线上取一段长度来画圆，所取的长度不一，画出来的圆就大小不一，如下图所示。所以在对角线上所取的那一段长度即圆的半径。

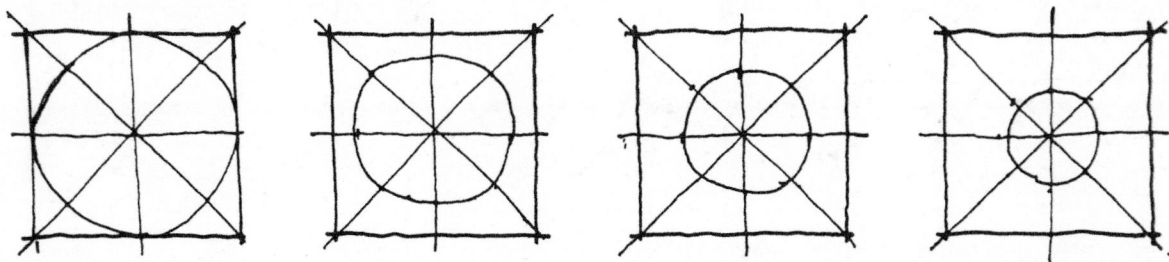

1.圆形的练习

8点画圆法

我们先画一个没有透视变化的圆。该圆的圆周同正方形边框相切于4点，又同正方形两条对角线相交于4点，共8个点。通过这8个点画弧来形成圆形的方法即为8点画圆法。

（1）先在画面上画一个正方形。

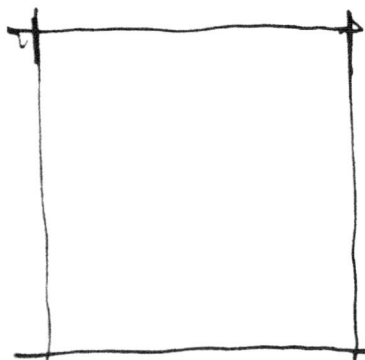

（2）画出正方形的两条中轴线，然后连接对角线并对两条对角线进行8等分。

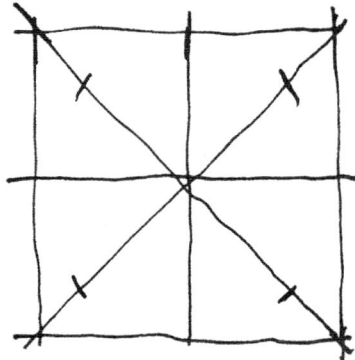

（3）用圆弧连接对角线外侧等分点和两中轴线的端点，圆的形状就勾画出来了。

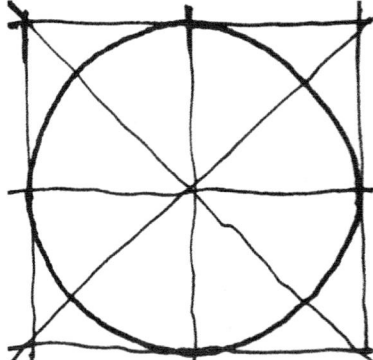

1/4圆的绘制方法

1/4圆的绘制方法是将一个正方形进行4等分，然后对图中所示的其中一个正方形A做对角线，接着在对角线上分3段连接。

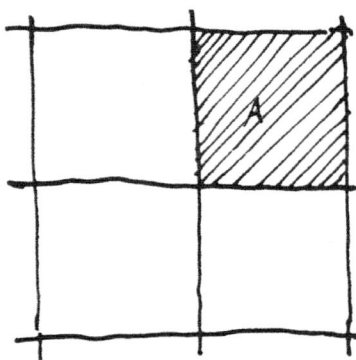

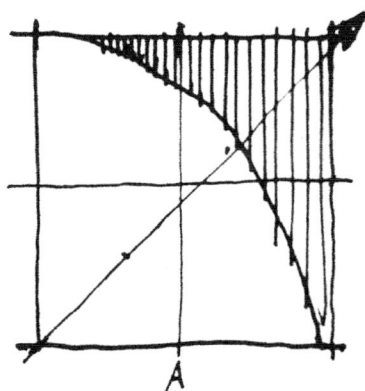

2.错误的圆形

下面是我们在练习画圆的过程中常犯的一些错误。

错误1：圆形太方。

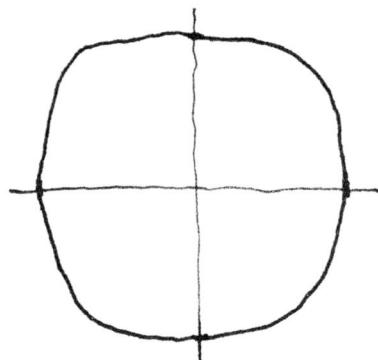

错误2：圆形太尖。

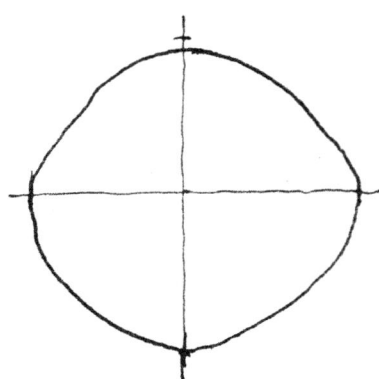

错误3：圆形不对称。

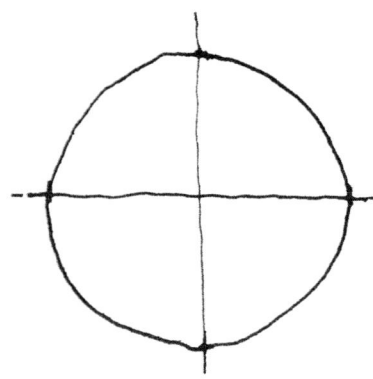

3.圆形在室内设计草图中的运用

圆形地毯

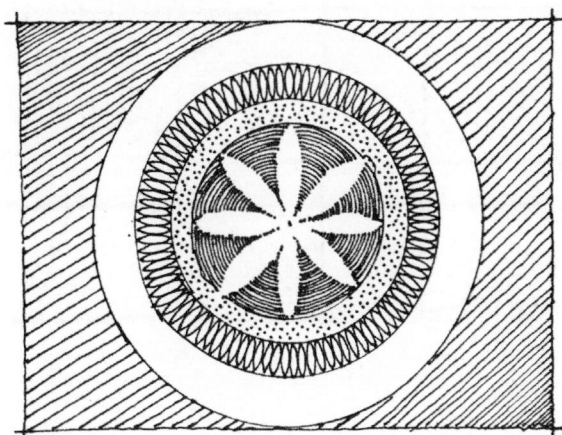

圆形餐桌

圆形地面艺术拼花

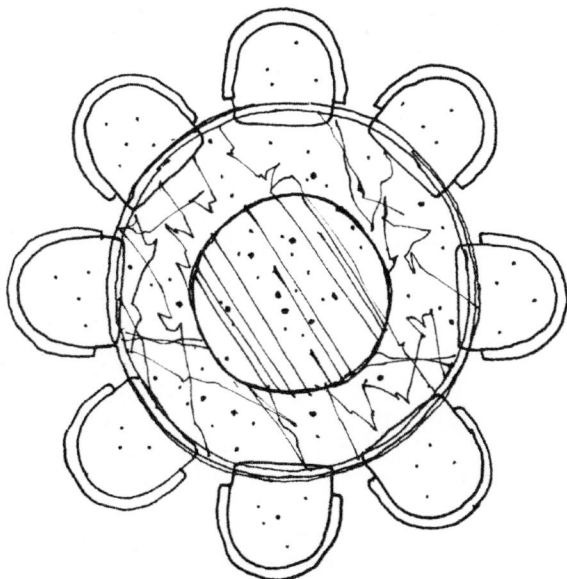

圆形墙面造型

4.2.3 椭圆形

我们经常会在一些物体构造中看到椭圆形，特别是在透视图中。

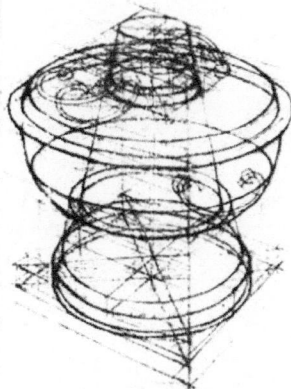

1.椭圆形的练习

怎样才能准确地画好椭圆呢？我们可以尝试按照画圆的方法进行绘制。

（1）画一个长方形。　　　　　（2）画出长方形中轴线（长轴　　　　（3）用平滑的曲线连接对角线
　　　　　　　　　　　　　　　和短轴），然后连接对角线并6等分　　外侧的等分点和长短轴的端点，即可
　　　　　　　　　　　　　　　每一条对角线。　　　　　　　　　　完成椭圆形的绘制。

 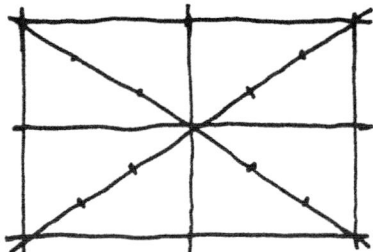 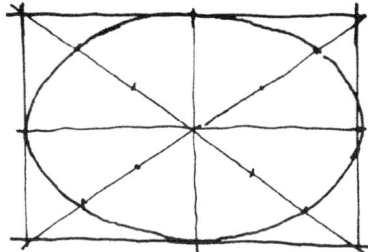

2.椭圆形和圆形的关系

通过右图分析可知：在透视中，圆形通常用椭圆形来表现。

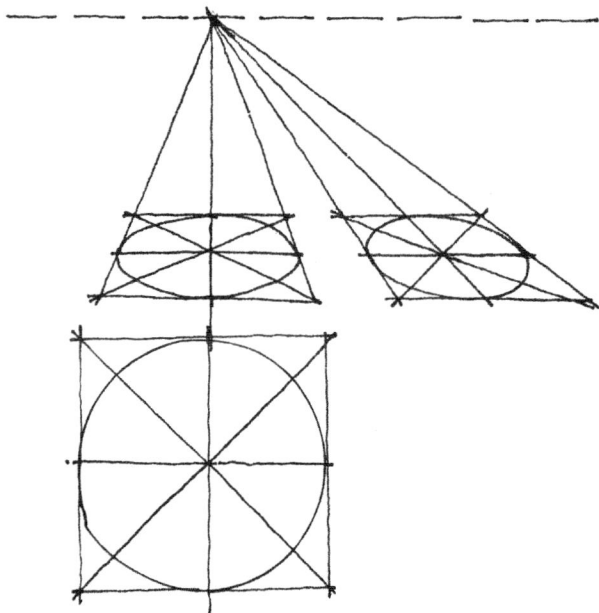

3.练习透视圆

透视圆的练习首先要理解圆形透视的基本原理，不能仅仅靠目测判断它的透视状态而很随意地勾勒。所以要求大家能够掌握画圆的基本要领，根据前面所讲的内容，可以先画出透视后的正方形，再利用8点画圆法画出准确的透视圆。

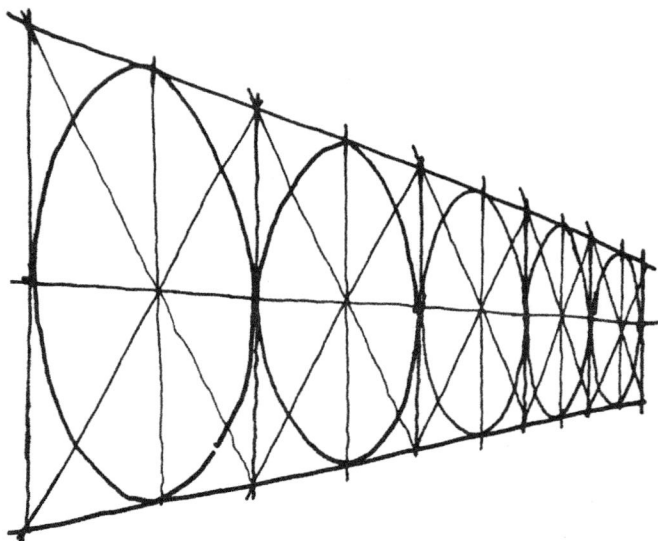

徒手画透视下的圆经常会出现一些错误，主要有以下几点。

错误1：转角太尖。 错误2：平面倾斜。 错误3：前后半圆之间的关系不对。

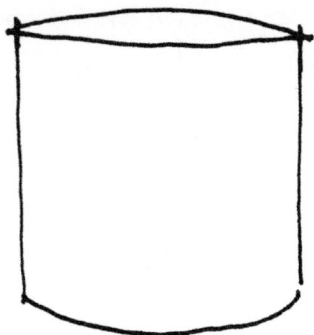

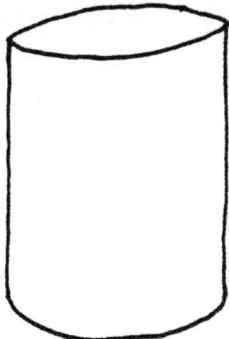

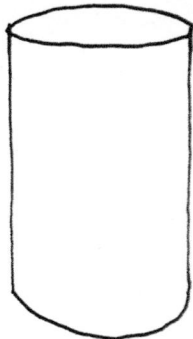

通过观察和思考得出画圆的要领，主要有以下6点。

第1点：上下底面的水平圆，圆面左右两端的连线始终是水平的。

第2点：上下底面的水平圆始终左右对称。

第3点：左右两端转角为圆角，不要画成尖角。

第4点：前半圆大于后半圆。

第5点：离视平线越近，圆面越窄，反之越宽。

第6点：画圆时，运笔要平稳、顺畅，可分左右两半完成。

4.2.4 圆弧

通过对圆形的观察、比较，发现将它们的圆心O_1、O_2和接触点T进行连接，就可以构造出弧线，如下图所示。

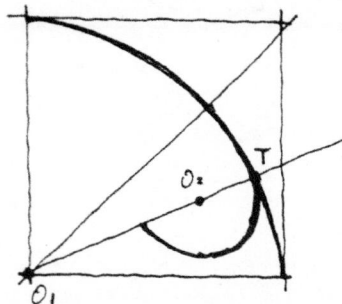

在室内设计表现中，经常会涉及由弧形组合成的造型。

下图是用圆心和接触点连接成一条直线的基本原理画弧线。

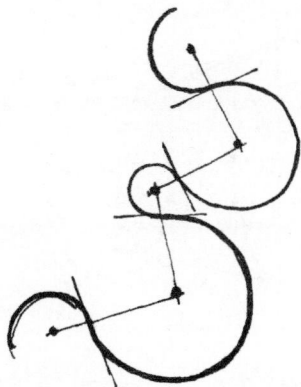

4.3 室内构造存在边框的情况

绘制室内家具时，经常会看到有边框的物体，如抽屉、衣柜上的门板、门面、窗户等。

练习1：绘制各种各样不同比例的边框。

练习2：在边框内，画出自由的线条和几何图形，重复绘制几何图形进行组合练习。

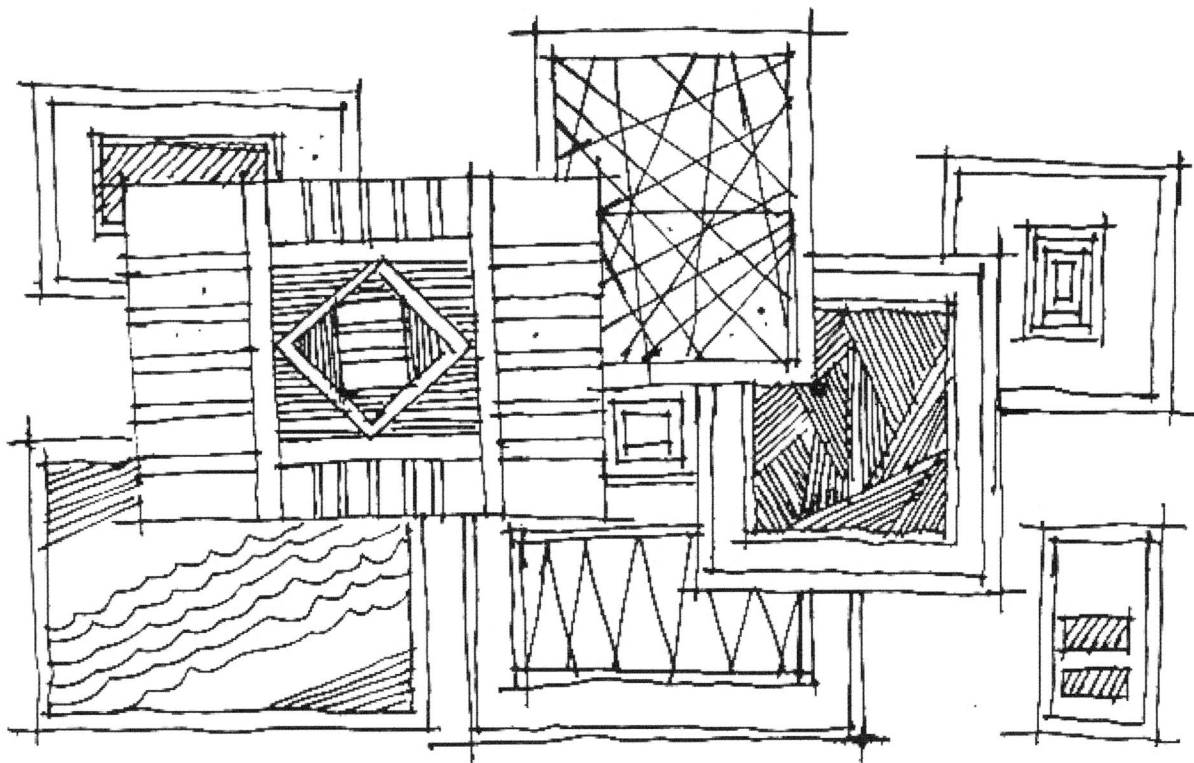

4.4 正面物体的勾勒

正面物体的勾勒就是绘制一幅物体的正视图，这幅正视图里只包含物体的基本造型轮廓和特征，没有透视变化。下面以家居物件作为对象练习正面物体的勾勒。

4.4.1 绘制正面家具

为了给整体透视效果图增添一些实景效果，我们可以画一些正面的家具。首先，分析家具的功能和形体特征，把家具元素进行简单的概括和提炼。然后分解成简单的形体再进行组合。最后理解家具本身的结构关系。

4.4.2 绘制室内窗户正面

在绘制室内窗户正面时，应该先对其进行仔细观察和分析。窗户其实是个很简单的造型，有很多地方都是同样的图形，只要准确地把握它的比例关系，以及厚度，平时多积累，就可以画出比例、大小不同的窗户。

为了更好地绘制窗户，应该准确地量取窗户直角的比例、大小和窗户的厚度。

位似形是具有某种位置关系的相似图形，例如，通过绘制正面窗户的练习可发现，等比例情况下，大小不同的窗户的同方向的对角线在同一直线上，直角都是平行的，即位似形。

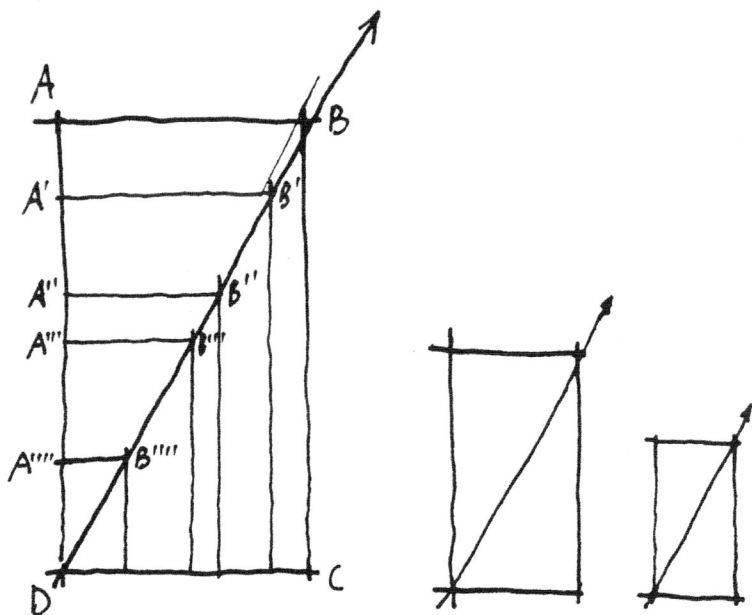

4.4.3 室内陈设小品的绘制

室内陈设小品在室内家居构造中是不可缺少的一个重要部分，它可以营造室内环境的氛围，达到丰富和美化家居空间的效果。练习的主要目的是对其外观进行概括，并生动、鲜明地描绘出来，这有利于提升设计师对物品的观察力和判断力。

87

4.4.4 正面物体的遮挡关系

要想表现正面物体的遮挡关系，可以将物体的形体画成前后重叠的状态，最前面物体的形体是完整的，后面被遮挡物体的形体只绘制出未重叠的部分。这种遮挡关系会使画面产生景深感。

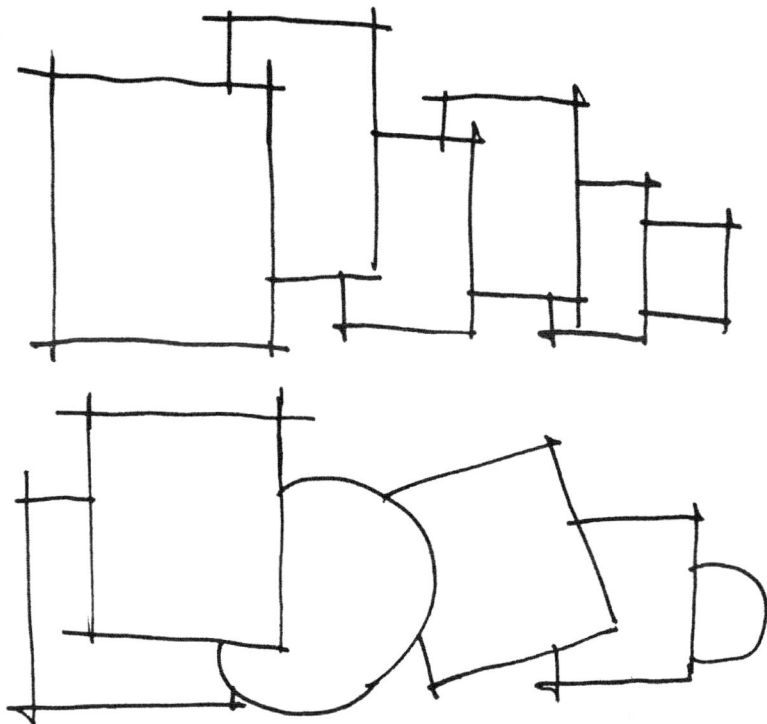

4.4.5 正面物体的组合练习

正面物体的组合训练可以帮助我们掌握正确的观察方法，锻炼我们判断物体比例关系的能力。从整体到局部，再从局部回到整体，先定大物体的大小，小物体的大小根据与大物体的比例关系来确定。通过正面物体组合练习中，可以培养和提升我们的观察力，使我们学会正确的观察方法，掌握如何准确地判断客观物体的比例关系。

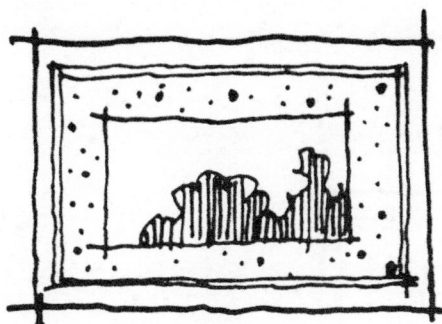

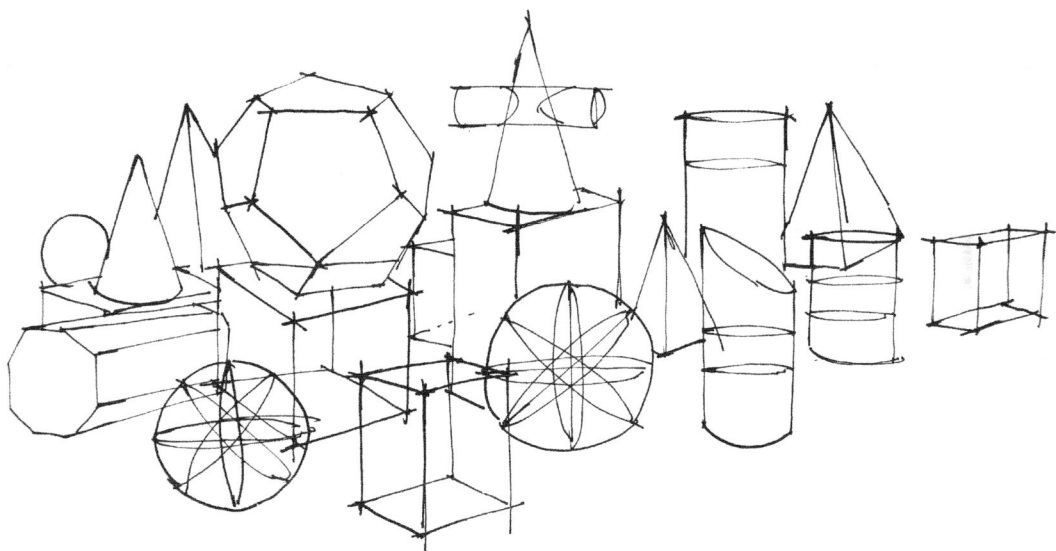

第5章 体块的形成与明暗

5.1 初识几何形体

世界上的物体千变万化，但无论其形体结构简单还是复杂，最终都可以概括为基本的几何形体。具有代表性的几何形体有正方体、球体和圆锥体等，在此基础上可衍生出多种复杂的形体。

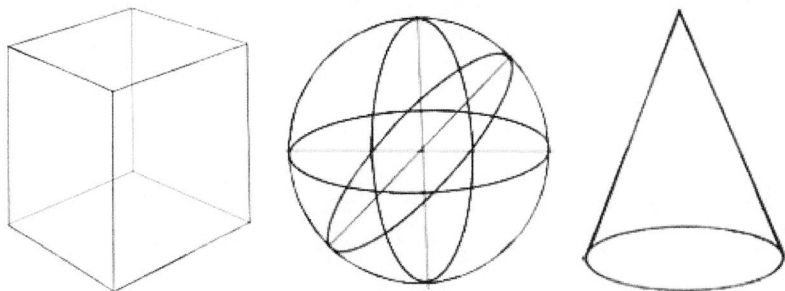

5.1.1 形体的基本概念

物体的外部形态特征叫作形体，它是客观物体存在的外在形式，是体现物体存在于空间中的立体性质的造型因素。在造型艺术范畴，形体包含"形"与"体"两层含义。

1.形

"形"即人类视觉所感知的物体的形状，它是我们识别物体特征的基本依据之一。

人们对物体形状的判断，往往来自于物体的轮廓线，如圆面的形状是圆形，球体的形状也是圆形；一页纸的形状是长方形，一张写字台台面的形状也是长方形。从所举的例子可以看出，形状虽然是识别物体特征的依据之一，但并不能反映物体所占据的空间形式。因此，"形"属于平面的概念。

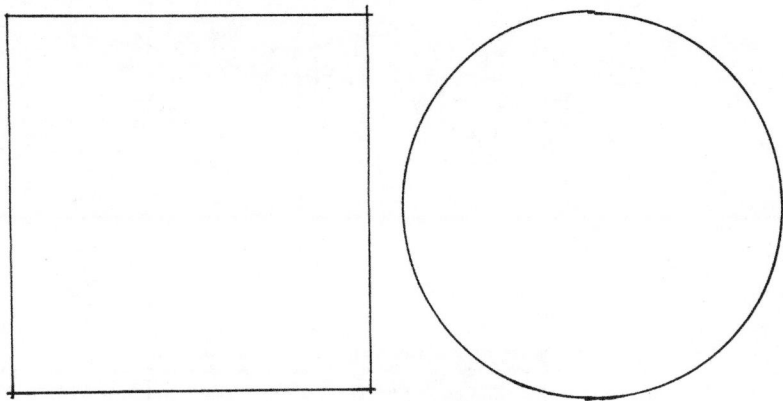

2.体

"体"即物体的体积，也就是物体所占据的空间。物体的存在，都会表现出一定的形状和一定的体积。存在于自然界的物体，如一颗沙粒、一张纸片、一幢房屋等，都具有一定的体积并占据相应的空间，即人们通常所说的"三维空间"。因此，"体"属于立体的概念。

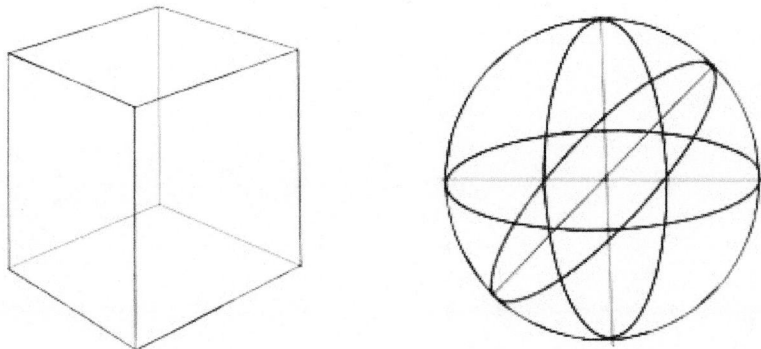

5.1.2 基础几何体的描绘

1.正方体

正方体：用6个完全相同的正方形围成的立体图形称为正方体，又称立方体。

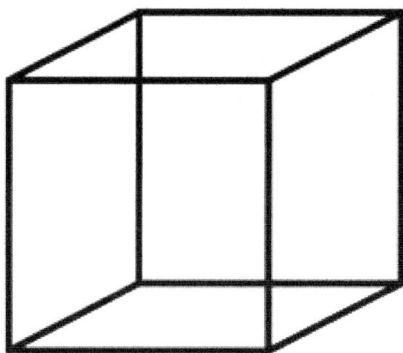

将立方体拆开进行分析，可得出它的基本特征。

特征1：有6个面，每个面完全相同。

特征2：有8个顶点。

特征3：有12条棱线，每条棱线长度相等。

特征4：相邻的两条棱线互相垂直。

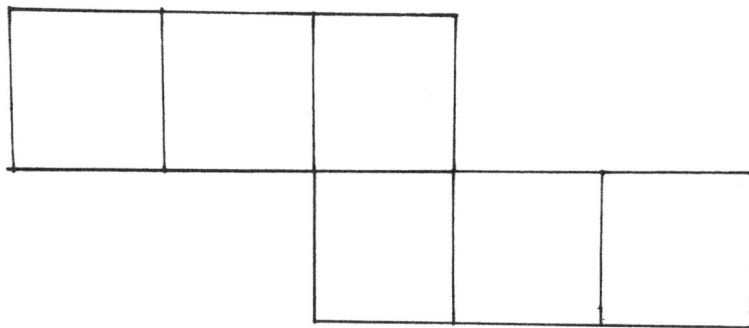

正方体的徒手绘制过程

（1）先画一个有透视角度的正方形底面。

（2）根据正方体的特征——"相邻的两条棱线互相垂直"画出垂直于底面的4条棱线。

（3）连接各垂直的线，形成立方体。

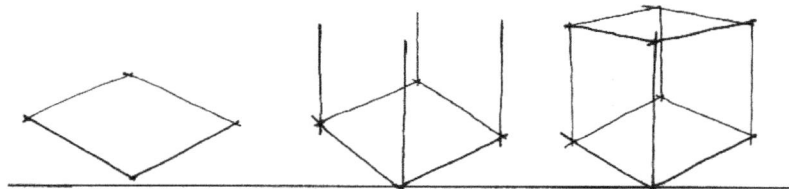

2.球体

球体与正方体有着强烈的反差，球体完全由弧形构成，给人以柔美、圆润、灵动之感，与正方体刚性、坚硬的形态形成鲜明的对比。正方体和球体是自然界中两种基本的形体，两者在一定的条件下可以相互转化，即方中有圆，圆中有方。

下面先来认识一下球体的结构。

球体的结构关系要比正方体复杂得多，为了便于理解，可对球体的结构关系加以概括和剖析，分析其形态的构造。

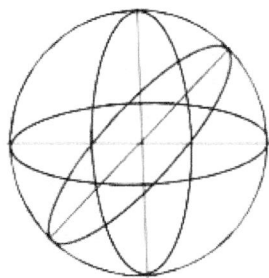

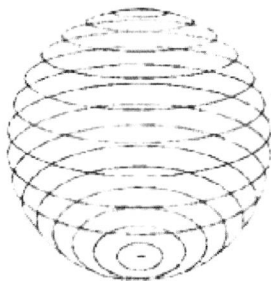

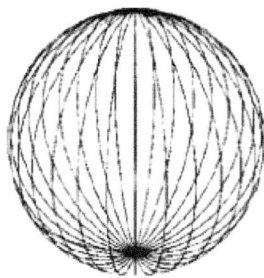

绘制球体的方法

（1）画一个正方形，然后画出正方形的两条对角线，并以交点作为球体的球心，接着通过此球心画水平线和垂直线，找出球体轮廓线与正方形相切的4个切点。

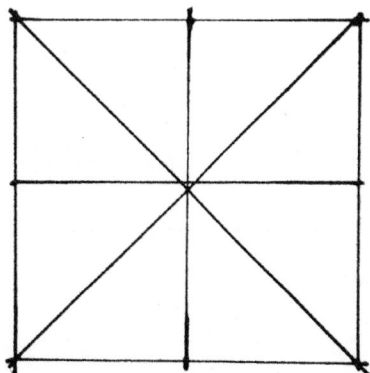

（2）用8点画圆法逐渐在正方形内部画出圆形。调整线条，用圆润的曲线对圆形进行修整，反复调整，直到画好圆形为止。

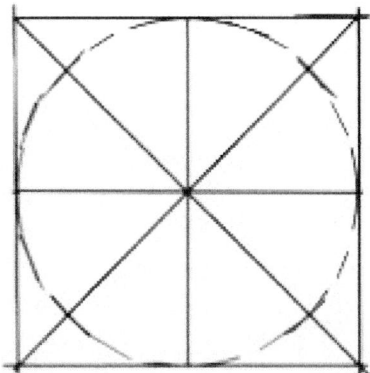

（3）这样球体的轮廓就画出来了，那么如何把球体的立体感表现出来呢？在表现球体的立体感之前，首先要了解圆的透视变化。画圆的透视，要借助正方形的透视变化，下面是几种常见的圆的透视关系。

平行透视平面的圆　　　　　　　**两点透视的圆**　　　　　　　　**平行透视立面的圆**

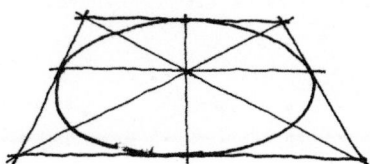

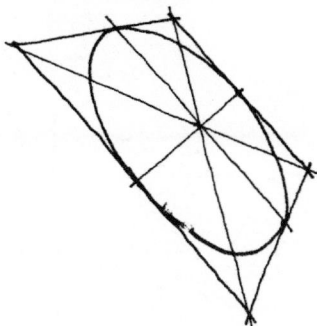

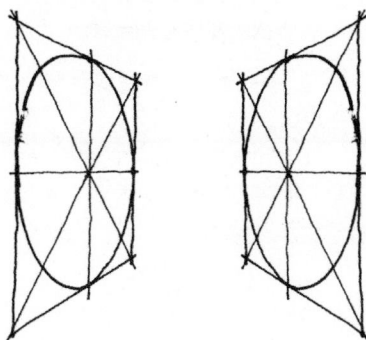

（4）在步骤3的基础上找出圆的透视变化，然后在步骤2中已画好的圆形中依照球体的轮廓画一个透视的正方形与其相交，再画出透视圆形，最后在此基础上画出球体的立体感。

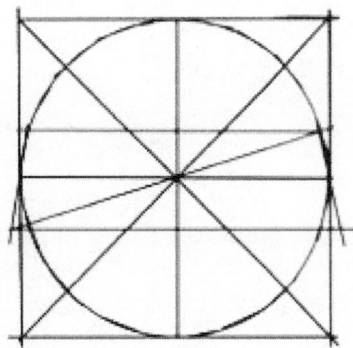

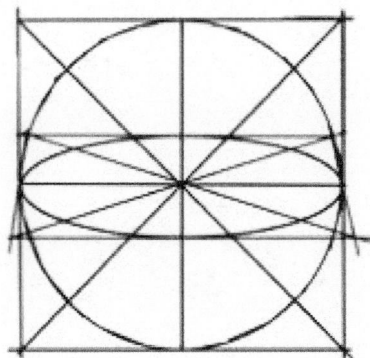

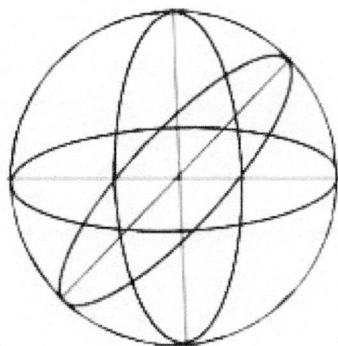

3.圆锥体

圆锥体具备立方体和球体的部分特征。

圆锥体的结构形体如下图所示。

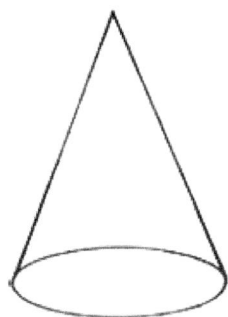

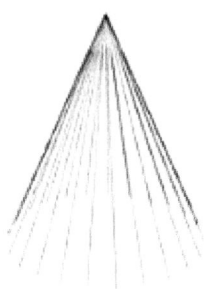

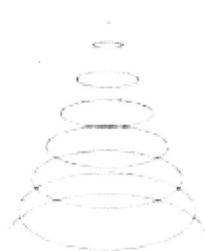

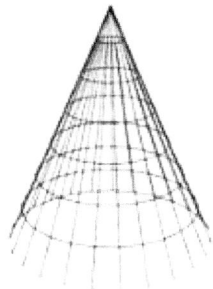

绘制圆锥体的方法

（1）画一个一点透视的正方形，作对角线找出中心点，然后通过中心点作水平线和垂直线，画出透视圆作为圆锥体的底部，接着过圆心作垂直线，并在相应的位置取一点作为圆锥体的顶点。

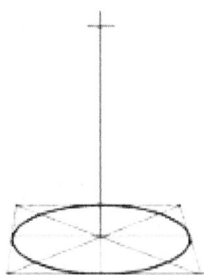

（2）连接圆锥体的顶点和圆的左右两个端点，圆锥体就画成了。

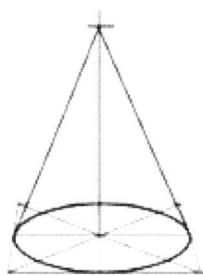

在绘制圆锥体的过程中，不难发现，圆锥体的大小是由底部圆的大小和所作的垂直线高度决定的。

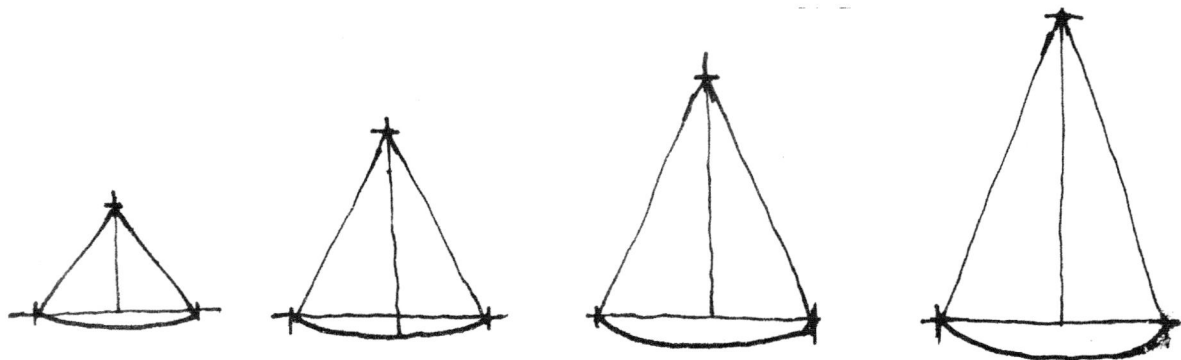

4.圆柱体

圆柱体和圆锥体一样，都包含立方体和球体的部分形态特征。从顶面看圆柱体呈圆形，从正侧面看呈长方形。

从圆柱体的结构关系上看，它就是由无数个等大的圆形叠加而成的，叠加的同时形成侧边直线的结构形态。

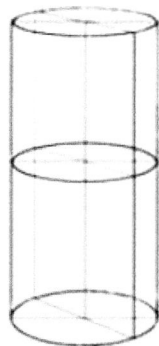

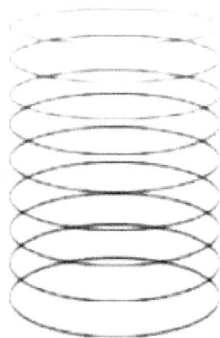

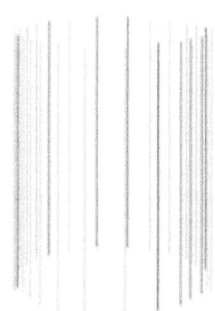

绘制圆柱体的方法

圆柱体用长方体作为辅助图形，绘制就容易得多。先画一个长方体，再在长方体的顶面和底面画出透视圆，就画出完整的圆柱体了。

（1）画出长方形，注意确定宽和高的比例关系，然后在长方形的上下两边分别作辅助线，确定圆柱体上下两个面的大小，接着在长方形上下两个边上作出透视正方形，得到长方体。

（2）采用8点画圆法在顶面和底面画透视圆，注意这两个面由于透视的原因会有宽窄的变化，应根据视角的上下位置确定。

（3）在圆柱体上进行结构分析，画出结构线。用线要注意虚实变化，以体现圆柱体的空间感。最后擦除多余的辅助线和结构线，得到完整的圆柱体。

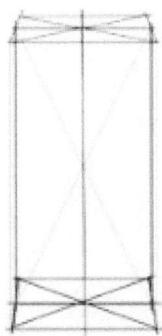

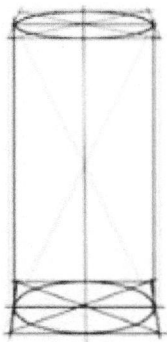

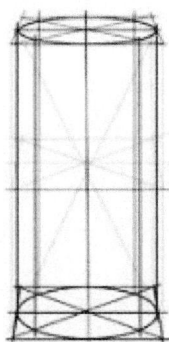

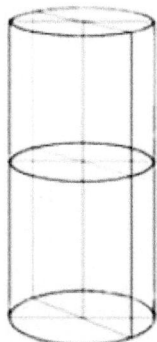

5.1.3 几何形体的组合练习

几何形体的组合练习，在绘画训练中具有重要的意义，它不仅需要绘画者能够把独立的几何形体完整地表现出来，而且需要绘画者把两个或两个以上的几何形体组合在一起，表现它们之间的相互关系，这有利于从画面整体的角度把握物体之间以及物体与画面之间的关系。室内空间是由很多单体陈设和家具组合而成的，所以几何形体的组合练习是画好室内空间透视效果图的基础。

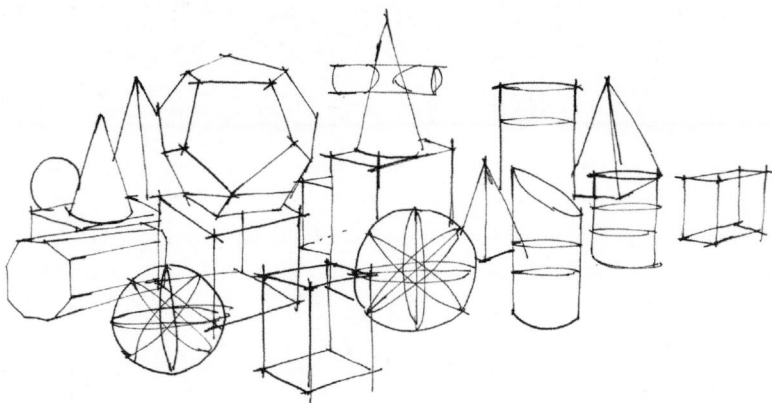

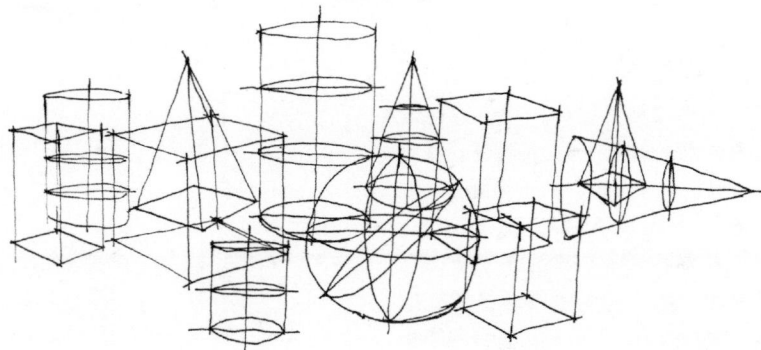

5.2 几何素描

5.2.1 素描练习

素描在造型艺术中十分重要，它是通过明暗关系的表达，在形体比例准确的前提下，赋予形体明暗变化，在平面上表现出三维立体的艺术效果。素描是学习室内透视表现图的首要课题。

结构素描也称为设计素描，它以线条为主要表现手段，不进行明暗关系的塑造，没有光影变化，而主要突出物体的结构特征。结构素描的练习可以培养我们对物体的观察分析能力、空间形态变化的想象能力以及徒手准确地表达形体的刻画能力。对物体的感受主要从轮廓开始，在光线的引导下，寻找与外形的体、面有关的结构线，以这些点线为基准，按照透视变化规律，从内到外，从表到里，从模糊到清晰，反复观察比较和分析，逐渐确定物体在三维空间中的立体形态。因此，结构素描是以形体的结构作为研究对象，通过线条这种表现手段，依靠透视基本原理来塑造物体。可见，对形体结构关系的研究，是画好素描的基础。

5.2.2 素描中的明暗变化

在比较准确地把握形体结构的基础上，逐步加入光影，以简略的明暗关系塑造物体的立体感和空间感。为了获得明晰的光影效果，必须借助较强的光影，并以光影与透视的原理为指导，更直观、形象地表现光影造型。在学习中，主要研究物体受光后产生的光影变化，根据明暗关系来塑造形体。通过学习，我们可以初步了解基本形体的明暗变化规律，懂得"两大部、三大面、五调子"是明暗造型素描的基本法则，并掌握其基本的作画步骤，培养我们整体观察、分析和表现事物的能力。

1.明暗调子的产生

明暗调子主要是物体受光的照射而产生的。静止的物体在光线的照射下会变得更有生命力，同时形体看起来也更明确。所以在室内透视图中，不管是平面图还是立面图，均离不开对物体明暗关系的刻画。

想要准确地把握明暗关系，需要综合考虑光、物体、阴影三者之间的关系，必须对各种光源的投影规律有所了解。通过长期在实践中观察和分析发现，各种光源在不同形态和不同环境下会产生不同的光影变化，从而在物体表面产生丰富的明暗层次。明暗素描就是通过对这些层次的描绘来表现物体的空间、质量和量感（即轻重、大小、厚薄、多少等）等，光照射的角度不同、光源与物体的距离不同、物体的质地不同、物体与绘画者的距离不同等，都会产生不同的明暗变化。所以在几何形体的明暗塑造中掌握物体的明暗调子及其基本规律是非常重要的，这便于我们快速、准确地画出理想的明暗效果。

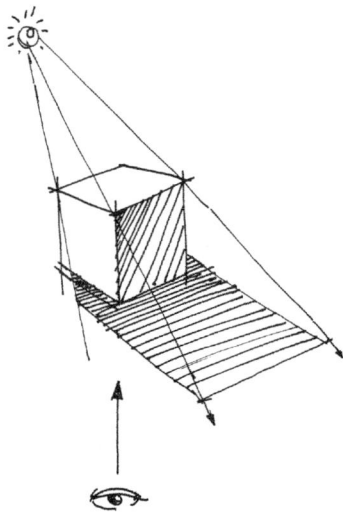

2.光与明暗调子的关系

光与明暗调子的关系主要基于以下4点。

第1点：光线投射到物体表面的角度。

第2点：光线本身的强弱和距离物体的远近。

第3点：对象物体和绘画者的距离。

第4点：物体固有色的深浅及色度的强弱。

光照射在物体上产生的明暗及其变化，可用"两大部、三大面、五调子"来概括。

两大部：物体的
受光部和背光部。

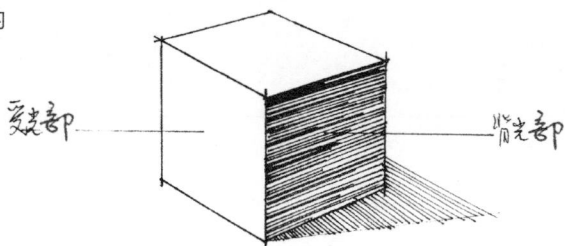

三大面：立方体是一切形体的
基本，掌握立方体的明暗造型规律是
学习明暗造型素描的重要前提。在有
光源的情况下，眼睛接收的光线同时
也投影在物体上，此时的立方体就会
产生很明确的明暗关系及投影。我们
把立方体受光后产生的变化归纳为亮
面、灰面和暗面。

五调子：比如球体、圆柱体、圆锥体在光照下，从受光部分到背光部分
的明暗变化非常丰富，明暗调子比较微妙复杂，因此可以将其归纳为五个基
本调子，分别为亮面、灰面、明暗交界线、反光和投影。

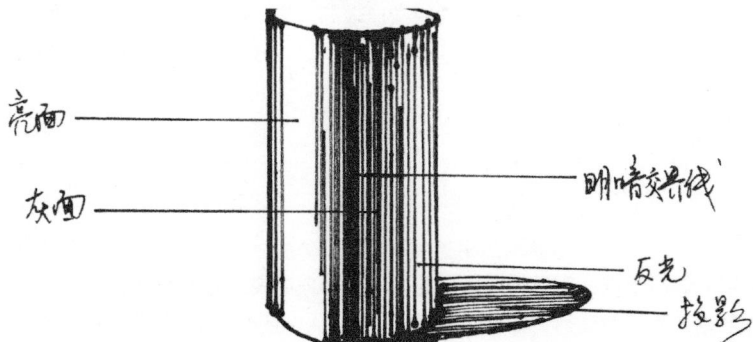

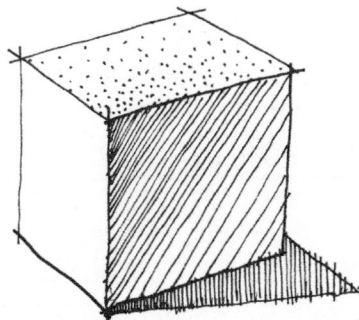

由于物体与物体之间存在着差异，因此我们所观察到的明暗是有变化的，比如方形物体和圆形物体的色调对比是
不一样的。

**棱角清晰形体的明暗
关系**：对于棱角清晰的形体来
说，其明暗关系表现较清晰。

　渐变的特点：明暗交界
线清晰，明暗过渡急速。

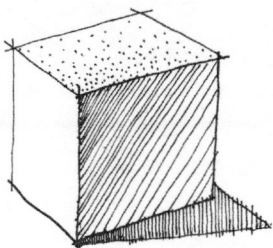

曲面形体的明暗关系：一般曲
面形体的明暗过渡相对来说比较模
糊。在球体、圆柱体或其他表面是曲
面的物体上，虽然有光线的照射，但
是其明暗变化是很缓慢的，表现为
有特征地渐弱或渐强。

　渐变的特点：明暗交界线模
糊，明暗过渡缓慢。

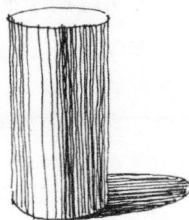

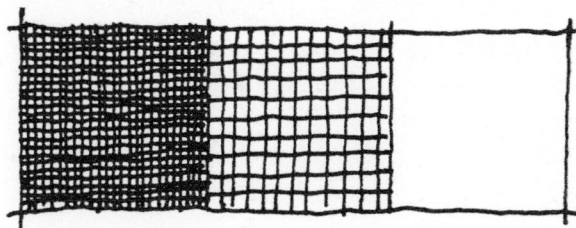

通过观察和绘制明暗变化过程，我们能感受到明暗变化就像颜色一样，它不是一成不变的，而是有微妙的变化，
明暗的过渡情况是由物体本身的结构特征所决定的。

第6章 室内设计阴影与质感表现

6.1 阴影的基本概念与练习

在室内透视图中，阴影的表现会使我们描绘的形体具有光感、立体感和空间感，可增强物体和空间之间的关系，使物体更加清晰、层次分明；同时，还能烘托室内气氛，从而更充分地表达设计师的意图，激发其创意灵感。因此，阴影在手绘图中有非常重要的作用。手绘表现图中，想把阴影刻画得很准确是比较难的。本节只简单扼要地介绍它的基本概念和基本画法，以便于大家在绘制的过程中有所参考，不致发生较大的错误。

6.1.1 阴影的概念

阴影是物体受到光线照射而产生的。在前面的章节中已经讲过，在现实的空间中，光线总是通过光源沿着直线方向照射出去，物体在光线的照射下，直接受光的部分为亮面，背光部分为暗面，亮面和暗面之间的分界线通常称为明暗交界线或者阴线，因被其他物体遮挡而受不到光线照射的面称为影面或者投影。暗面又称阴面，所以阴影是阴面和影面的合称。

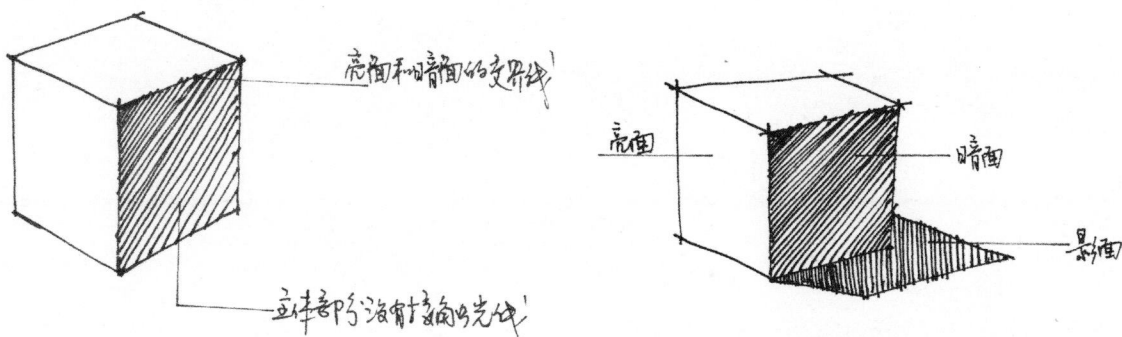

为便于理解，此图未加灰面

6.1.2 阴影的基本术语

亮面和暗面：在光线的照射下，不透明物体有受光部和背光部之分，受光部为亮面，背光部为暗面。

阴线：亮面和暗面的分界线。

阴点和阴足：构成阴线的点叫作阴点，从阴点作垂线与基面的交点叫作阴足。

光足：光点的基面投影（垂直面或者与画面一个平面）。

影面：因被其他物体遮挡而受不到光线照射的面。

影线：影的轮廓。

影点：从光源的位置引直线通过阴点，从光点的基投影引直线通过阴足，两条直线的交点为影点。

受影面：影所在的面叫作受影面，阴与影统称为阴影。

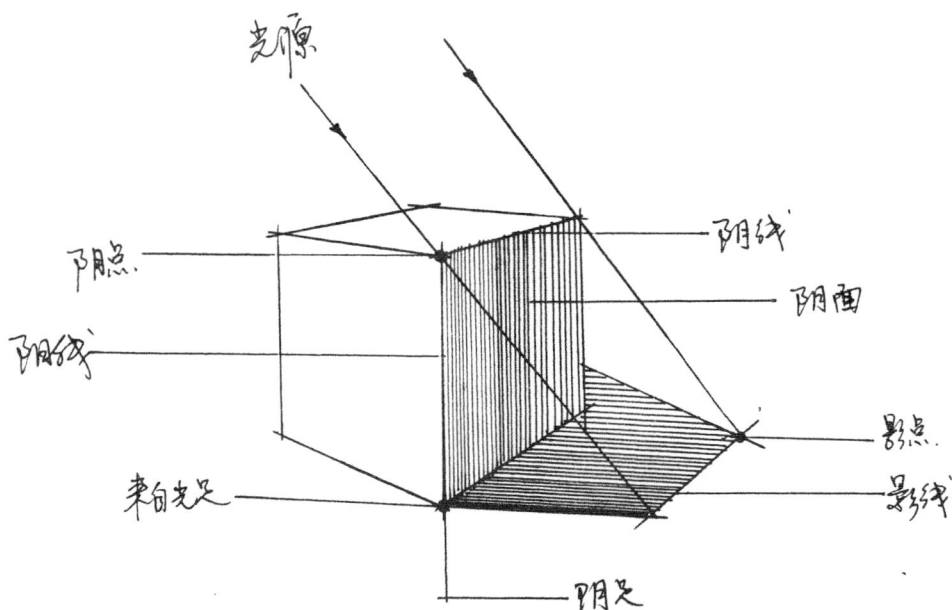

6.1.3 阴影的基本类型

通常室内所绘的阴影主要是由远近不同的光源所产生的，并根据光源的不同分为日光阴影和灯光阴影。日光光源距离远，光线一般呈平行状；灯光光源距离有限，光线一般呈辐射状，所以由这两种光源所产生的阴影是各不相同的。

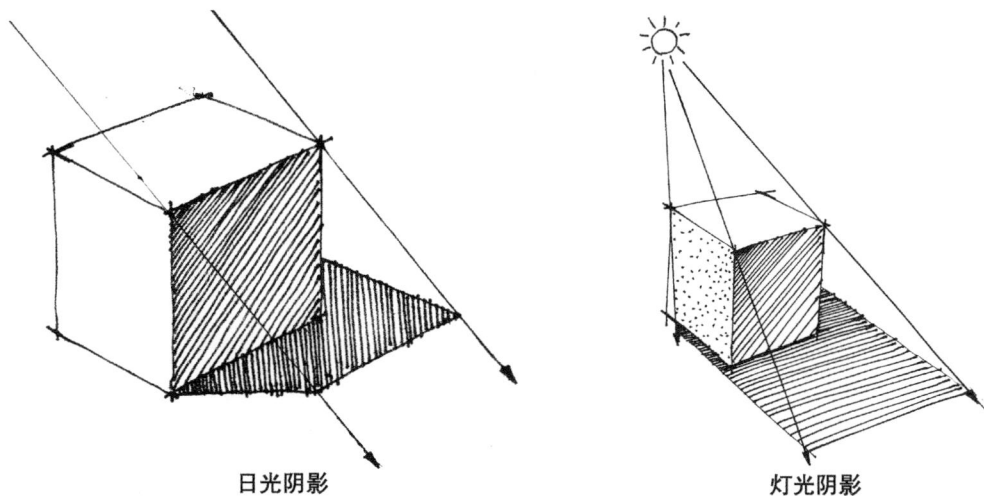

日光阴影

灯光阴影

6.1.4 阴影的基本画法

下图中，从光源的位置（光点）引一条通过阴点A的直线，再从光点的基投影（光足）引一条通过阴足B（阴点的基投影）的直线，两直线的交点为影点A_1，这就是受光体AB在基面上阴影的基本画法。从图中可以看出，如果受光体AB的一个端点（B点）在受影面（基面）上，那么B点的影点B_1与B重合，B_1A_1是受光体AB在基面上的影线。

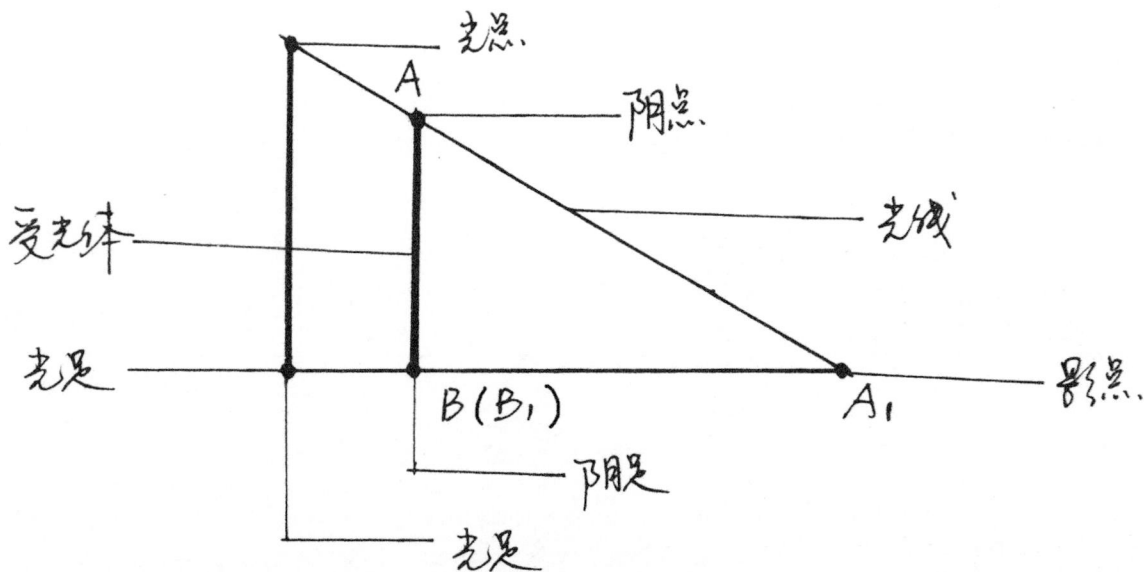

1.日光阴影的透视画法

在方形ABDC中，AB、CD分别垂直于水平面，假想的日光光线经过A和C两点与地面分别相交得到两个影点A_1和C_1，由A_1和C_1引线至方形底端，与地面交于点B和D，就得到了线段AB和CD的阴影。

2.灯光阴影的透视画法

在下图中，立方体为平行透视，L是光点，L_1是光足，画出形体的阴影。

作图方法：由光点L向阴点A、B、C引直线，由光足L_1向阴足a、b、c引直线，交点A_1、B_1、C_1为影点，依次连接各个影点，即得到形体的阴影。

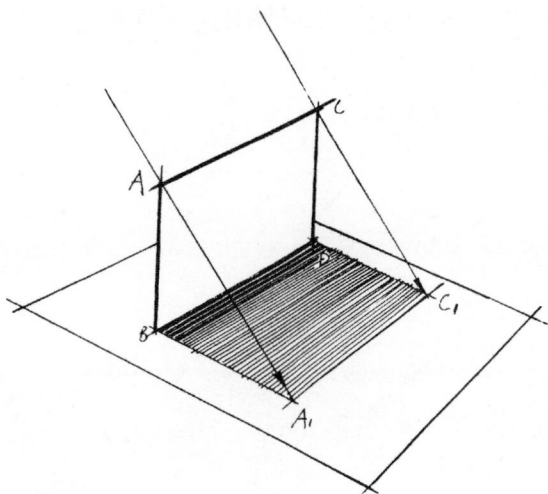

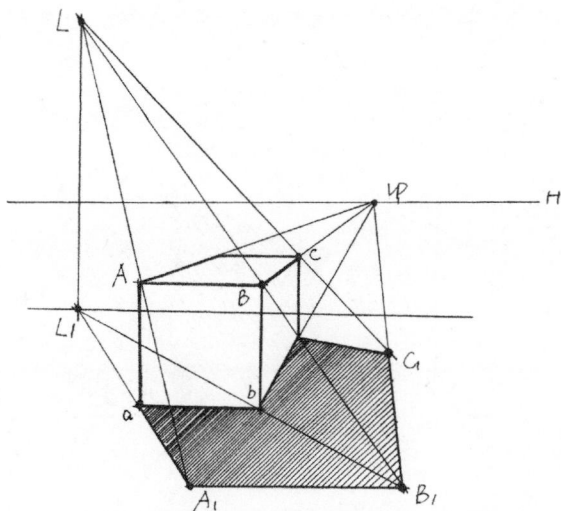

6.2 物体阴影的表现方法

6.2.1 用线条表现阴影

使用手绘透视图来表现阴影时，不需要像用铅笔塑造素描一样有微妙的过渡变化，达到均匀细腻的效果，只需通过线条的疏密排列着重把几个结构区域交代清楚即可。下面介绍几种用线条表现形体阴影关系的方法。

以立方体为例，假设在同一种光源下，有以下几种表现物体阴影的手法。

第1种：用线条45°斜向排列法来表现。先从立方体的明暗交界线开始排线，要注意整个面的虚实关系，靠近明暗交界线的地方可以画得密一些，线条尽量清晰、有力度，然后逐渐画得疏一些，同时要考虑到对反光的把握。

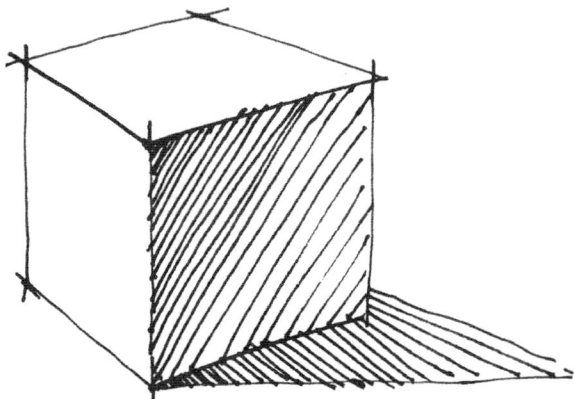

第2种：沿着明暗交界线进行竖向的排线。在排线的过程中，要注意前后的虚实关系和暗面色调的深浅关系，对于不在同一个面上的线条，要尽可能选择不同方向的排线加以区分。

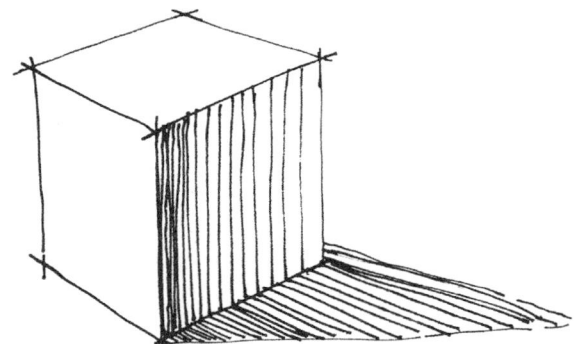

第3种：沿着明暗分界线的方向进行横向的排线。在排线的过程中，要注意暗面线条从上到下的疏密渐变关系。

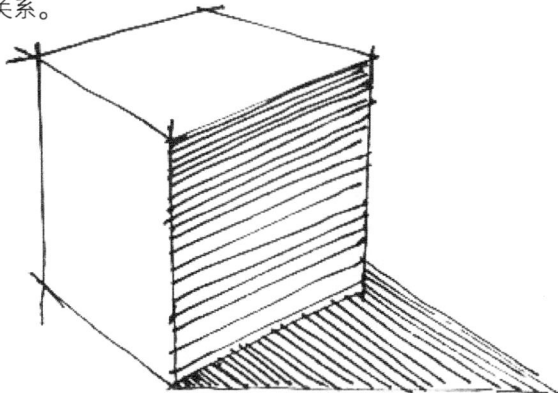

第4种：在时间比较紧迫的情况下或者在一张草图表现中，也可以尝试用一些乱线来表现形体的明暗关系。绘画者可以画得较随意、灵动，画出来的效果会更直率、自由，画面也更为生动、活泼，富有强烈的艺术表现力。

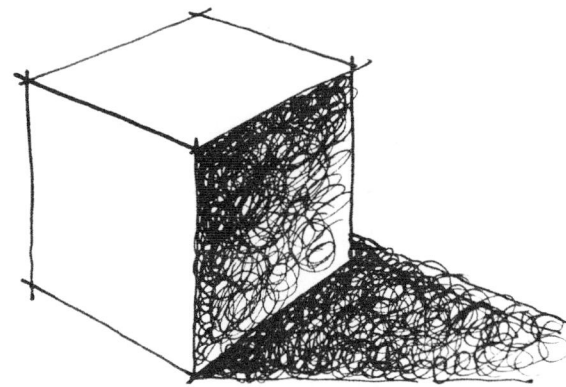

第5种：除了用线条表现以外，用点来表现阴影也可以，但是耗费时间较长，所以此方法使用得较少。点的方式多用来表示灰面，一般点的密度直接影响面的灰暗程度。通过点的大小和疏密，还可体现面的空间与进深。

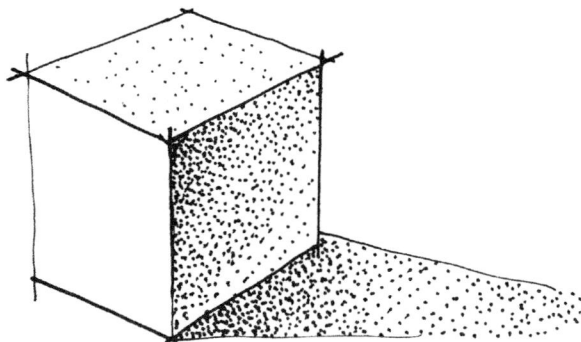

6.2.2 简单形体的阴影练习

简单形体的阴影练习有助于对后期整体明暗关系的刻画和把握，有的初学者会找不准光源的方向和明暗交界线的位置，所以表现出来的形体明暗不分，导致画面杂乱无章。其实简单形体的明暗和阴影的表现是最简单的，比如可以沿着明暗交界线画垂直线条，或者沿着透视灭点的方向来排线以绘制阴影。

接下来将一些简单的形体进行叠加、缩减来构建不同的几何形体，希望大家多练习。

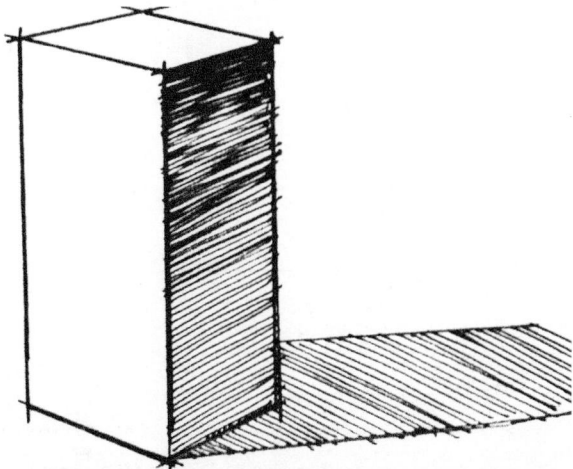

转折面比较强的一些形体比较容易把握，只要找出关键的转折面进行排线来表现阴影即可。那么对于一些曲面或者转折面较缓的形体，如何表现阴影呢？下面以圆柱体为例，为大家解析如何绘制其阴影。

首先确定明暗交界线的位置。明暗交界线的位置一般根据绘图的角度和光线的强弱来确定，所以圆柱体的这条线需要我们自己确定。然后沿着明暗交界线的两侧排线，在明暗交界的位置可以排密一些，暗面的排线要比亮面的更密集，亮面和灰面的排线要较为稀疏，这样就可以表现出一个曲面。在表现投影的时候，一定要注意排线的方向要与暗面不同，这样才能区分两个区域。投影靠近物体处的排线可以画得密一些，然后逐渐减淡。

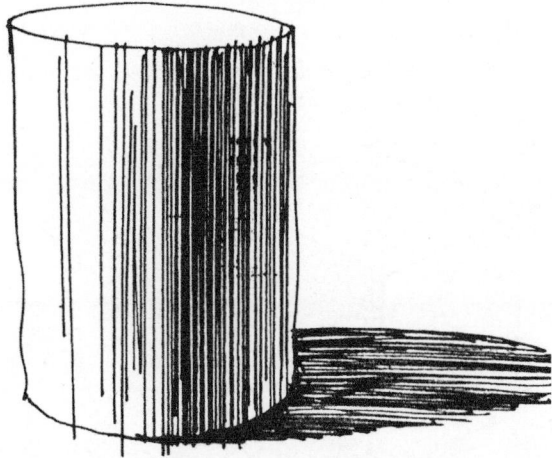

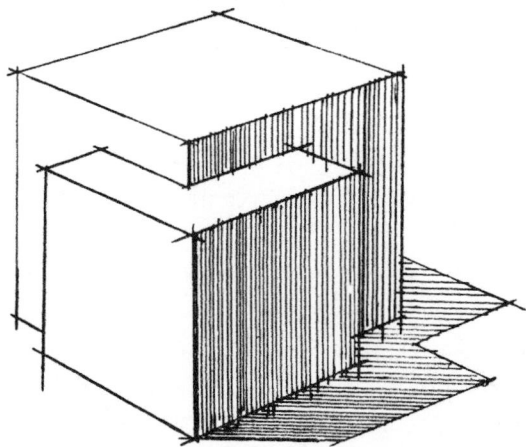

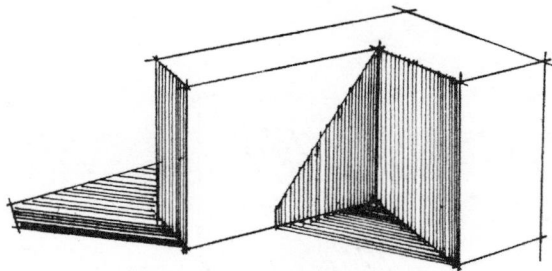

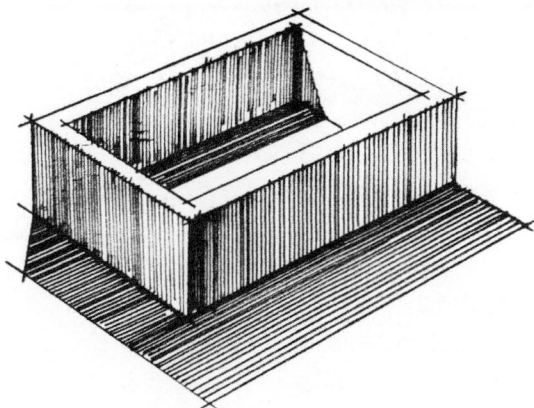

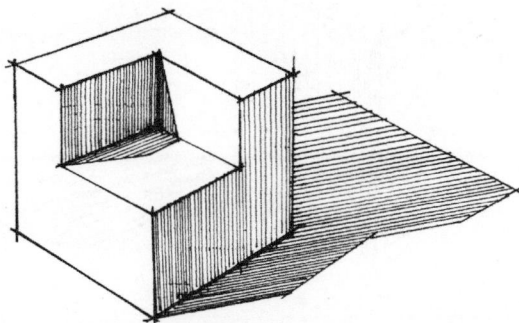

6.2.3 用线条表现室内光线的变化

用线条表现室内光线的变化是比较有难度的。通过前面大量的线条练习，我们学会了用线条排列的疏密来体现色调的微妙变化。线条的排列和组合可以把一个物体在不同强弱光线下的效果表现出来。

下面以室内逆光场景为例，用线条表现出光线的强弱变化。

如下图所示，明显可以感觉到这个时候的光线是最强的，一般在正午时分，此时的画面明暗对比较为强烈，投影的颜色比较深。

这幅图中的明暗对比没有正午时那么强烈，受光部和背光部的对比减弱，原来的亮面也变成了灰面，整体画面比较灰暗。

接近黑夜时，几乎没有阳光的照射，此时的光线较弱，地面上基本没有投影，四周的墙体色调很接近，没有太大的对比度，整体画面较暗。

6.2.4 草图中阴影表达的光源变化

阴影是物体在光照射下产生的，室内透视图的立体感、空间感均离不开对阴影的刻画。阴影在物体基本形态特征下会产生自身的特点，同时又与周围环境保持一致，在透视图中表现时应综合考虑光、物体、阴影三者之间的关系。

想要准确地把握阴影关系，必须对各种光源的投影规律有所了解。通过长期的实践观察和分析，我们要掌握各种光源在各种形态和多种环境条件下的光影变化，以便能快速、准确地画出理想的光影效果。

在室内的光影中，主要有下图所示的这几种情况。

6.3 阴影在室内表现中的应用

阴影是光照射到物体后产生的，其形态主要取决于光的形式和物体本身的形态。当围合空间的各个界面上有投落的阴影时，就可以把室内空间的大小、形状展现出来，以给观者留下深刻的印象。运用阴影表现室内效果可以反映室内空间的形态，加强空间的表现力，强化人们对空间的认知，同时丰富空间的造型。通常在画室内透视图时，往往会用到平面图、立面图和透视图，下面从这3个方面为大家做示范和分析。

6.3.1 阴影在室内平面图中的应用

右图是一个室内空间的平面图，从这幅图上可以看到的只是一些家具的平面摆设，物品的外形直接贴在画面上，看上去比较单调，无法了解这些室内物品的空间关系，画面没有空间感和层次感。

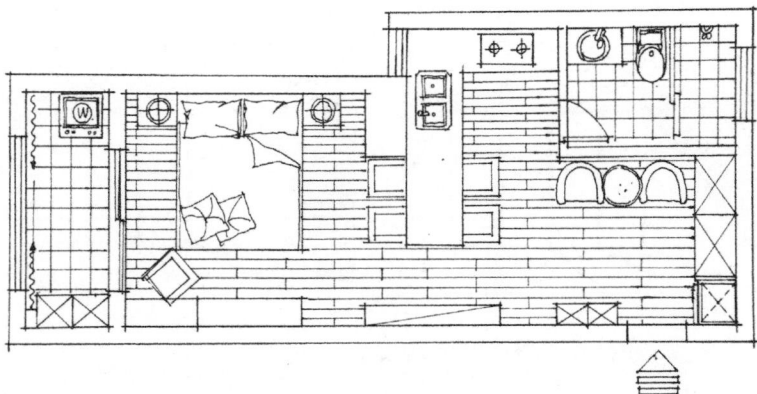

通过阴影的表现，找出家具与家具之间的上下、远近关系，平面图立刻就有了立体感和空间感。利用阴影的造型，可以使平面上的物体变得活泼生动。

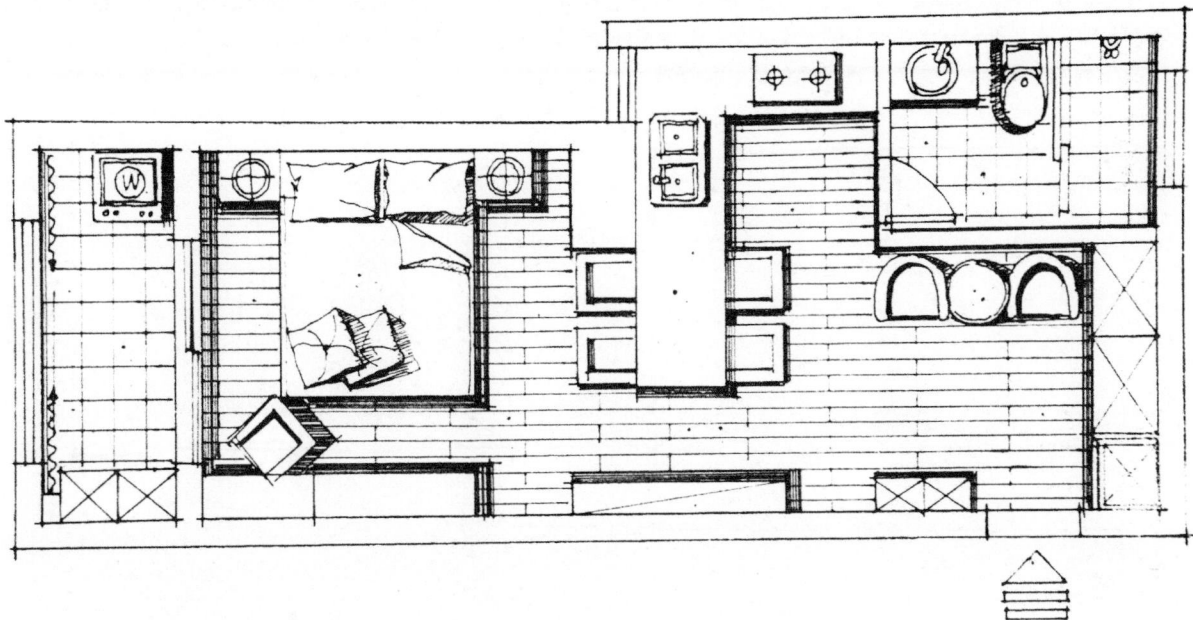

通过上面两幅图的对比，可以归纳出阴影在室内平面图中的以下几点作用。

第1点：表现室内家具与周边环境之间的关系。

第2点：表现家具与家具之间的关系。

第3点：表现家具和家具上物品在垂直方向上的关系。

第4点：将二维图片转换为三维立体效果。

6.3.2 阴影在室内立面图中的应用

在室内立面设计中，为了避免单调，会在墙面上做一些造型或者增添一些艺术挂件，让其产生前后空间变化，从而加强立面的表现力。这些形体在阴影的作用下所产生的强烈对比，可以很明显地反映出立面的凹凸、深浅和明暗。

右图中，只刻画了物体简单的轮廓，画面上的各个形体比较单薄，缺少视觉感染力。

我们通过光线的来源，找出立面上物体与物体的左右、前后关系，进而确定阴影的位置，使形体产生变化，增强立面图上物体与物体的空间感，避免了画面的单调。

立面图加上了阴影后，就很容易表现出物体之间的关系，比如体块的前后、左右关系。通过前后的阴影刻画，衬托出立面的前后空间感，二维图片变得有三维立体感了。

最后，对材质加以刻画，更能突出整体设计的立意，同时也加强了画面的表现力。

6.3.3 阴影在室内透视图中的应用

阴影在室内透视图中有着重要的塑形作用，可突出室内的光感和意境。

右图中，没有阴影的室内透视图比较单调，所有的家具和陈设都感觉要飘起来了，完全没有体积感与空间感。

加入阴影以后，画面的整体效果立刻体现出来了。

6.4 室内材质的表现

在室内设计表现图中，会涉及各种各样的装饰材料，其材质的表现往往对整个画面起着至关重要的作用。如果可以清晰地表现室内材料表面的材质和光影效果，会使效果图看起来更加逼真，这直接影响表现图的真实性与艺术性。故在平时的基础训练中将其作为重点对象进行充分、深入的刻画，从而掌握表现它们的各种方式。

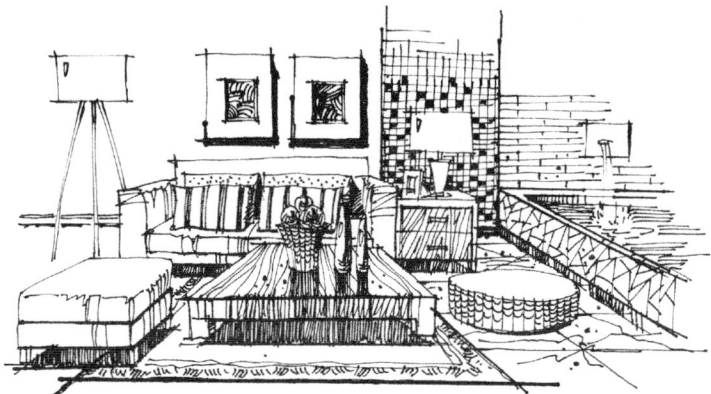

6.4.1 材质的分类

室内装饰材料在室内起装饰的作用，而室内设计的总体效果是通过室内装饰材料的应用和室内配套产品的质感、色彩、形体和图案等元素来体现的。所以作为设计师，必须对室内材料有所了解和应用，同时需要对其材质有娴熟的表现技巧。在室内透视图中，一般要掌握几种常见材质（如木质、不锈钢材质、玻璃与镜面材质、石材、砖材、编织物、藤制品等）的画法。

在正确的透视关系下，用线条也可以表现物体的材质。运用线条的粗细、曲直、虚实与刚柔等特性，能表现出不同材质的质感。表现好材质需要我们长时间对不同型材进行反复观察，从而把握材质肌理的特点和规律。通过线条的组合与排列，可给画面中的物体添加质感，为后期上色表现打好基础。

为了使画面的光影和材质看起来更加真实，在绘制时需要通过排线的方法表现光影的过渡和质感的区别。

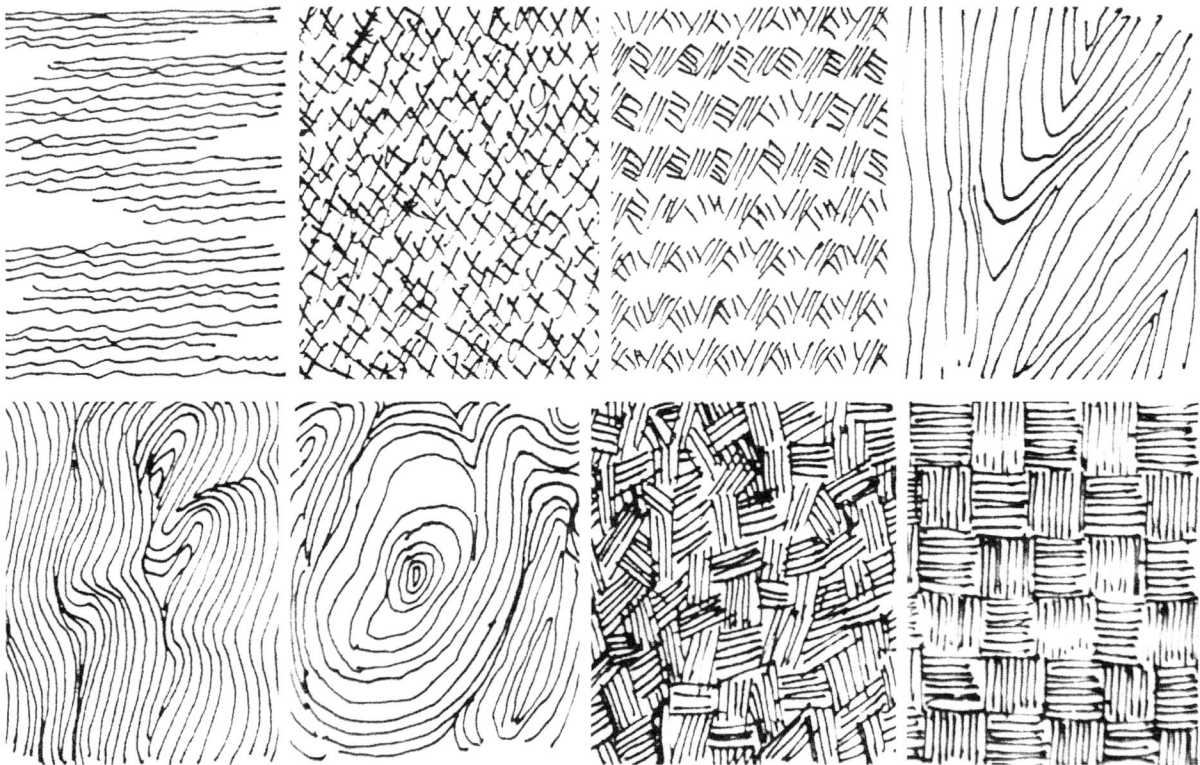

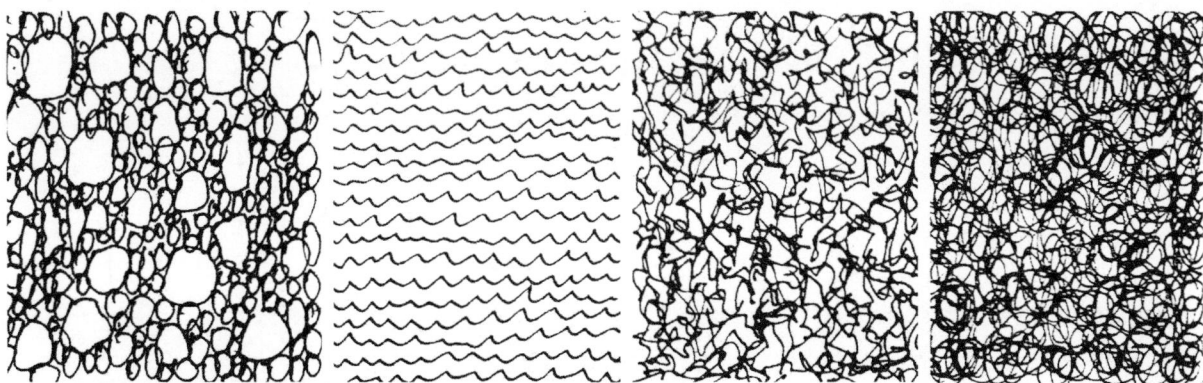

6.4.2 不同材质的表现

1.木纹材质的表现

木纹的表现主要是突出木材纹理的自然和细腻感，将其美丽的纹理和色泽通过线条表现出来。木纹线条最大的特点就是线条感要随意、自然，不要采用机械化的表现形式。木纹一般用于表现地板、家具表面的装饰面。

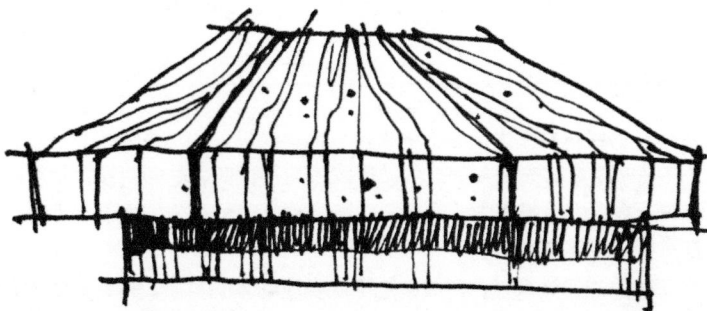

在室内空间的设计中，常常会用到大量薄木贴面板的拼接造型，它能给空间增添形式美感。所以我们有必要进行反复的练习，以找到绘制木材纹理的基本规律和表现手法。

2.不锈钢材质的表现

目前，室内设计中不锈钢材料的使用十分普遍，它能丰富空间的视觉效果，烘托室内的时尚气氛。为了在表现图中更好地表现不锈钢材质的特点，需要掌握以下4个要点。

第1点：不锈钢的表面光感和反射均十分明显。

第2点：受各种光源的影响，受光部明暗的强弱反差很大，并且有闪烁变幻的动感；背光部的反光也极为明显，特别是物体的转折处，因此明暗交界线和高光的处理可以夸张一些。

第3点：不锈钢属于金属材质，大多比较坚硬，为了表现其硬度，可借用尺子作图，快速地画出边缘线条，运笔要流畅、果断。

第4点：在练习过程中，一定要观察并总结出周围物体的形态折射到不锈钢上发生变形的规律。

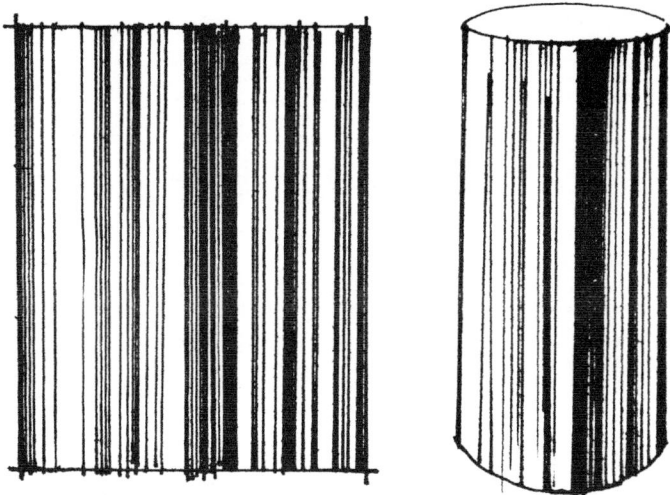

3.玻璃与镜面材质的表现

玻璃和镜面属于同一种基本材质，只是镜面加了水银涂层后会呈现照影效果。玻璃与镜面材质的主要特征是有透明和不透明的区分，对光的反应都十分敏感，表面平整光滑。

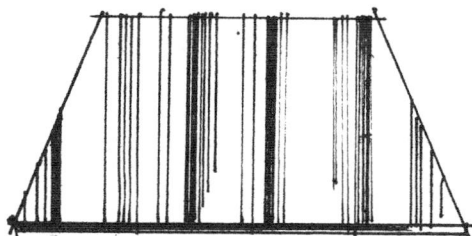

4.粗糙面材质的表现

室内设计中涉及的粗糙面材质较多，比如石材、砖材、编织物和藤制品等。粗糙面材质本身的纹理变化较多，可以根据其纹理的独特效果和材料本身的性质，综合运用线条进行表现。

石材的表现

石材质地坚硬，表面光滑，纹理自然多变、深浅交错。

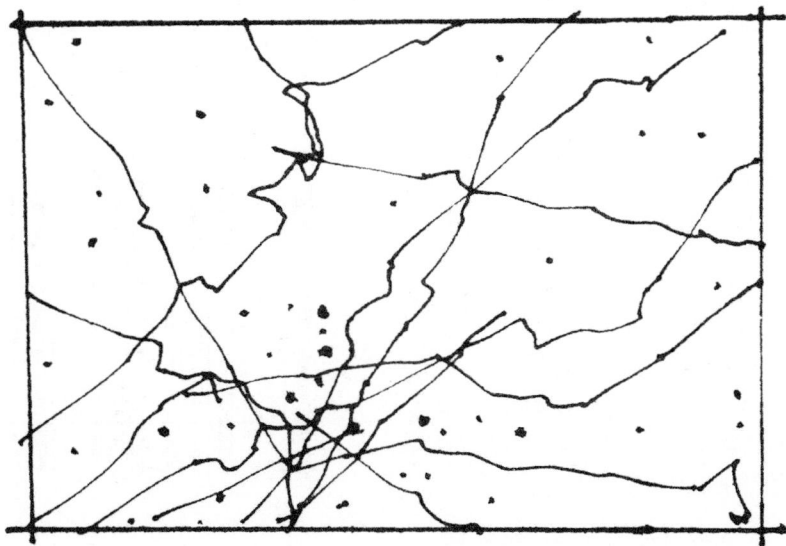

砖石墙的表现

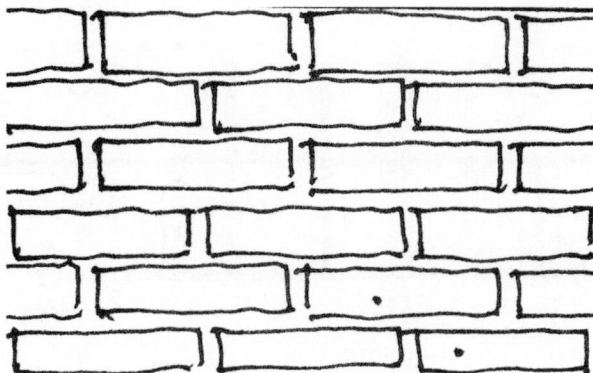

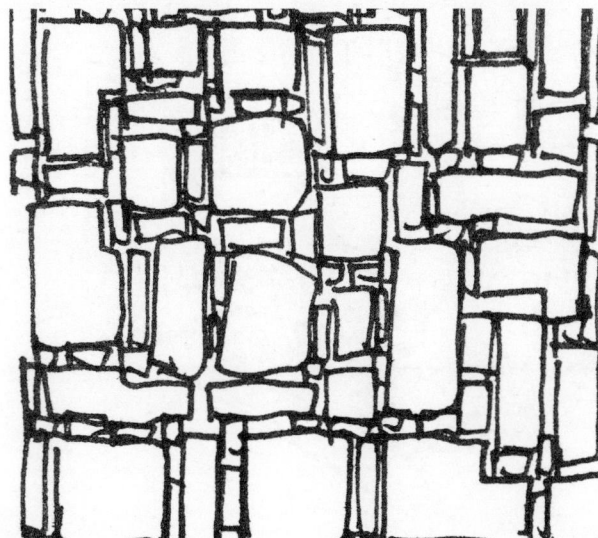

编织物材质的表现

编织物是人们生活中必不可少的物品，也是室内陈设的重要内容，如地毯、窗帘、桌布和沙发等。它们的样式与色彩都很丰富，质感柔软，在室内装饰中能起到柔化空间的作用，与其他硬性的材质形成一定的差异和对比，给人带来温馨感和亲切感。在表现的过程中，运笔可以轻柔一些，以表现其柔软的质感，还可以选择合适的颜色来调节空间的色彩，以此来烘托场景的氛围，增强画面的艺术感染力和视觉冲击力。

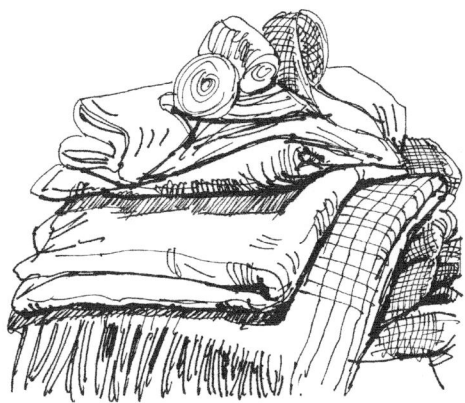

藤制品材质的表现

在藤制品材质的表现上，往往按照一定的规律来排列线条，在线条的把握上应该注意按照物品本身的排列顺序细致地刻画和表达，通过线条排列的疏密体现虚实感。

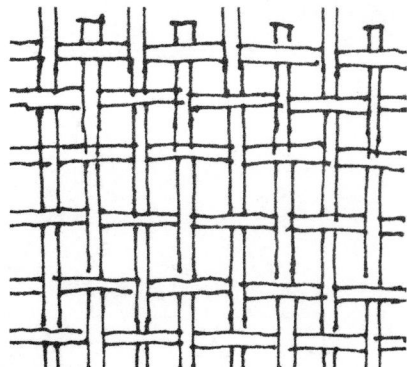

第7章 设计中的画面和透视图

7.1 画面的基本概念

7.1.1 画面的概念

我们用笔将所见的三维景物描绘在二维的平面画纸上，并表现出空间立体感，那么我们就把这张平面画纸称为画面。从透视学的角度来说，画面就是绘画者与被画物之间放置的透明平面。被画物上的各关键点聚向目点的视线，将物体图像映现在透明平面上，该平面就称为画面。

下图较好地诠释了画面的概念。由视点向立方体上所能见到的点引视线，将视线与透明平面所交的这些点用直线连接，所产生的平面就形成画面。

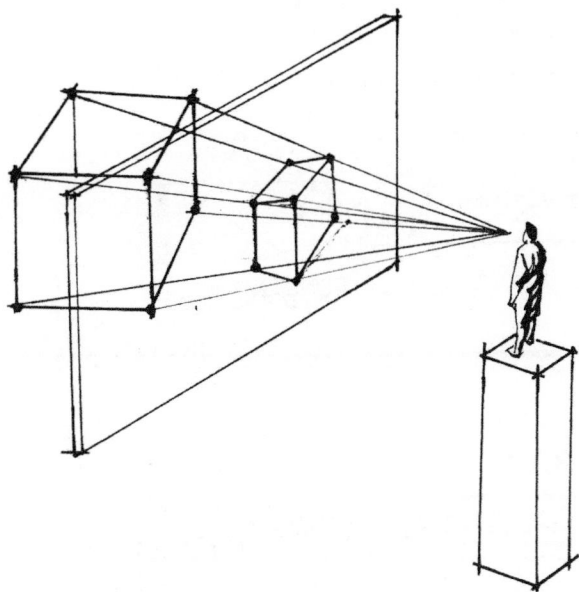

在写生的过程中，就是把所看到的物体假想投影在玻璃板上，然后画在纸面上。要学会把实景中的远近物体看成是镶嵌在垂直板面上有着透视变化的影像，然后将其逐步地描绘在画纸上。在初学素描的时候，观察大小不同的物体，常常会用手握住铅笔伸直手臂，用眼睛测量物体之间的比例关系，然后在纸面上进行描绘。

7.1.2 以地面为参照

想要把物体呈现在画面上，一般都会以地面作为参照。在观察者、画面和物体都位于同一个地面的基础上，可以把物体看成是镶嵌在垂直板面（画面）上有着透视变化的影像，然后把它画在纸面上。这个原则是所有平面透视图的基础。

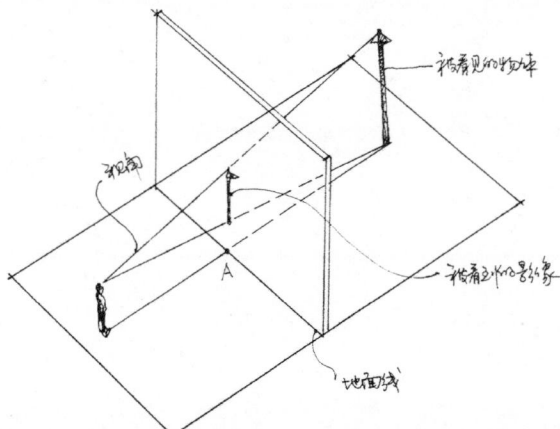

7.1.3 画面垂直于视中线

画面首先是要和视中线保持垂直状态，只有在这种状态下才能保证我们所描绘的物体准确，不然描绘出来的物体会变形失真。因此，画面必须与绘画者颜面平行，与视中线保持垂直。当然随着视向的变化，画面对地平线也会出现下面几种变化。

平视：视中线与视平面平行于地面，画面垂直于地面。

斜俯视：视中线与视平面向上倾斜于地面，则画面下斜于地面。

斜仰视：视中线与视平面向下倾斜于地面，则画面上斜于地面。

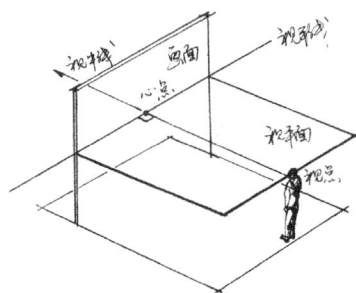

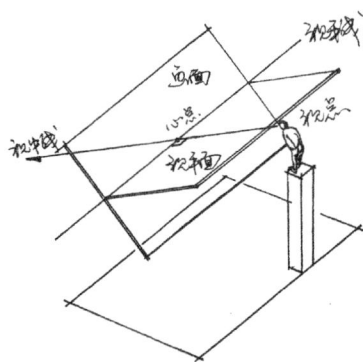

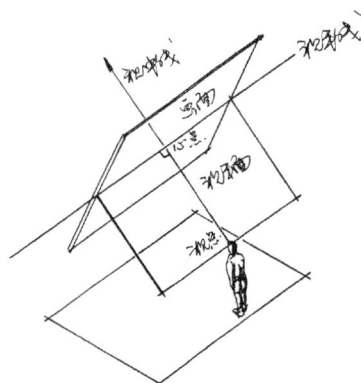

正俯视和正仰视：视中线与视平面垂直于地面，画面平行于地面。

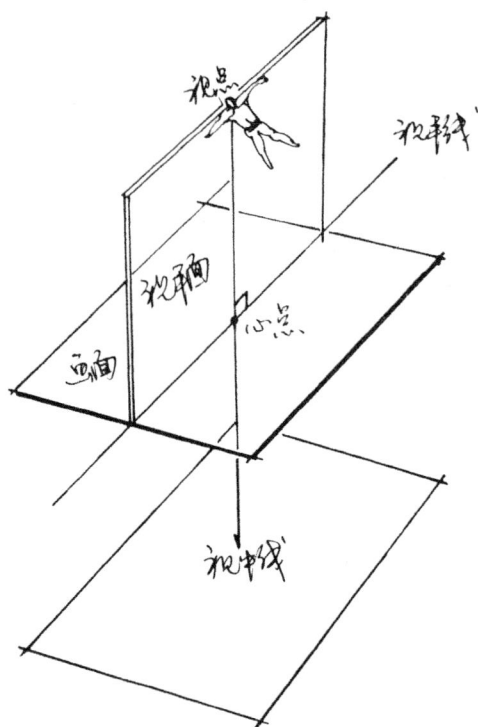

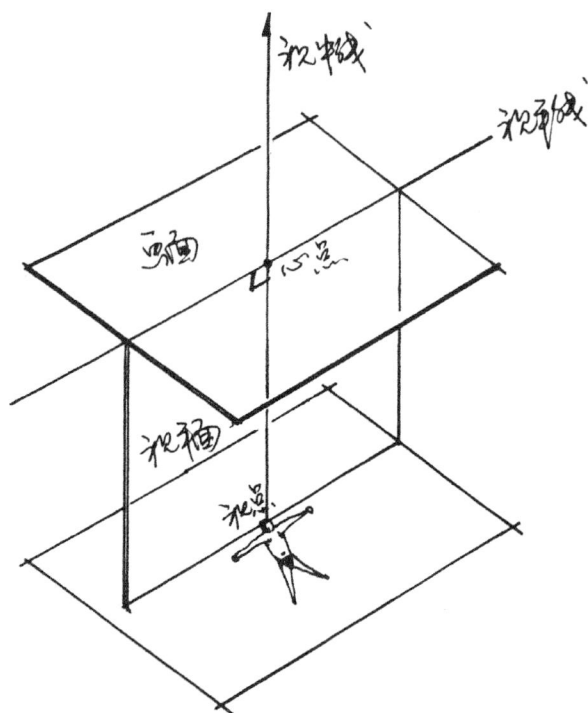

7.1.4 画面的远近

在对一个物体进行写生描绘时，会对该物体进行取景，取景框一般在画面中央60°角视圈范围内，但是画面所在的平面是无边无际的，当我们自身平行移动时，画面物体的大小也在发生变化，但物体的形状不变。在室内透视图的绘制中，画面可以设置在主体物前面、后面或者中间，这主要根据绘图的方便而定，但是每幅画只能设一个视距，不能走来走去换多种视距画同一幅场景。下面以室内客厅空间为例，画出离画面不同距离的图像。

图1：景物和画面位置固定不变，画者A在前面，画者B在后面，形成两个视距不同的画面。此时，两个画面的取景范围相同，但两幅图的景物透视图像则有所不同。

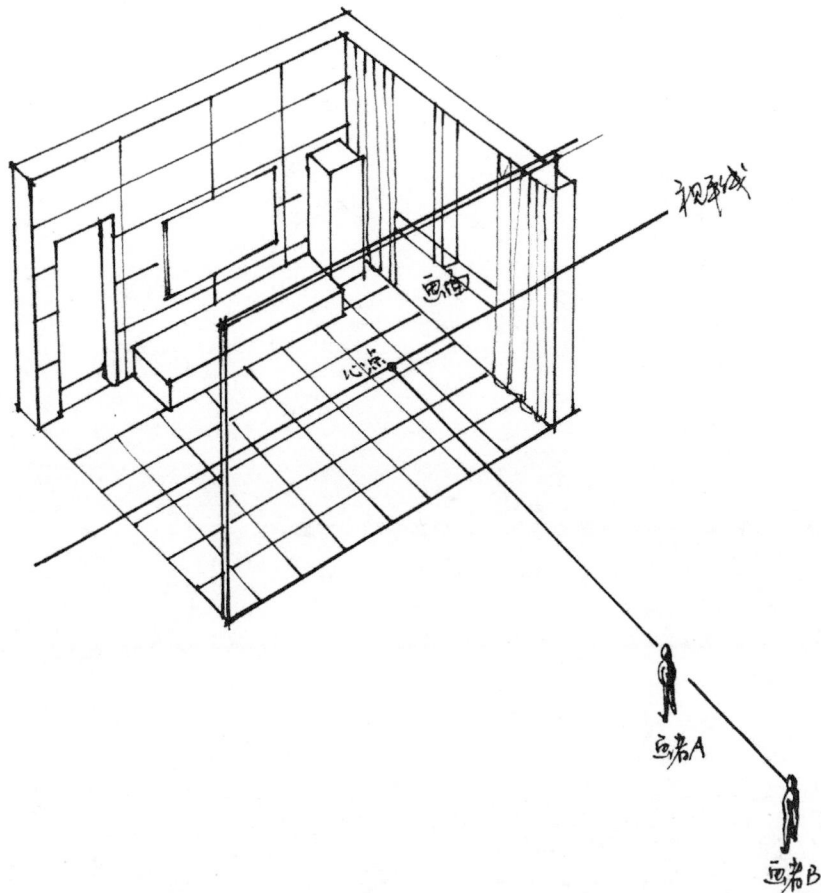

视距近，画者A所见。　　　　　　　　　　　　　　　视距远，画者B所见。

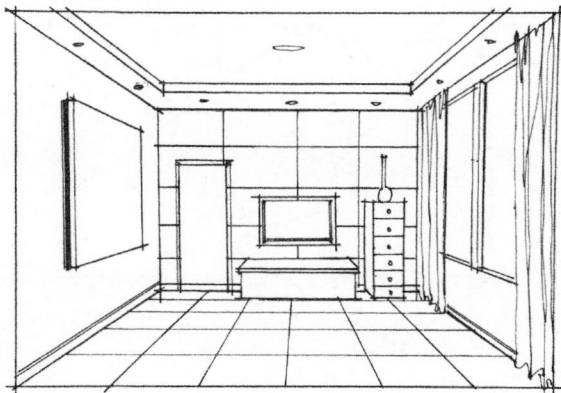

图1

图2：景物和画面位置不变，根据画者的视觉移动所形成的取景画面不一样，两图的取景范围相同，则产生的景物透视图像也不同。

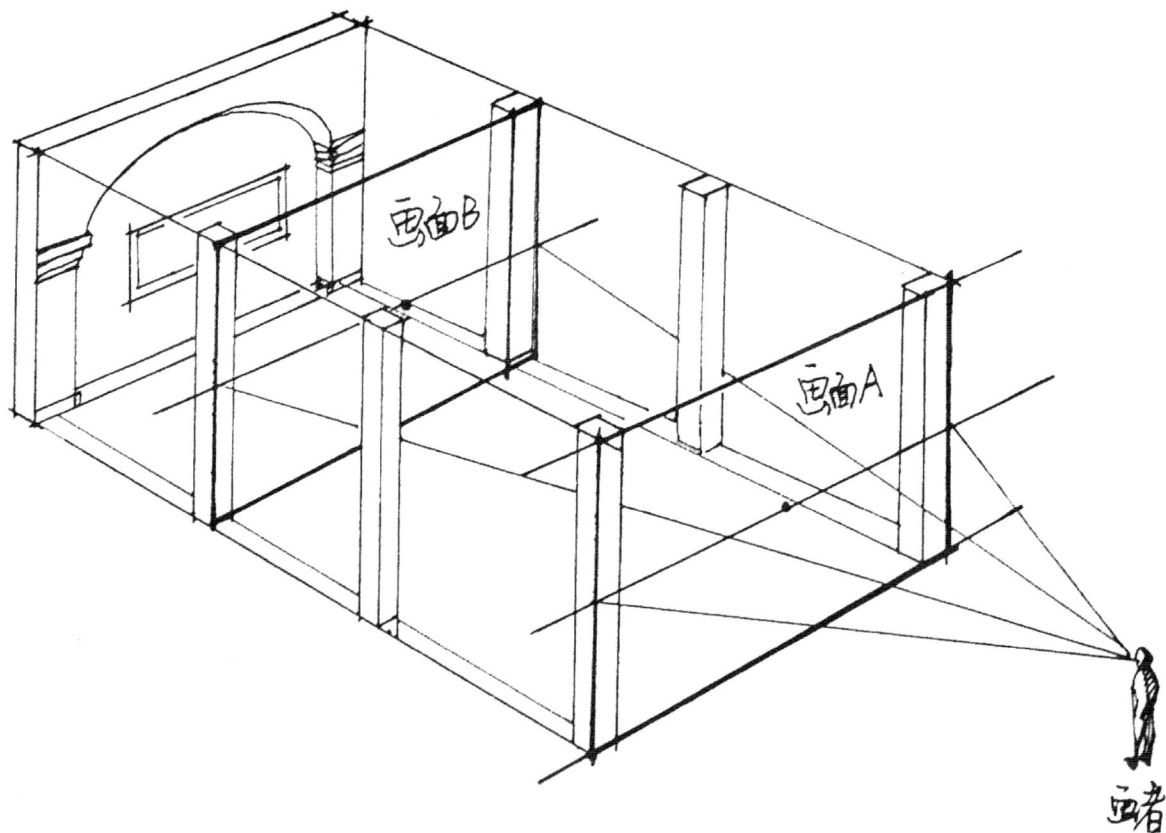

视距近，画面A图。 视距远，画面B图。

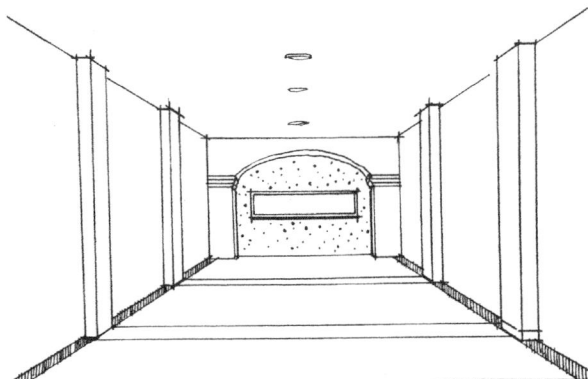

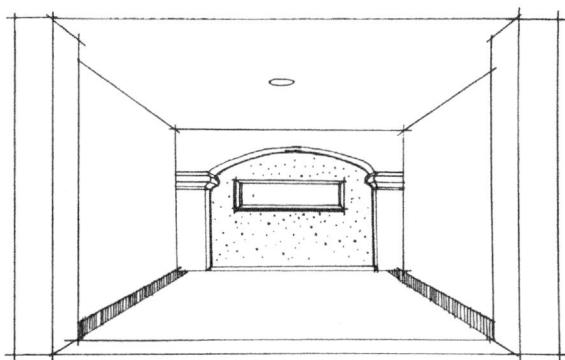

图2

所以我们在画透视效果图时，常根据构图的需要自行设定画面的远近。一般情况下，如果要表现一个大场景，或者非常有气势的画面空间，会采取近视距的表现方式，因为近视距的视角大，表现出来的空间深度比较强，远近物体大小悬殊，画面也比较有动感。

7.1.5 画面的灭点

画面的灭点一般具有4层意义，即无穷远的灭点、景物中的灭点、画面上的灭点，以及素描中的灭点。对于绘画者来说，前3种意义可以视为一个，即视域中的唯一点。通过下面的图示可以让我们理解得更深刻。

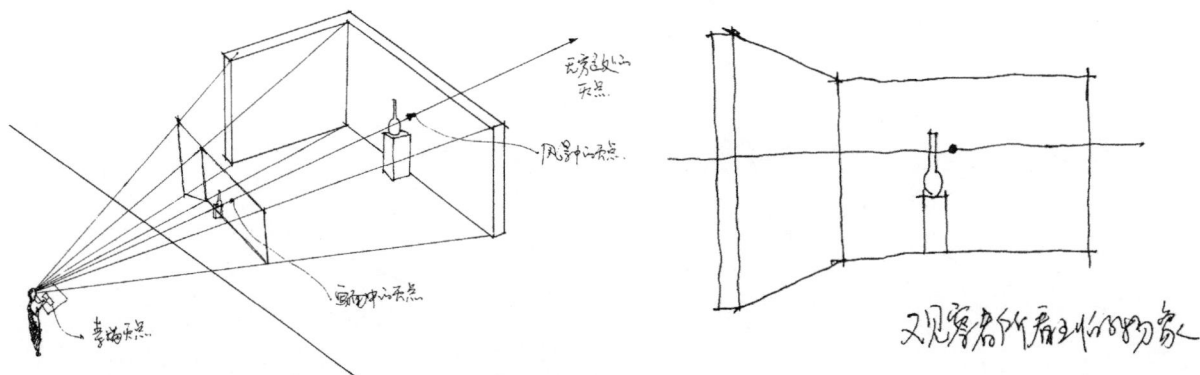

7.1.6 画面的视平线

视平线是视平面与画面的垂直交线，下面以两面相互垂直的墙为例介绍视平线。右图中，墙的两个方向分别为D_1和D_2，并在这两个方向上延伸出两个灭点V_1和V_2，将两个灭点进行连接，就可以得到与观察者眼睛齐高的视平线。

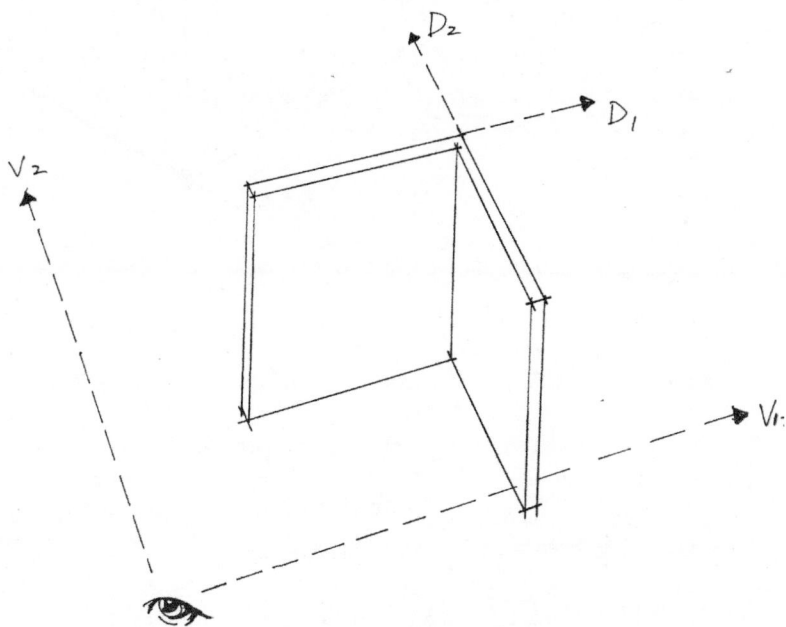

观者所看到的画面如下图所示。

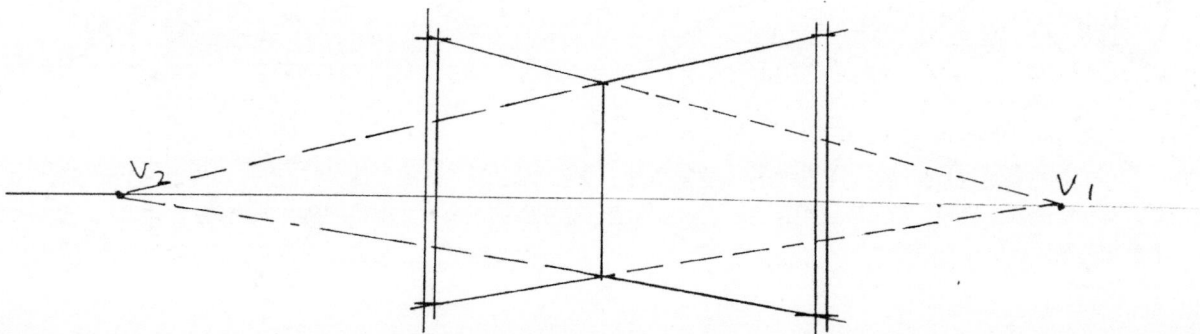

7.2 透视图的概念和意义

7.2.1 透视图的概念

通过对景物的观察，归纳出视觉空间的变化规律，用画笔准确地将三维空间的景物描绘在二维平面上，此时被画的景物上各个关键点的视线，在我们假想的透明平面上所交得的点线连接而成的轮廓线就是透视图。透视图会给人空间感，呈现相对稳定的立体画面空间。

7.2.2 透视图的画面构图

当绘画者绘制透视图时，一般会先进行画面构图。其中灭点的定位是绘制透视图的关键，如果把灭点的位置定在画面之外，就会产生视觉上的不平衡感，导致画面不完整。下面我们来看几幅室内透视图的画面构图。

画面表现的物体整体偏小，画面空洞。　　　　　　　　　　画面太满，缺少空间感。

正常的透视图。

7.2.3 透视图的意义

我们学习透视的知识，要掌握其中的透视规律，然后用直接有效的表现方式给予表达。那么画好一张透视图究竟有何意义呢？

第1点：设计师通常需要用图来表达构思。在众多设计领域中，包括建筑设计和工业设计等，都需要通过表现图将设计思路和创意传达给使用者，也就是通过图画进行交流与传递。

第2点：对于艺术设计行业从业者来说，透视图是很重要的，无论你从事美术、建筑还是室内设计工作，都必须掌握如何绘制透视图，因为它是其他作图的基础。透视图可以帮助我们把想象的设计内容通过图画表现出来。

第3点：透视图是把我们所要表现的场景（平面、立面或者透视面），包括三维的形体转化成具有立体感的二维空间的绘图技法，并能生动地表现设计师的设想。在此基础上，还要对画面的构图、材质和色彩搭配以及光线给予生动的表现，以达到画面的真实感。

第8章 室内单体及组合透视练习

8.1 沙发的透视画法

在前面章节提到过可以把物体归纳为方形平面或者体块的组合体，接下来我们所要绘制的室内单体也不例外。

下面以沙发为例，把它概括成一个长方体或正方体进行沙发透视画法的步骤示范。

8.1.1 沙发分析

1.沙发的结构分析

通过对沙发进行拆开剖析，可发现其复杂的形体是由几个简单的基本长方形体块组合而成的，这些体块大致可分为沙发的靠背体块、左右扶手体块和坐垫体块。所以在绘制沙发的过程中，要时刻考虑到沙发的每个体块构成和块面之间的透视关系。

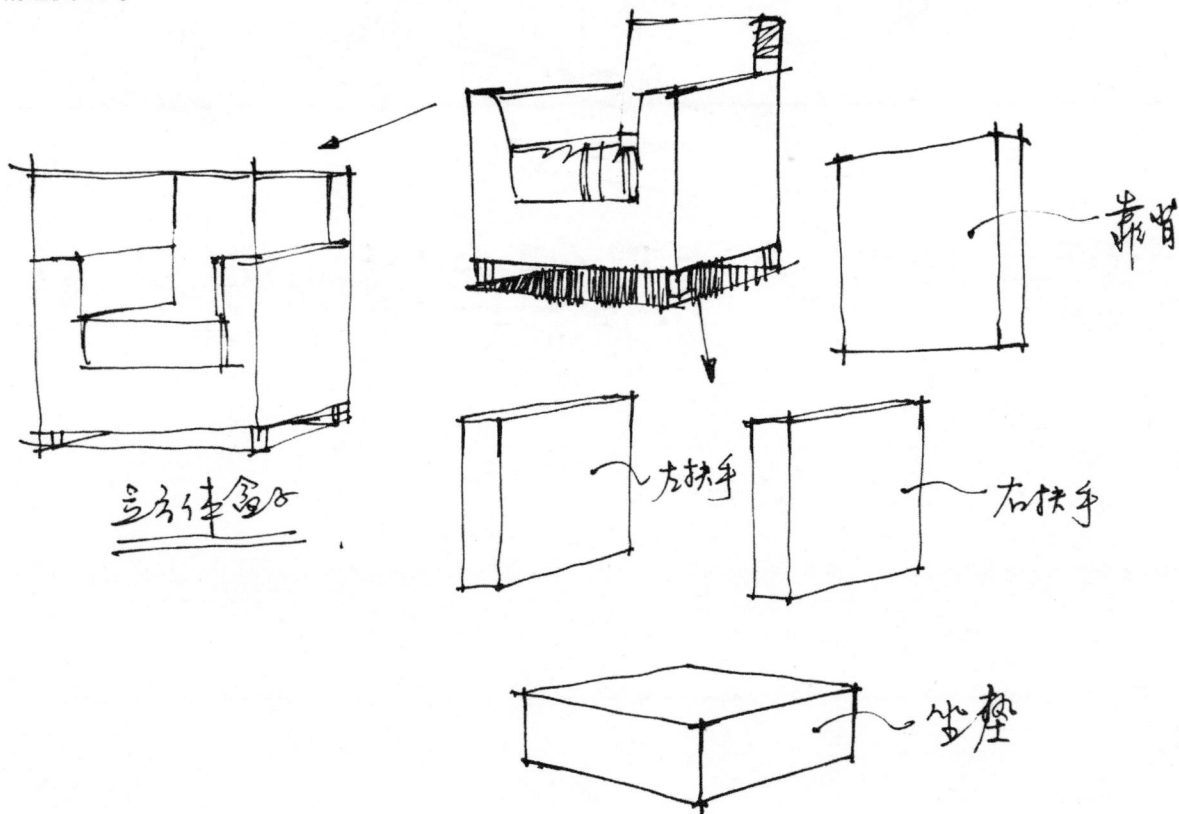

2.沙发一点透视步骤分析

（1）选择沙发的一个面（正立面或者侧立面）与画面平行。

（2）确定灭点的位置。一点透视只有一个消失点，所以只需要确定一个灭点。

（3）过沙发面上的各个角向灭点作连接线，并画出沙发的深度。此时一个沙发的长方体轮廓就画出来了。

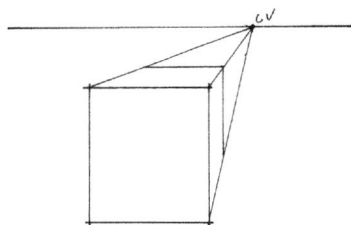

（4）根据沙发的造型、比例和尺寸，准确地画出各个部位的连接。

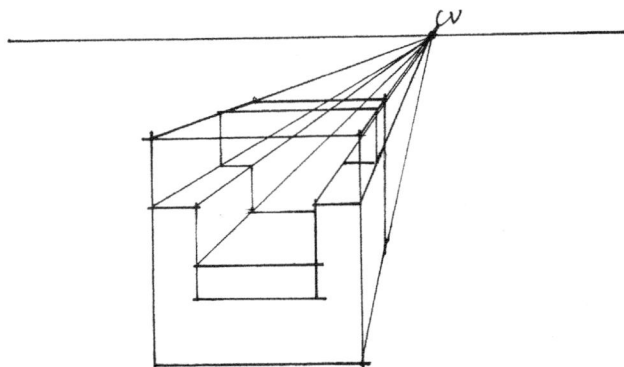

（5）添加细节，完成沙发的绘制。

提示

其实沙发就是一个长方体，在长方体的基础上再变为其他的造型。所以在学习一个新的物体时，可以先将它归纳成一个整体的长方体的体块，然后再一步一步地分割细化，从中找到最佳的方法。

3.沙发在不同视线下的状态

当表现一个沙发时，首先应该确定透视角度，是仰视、平视、还是俯视。下面将这3种状态都画出来，以便大家能够明确地了解它们之间的变化关系。

第1种：仰视状态下的沙发。在这种情况下能看到沙发的正前面、侧面和底面，不过仰视的状态在室内手绘中一般不常见，因为沙发一般是处于视平线上或者视平线的下方。

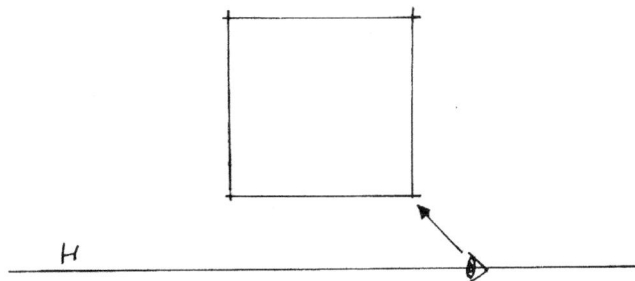

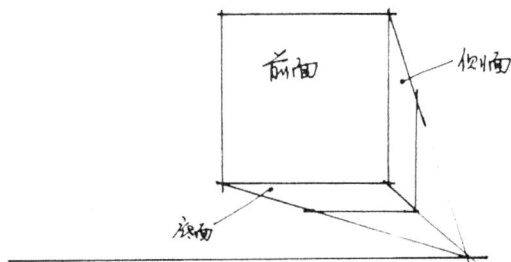

第2种：平视状态下的沙发。这种情况较为普遍，是在我们的视线中可以看到的透视沙发。

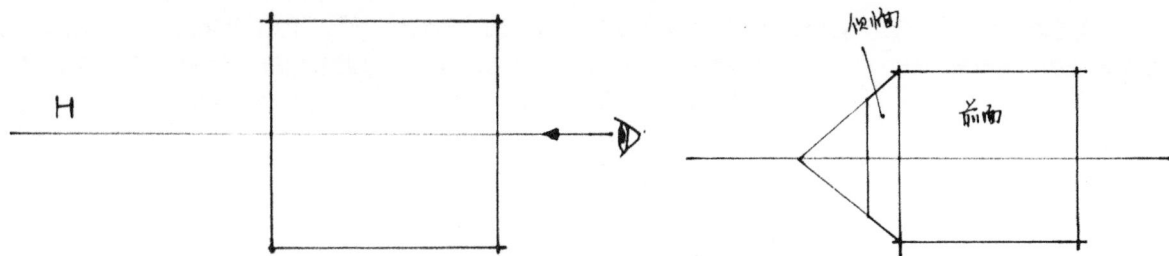

第3种：俯视状态下的沙发。当物体低于视平线的时候，人眼中物体的透视影像如下。

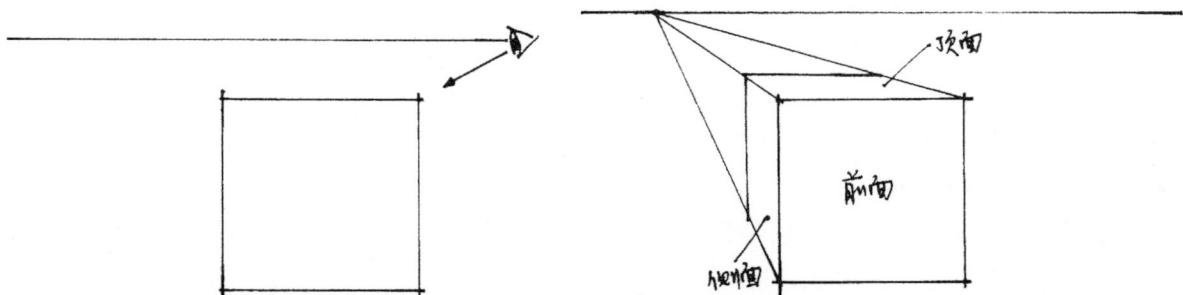

8.1.2 单人沙发的透视画法

1.单人沙发两点透视画法1

（1）形体复杂的沙发在确定视角后，先将其归纳成一个简单的立方体。

（2）在立方体的基础上画出沙发的结构和比例关系。每画一笔都要注意透视关系，所有的透视线应该趋向两个灭点并消失在同一视平线上。

（3）细致刻画沙发的结构和每个转折面。因为沙发的材质一般较柔软，所以线条可以稍微柔和一些。

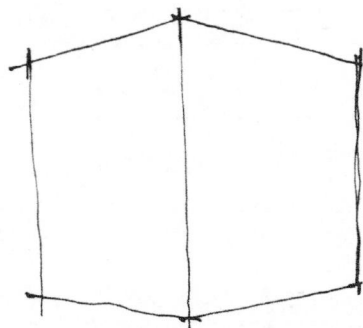

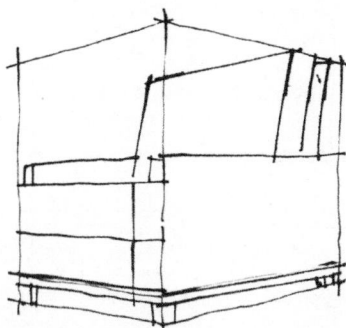

（4）画出沙发周围的配饰，丰富家居氛围，去掉多余的线条，加强明暗关系，再进一步细化直到完成沙发透视图的绘制。注意所刻画物体的形体不一样，其暗部和阴影的线条排列手法也不一样。

2.单人沙发两点透视画法2

（1）确定视平线。视平线的位置主要取决于我们的视线，一般视平线有3种情况，即视平线在沙发上方、视平线在沙发下方、视平线在沙发上。现在我们确定视平线在沙发的上方。

（2）确定灭点的位置。在两点透视的原理中讲过两点透视有两个消失点，所以确定两个灭点（左余点和右余点）。

（3）确定沙发的垂直线条。

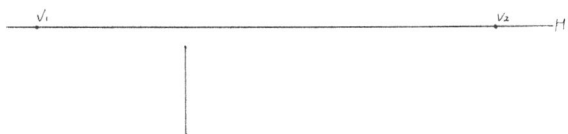

（4）通过测点法画出两点透视沙发的深度，并画出沙发的体块轮廓。

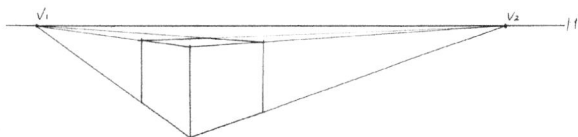

（5）根据沙发的造型、比例和尺寸，准确地画出各个部位的连接。

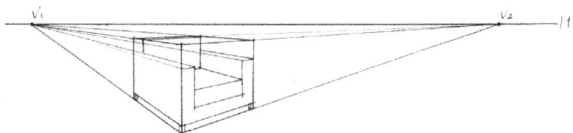

（6）完善沙发的细节。

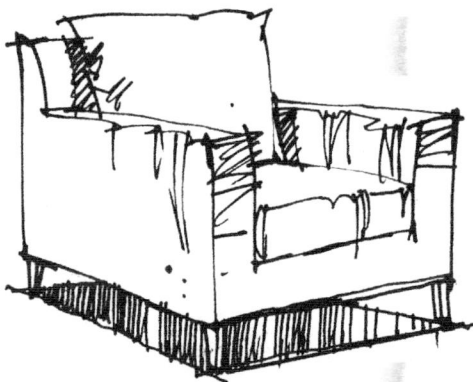

8.1.3 双人沙发的透视画法

1.双人沙发的透视分析

下图是一点透视的双人沙发。

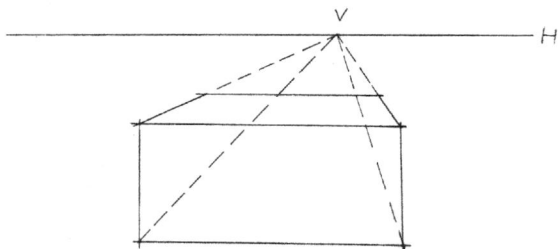

两点透视沙发和一点透视沙发的区别在于表现的角度不同。角度不同，呈现出来的透视效果也是不一样的。所以在练习的过程中，要对不同角度和不同场景中的沙发进行多方位的观察和表现练习。

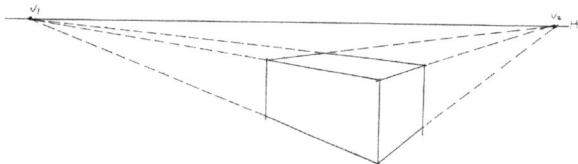

2.双人沙发的一点透视画法

（1）概括出双人沙发的体块形状，准确表现出体块的透视关系，以更加准确地把握沙发的透视关系。

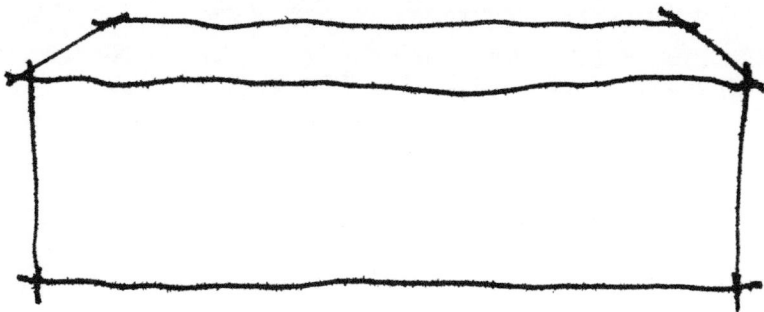

（2）将双人沙发进行几大面的区分，细化沙发的结构和各立方体的组成。

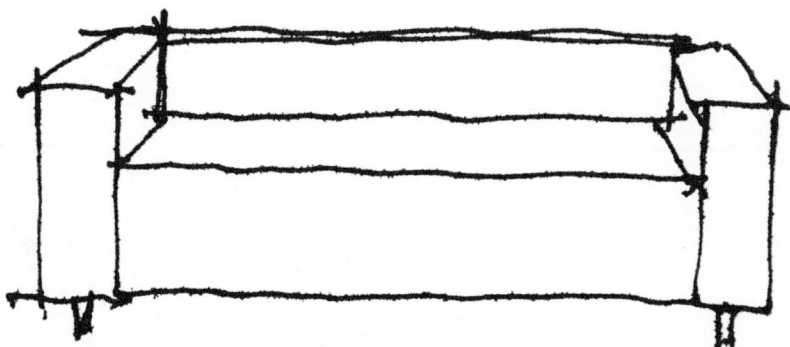

（3）根据沙发的不同材质特点，利用柔和的线条勾勒出沙发体块的线稿，并添加抱枕等配饰来丰富沙发的前后空间层次关系。

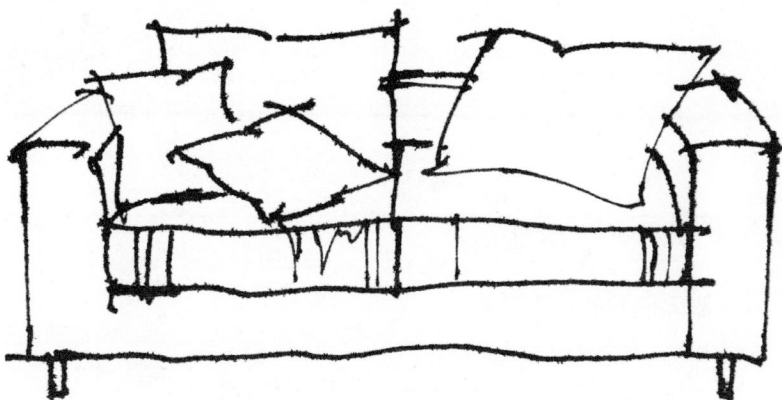

（4）对沙发进行深入刻画，表现出沙发的体积与明暗，使沙发更有立体感和层次感。

3.双人沙发的两点透视画法

（1）画出双人沙发的体块形状，准确表现出立方体的透视关系。

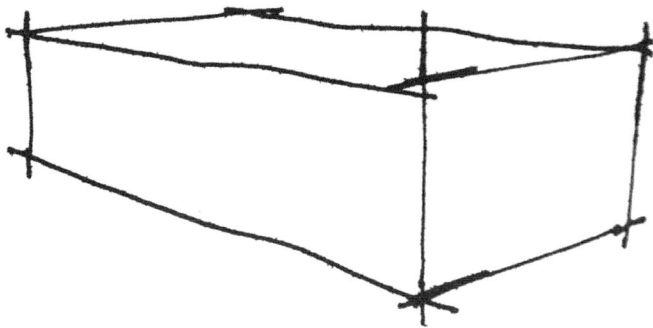

（2）将双人沙发进行几大面的区分，细化沙发的结构和各立方体的组成，并注意左右扶手的前后大小，以及近高远低的透视关系。

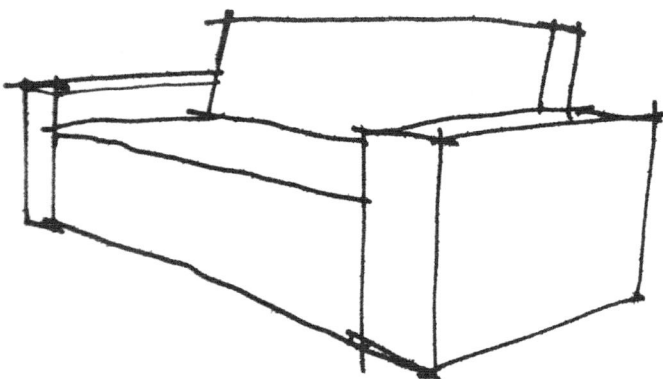

（3）在沙发体块的基础上，通过线条的勾勒体现出沙发的柔软度和质感。

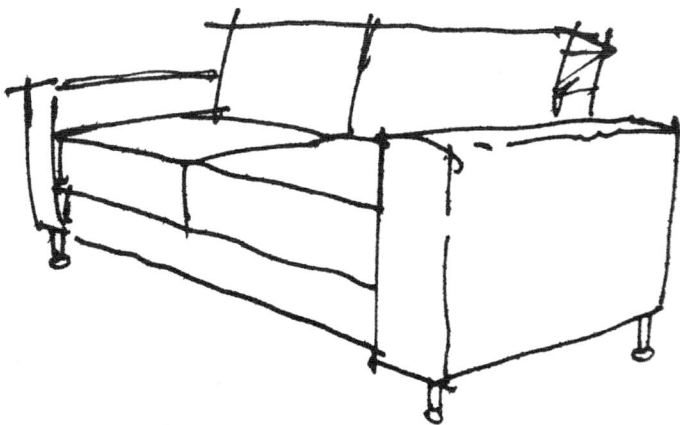

（4）对沙发进一步深入刻画，表现出沙发的体积与明暗，刻画投影来加强沙发的空间感。

提示▷

在双人沙发的练习中，长和宽要把握得当，避免出现比例失调现象，要加强透视感的塑造，达到近大远小、近实远虚的视觉效果。

8.1.4 多人组合沙发的透视画法

1.多人组合沙发的透视分析

多人组合沙发和单人沙发的表现方法与绘制步骤基本一致,多人组合沙发只是在单人沙发表现的基础上添加几组沙发。在表现的时候,仍然可以把它进行体块的整体归纳,对所要表现的多人组合沙发在空间里所处的透视角度和周围的变化关系要把握准确,确定是一点透视还是两点透视。下面分析组合沙发是由几个单人沙发组合而成的,并注意它们之间的大小和位置关系。

多人组合沙发一点透视分析

表现多人组合沙发时,先分析组合沙发在空间中的场景和它们之间的位置关系,然后确定一点透视的灭点和视平线,接着确定每组沙发的一个立面与画面平行,并将所有的点连接于灭点,最后确定沙发的深度。

下面是一组一点透视多人组合沙发的透视图。

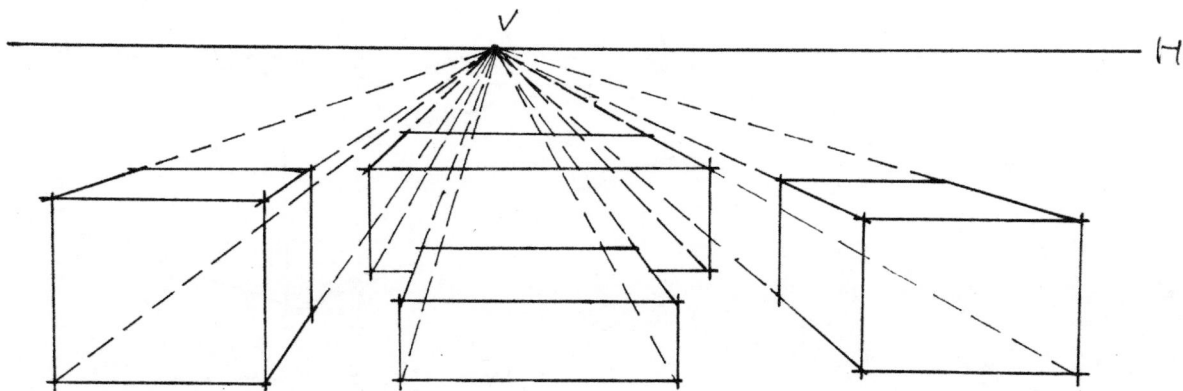

多人组合沙发两点透视分析

先分析两点透视组合沙发在空间中的场景和它们之间的位置关系。因为两点透视有两个灭点,所以要确定好画面上的两个灭点和视平线的位置。我们从前面的理论讲解中得知,两点透视只有垂直方向的线条与画面垂直,其他立面与画面有一定角度,所以先确定每组沙发的垂直线(面与面之间的转折线),然后将所有的点连接于两个灭点,最后确定沙发的深度。

下面是一组两点透视多人组合沙发的透视图。

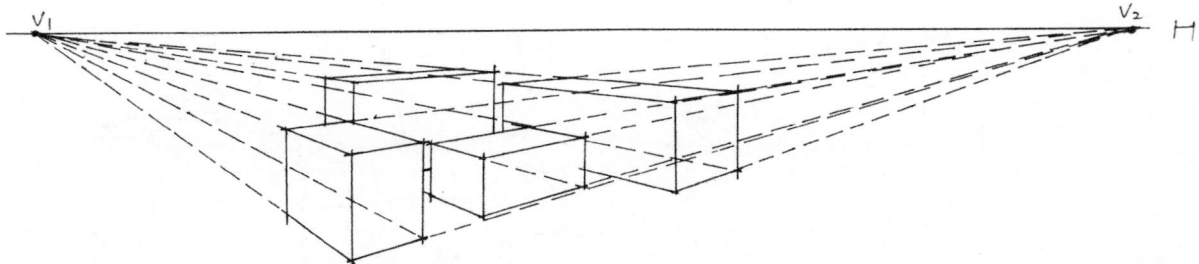

2.多人组合沙发的一点透视画法

（1）先定好视平线和灭点的位置，并把沙发的形体用体块概括出来，然后找出其中一个面与画面平行，接着确定沙发的长、宽、高。这一步不用考虑太多的细节，主要是找准一点透视关系。

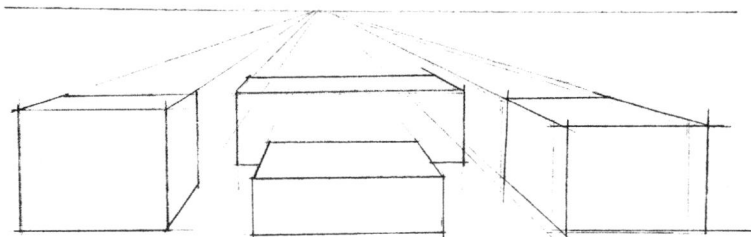

（2）细化沙发的结构、比例和透视关系，注意结构透视线都消失在同一个灭点上。

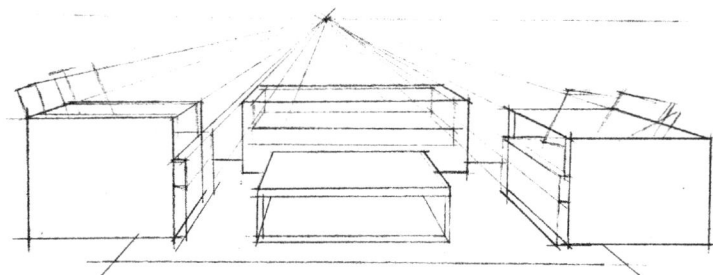

（3）去掉多余的线条，并通过不同的线条表现出沙发的材质，再画出周边的配饰。

（4）深入刻画组合沙发之间的关系，并加强明暗关系的处理，然后完善周围的配饰。注意用笔和用线一定要讲究画面的整体效果，做到笔到意尽，一气呵成。

3.多人组合沙发的两点透视画法

（1）确定好灭点和视平线的位置，把组合沙发归纳为一组立方体，并确定沙发长、宽、高的比例和透视关系。

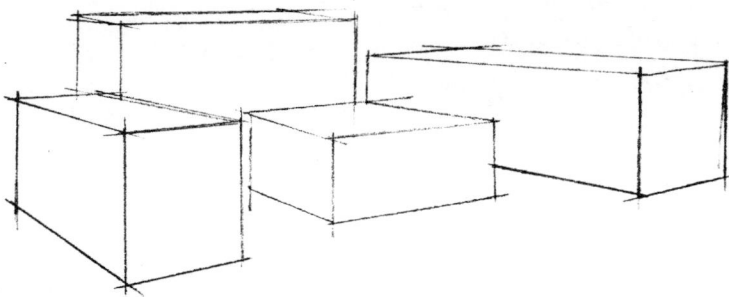

（2）划分沙发的3个面，并刻画出结构、比例和虚实。

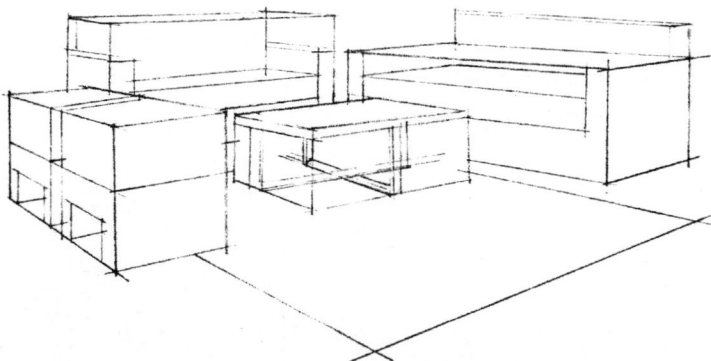

（3）去掉多余的线条，使画面更干净、利落，然后用轻快、柔和的线条刻画沙发的结构和细节部分，接着增添各种配饰，完善室内家居氛围。

（4）加强明暗对比，画出物体的阴影，丰富画面的视觉效果。

8.1.5 沙发的绘制练习

沙发是重要的家具物件，其形态和种类非常多，有不同风格和不同材质，所以表现沙发应根据不同的质地运用不同的表现手法。

1.单人沙发的绘制练习

此组练习主要以单人沙发为主，表现时要注意沙发结构的转折，其转折线的勾画能表现出沙发的质感。

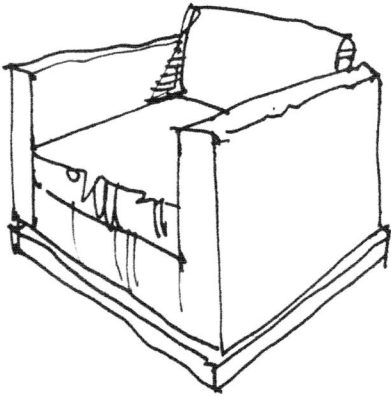

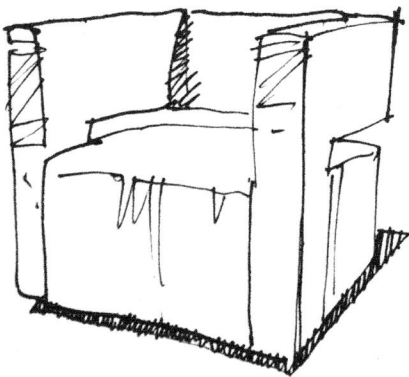

2.双人沙发的绘制练习

　　双人沙发根据造型和风格的不同，会呈现出多变的形态，但不管如何变化，其基本形体都是一样的，都可归纳为一个立方体。双人沙发的基本结构与画法和单人沙发类似。

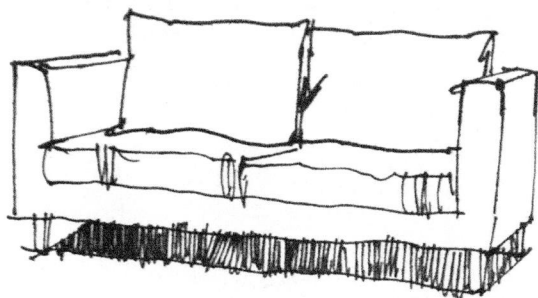

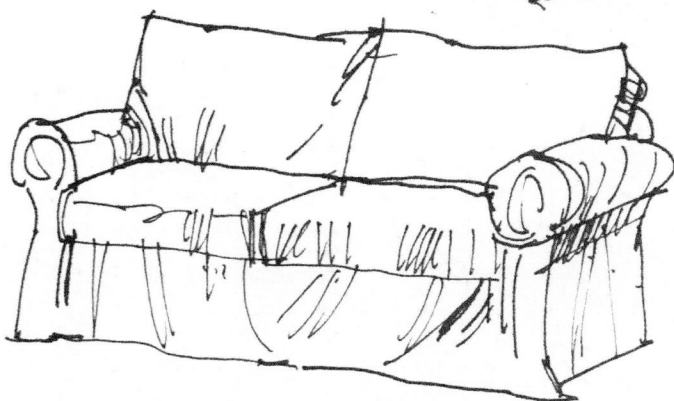

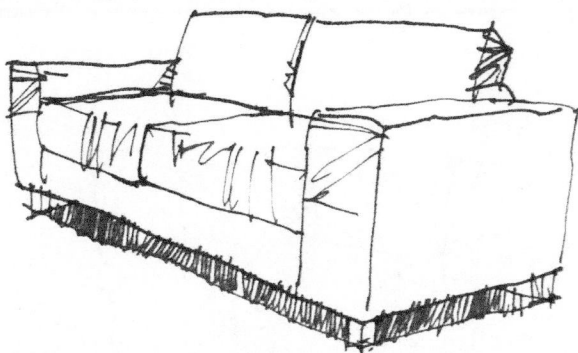

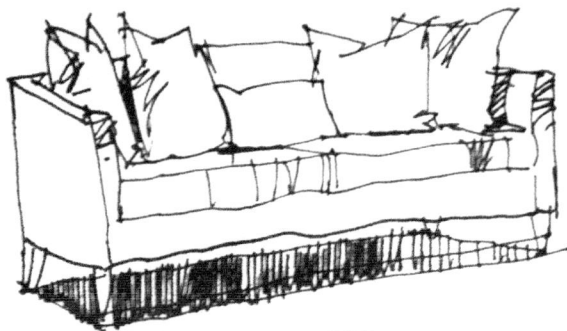

3.多人沙发及小配饰组合的绘制练习

对于多人组合沙发的绘制，应该严谨地把握整体透视关系，平时多留意沙发的款式，不断更新画法，适当地画一些小配饰来完善场景的氛围和感染力。

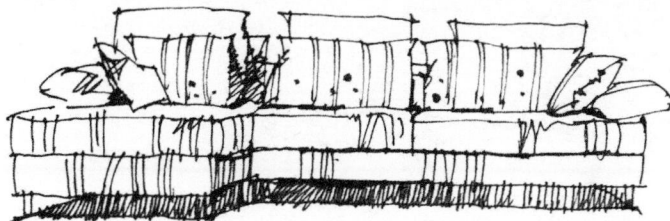

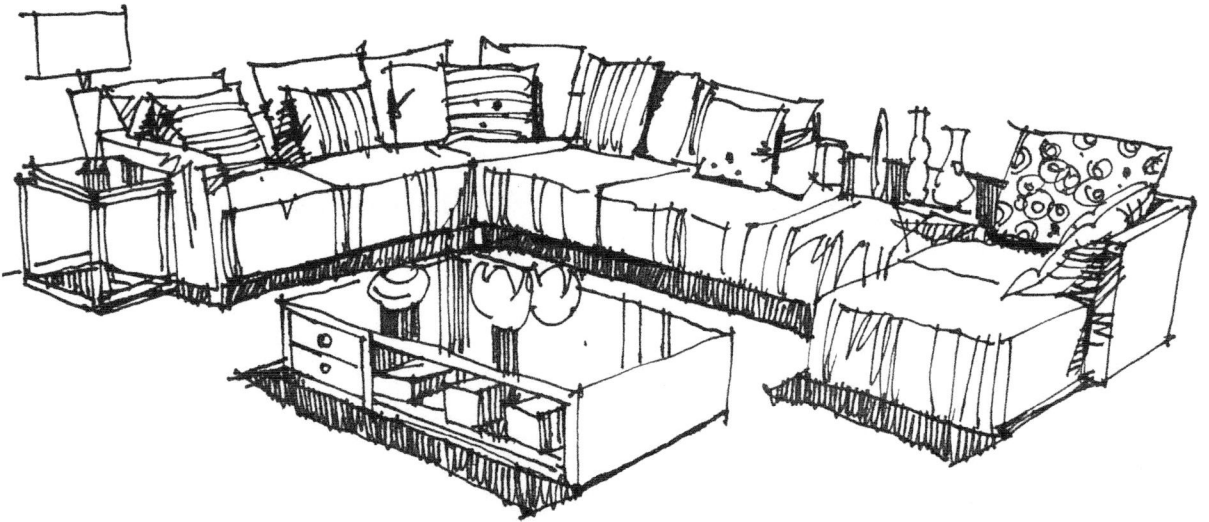

2013.4.18

2013.4.19.

2013.4.19.

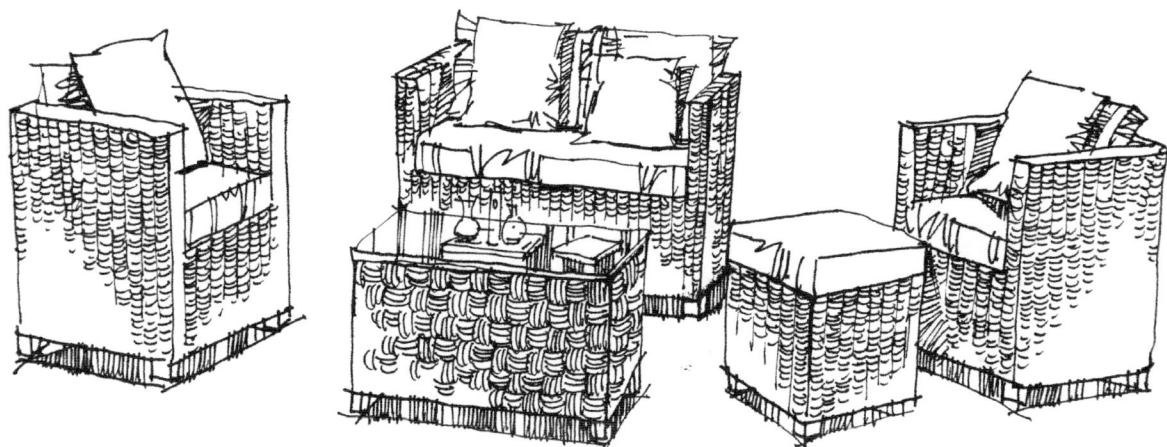

8.2 椅子的透视画法

8.2.1 椅子的绘制步骤

椅子的表现方法和沙发一样，要有立方体的概念。刚开始接触这些复杂的家具时，很容易被一些家具的外形和结构所干扰，在绘制的过程中太在意细节部位的表现，导致最终出现形体不准确、比例不恰当的问题。之所以会出现此类问题，终究还是因为对几何形体透视理解得不够透彻。

1.椅子的透视分析

椅子的结构相对来说比较简单和清晰，当我们把它剖开分析可以发现，它其实就是由几个简单的体块组合成的。

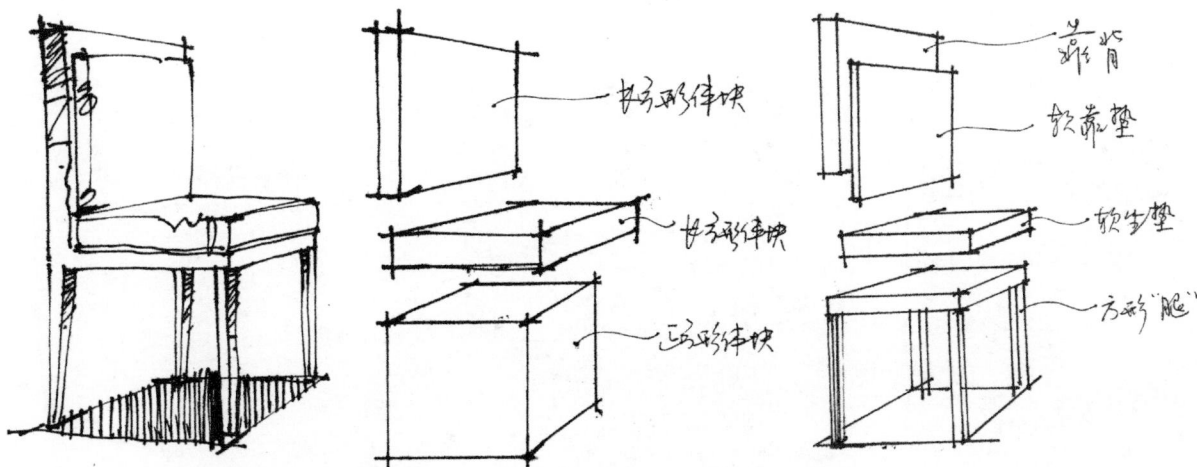

当把一个一点透视的椅子的结构拆开进行分析时，可以发现，组成椅子的各立方体结构的透视线都会消失于同一个灭点。

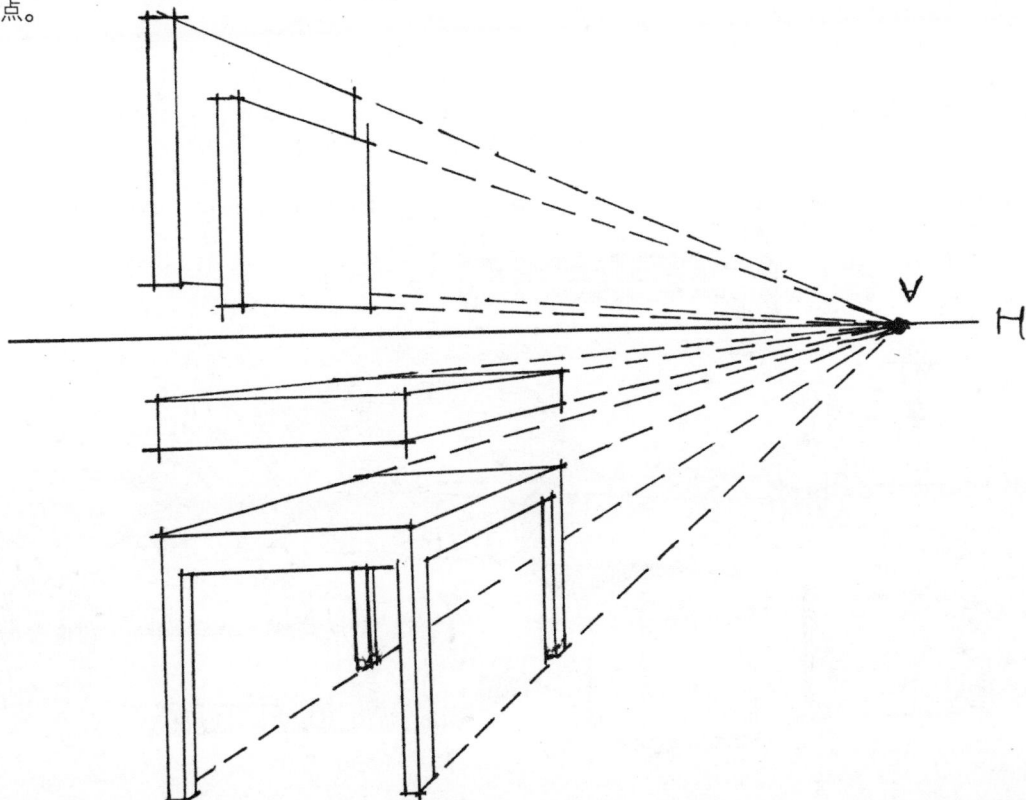

2.椅子的两点透视画法1

（1）在确定视角（两点透视）后，将复杂的椅子形体归纳成一个简单的立方体。

（2）在立方体的基础上画出椅子的结构和比例关系，每画一笔都要注意透视关系。

（3）细致刻画椅子的结构和坐垫。由于坐垫的材质一般较柔软，所以线条可以稍微柔和一些。

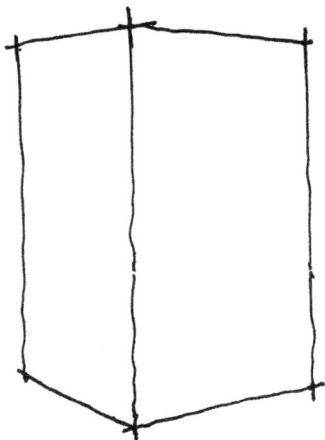  

3.椅子的两点透视画法2

当然，在我们能够准确掌握形体透视和内部结构的前提下，可以直接从椅子的轮廓开始勾勒。

（1）确定椅子的透视方向，注意近大远小的透视关系，并牢记立方体的概念。然后把椅子的轮廓特征勾勒出来，接着确定靠背和坐垫的高度。

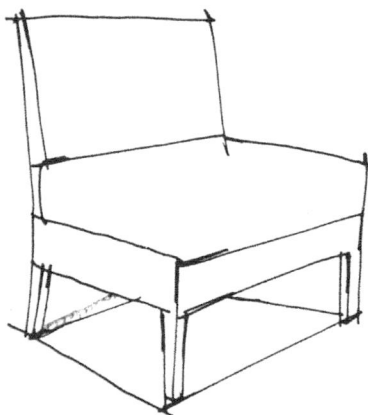

（2）刻画出椅子的透视结构和坐垫转折面。

（3）利用线条的排列刻画椅子的明暗关系。

（4）完善细节。

8.2.2 椅子的绘制练习

2013.4.18

2013.4.18.

8.3 卫浴单体的透视画法

8.3.1 卫浴单体的透视分析

卫浴产品的表现一定要画出其质感，尤其是对受光部的高光处理，会对画面起到画龙点睛的作用。在画每个单体的同时可以加入一些简单的配饰，比如浴巾和洗漱用品，以使空间更生动。

下面这组卫生间台盆柜的造型简洁大方，从基本形体结构上可以简单分析出其是由两个不同大小的立方体构成的。所以在绘画表现中，可以从它的几何形体入手，并准确画出大的基本透视关系。

8.3.2 卫浴单体的绘制步骤

（1）画出椭圆形的浴缸口，运笔最好一气呵成，线条要简练、到位。之后确定浴缸的长度、宽度和高度。

（2）画出主体之后，可画一些配饰，配饰一定要起到衬托主体的作用，并协调画面的整体感。

（3）用线条的排列刻画出浴缸的质感和明暗关系。

8.3.3 卫浴单体的绘制练习

2013.4.19.

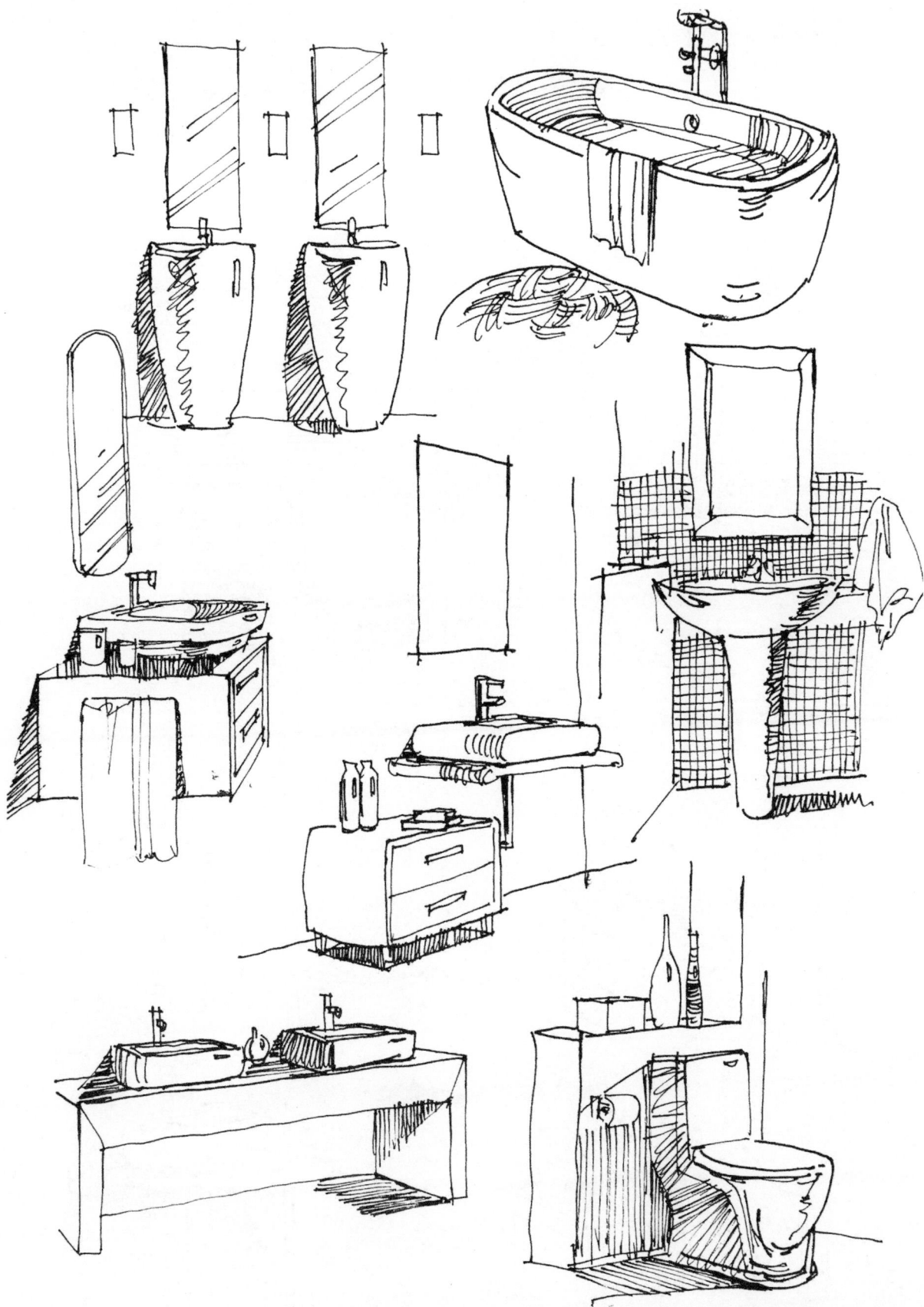

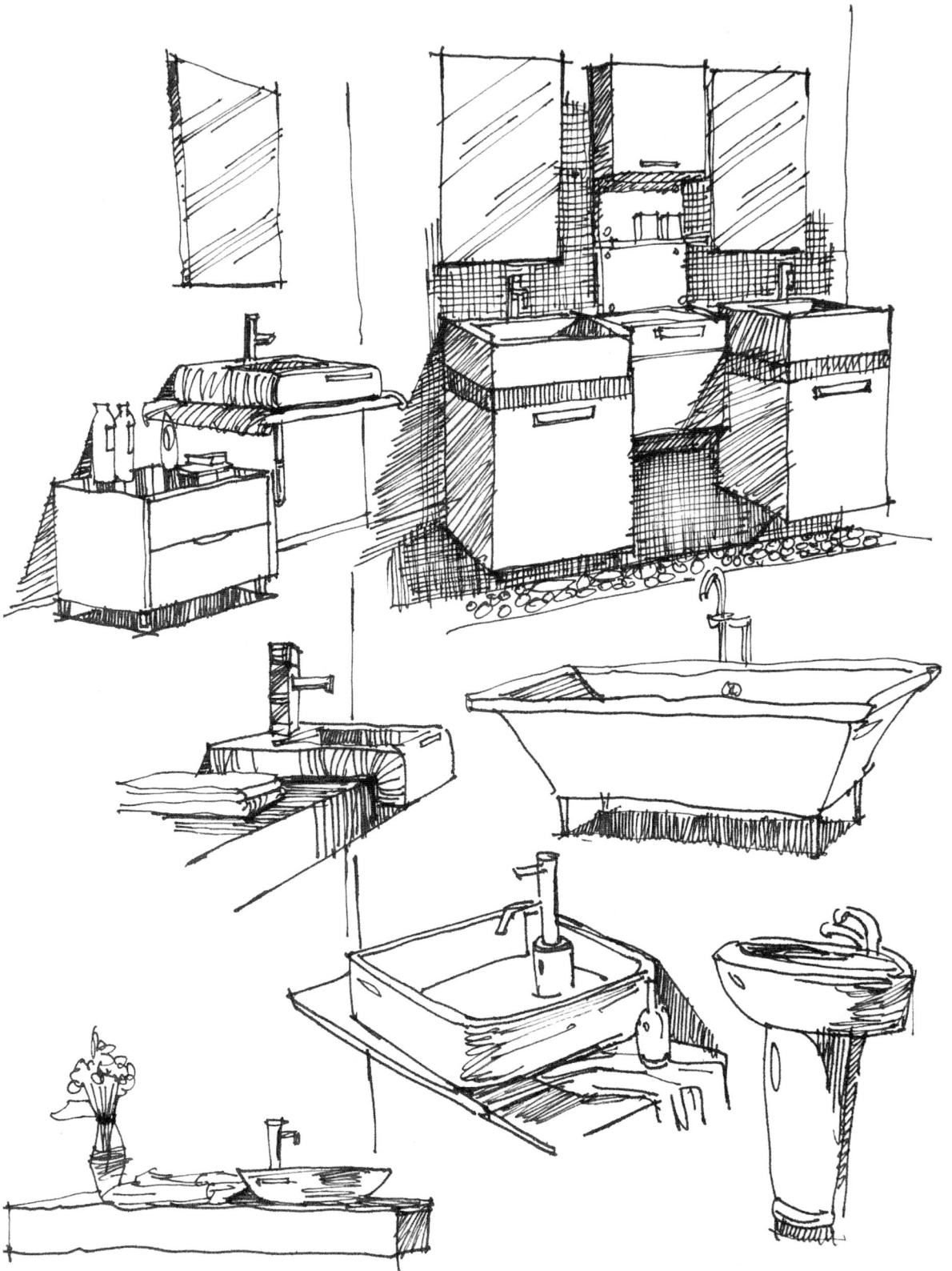

8.4 床体的透视画法

8.4.1 床体的透视分析

床体在卧室空间中是一个重要的表现主体，往往会被塑造成空间的视觉中心，也是一个不可缺少的元素。在表现上，应该注意它在空间中所处的角度，并从床体本身的大轮廓去考虑，画准其基本形体的组合与透视关系。同时，要通过恰当地描绘床面上的花纹和不同造型的靠枕来提升画面表现力。

下面是根据透视原理画出的卧室床体透视图。

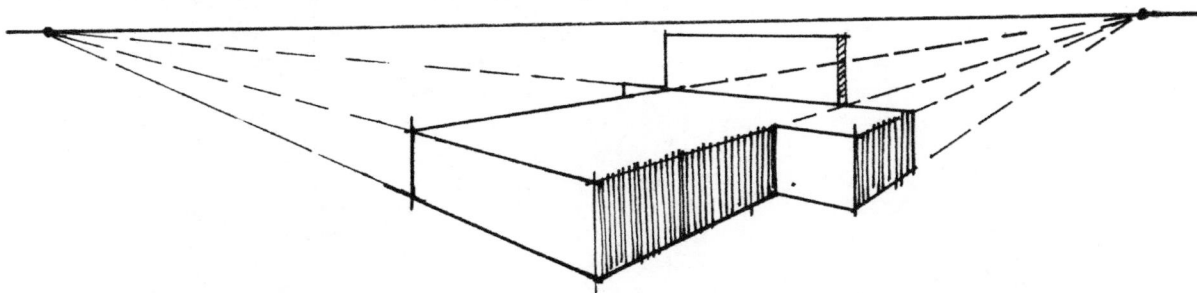

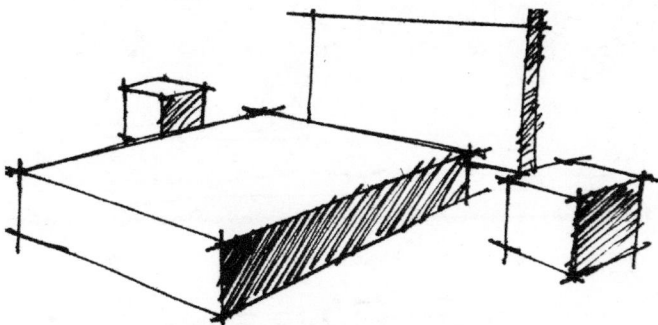

床体结构分解图

床体透视图

8.4.2 床体的绘制步骤

（1）画床体时，要有一个几何体的概念，这样就很容易去表现了。先从靠枕开始画，相继画出床的长、宽和高。注意控制好整体关系，并处理好床单褶皱等细节。

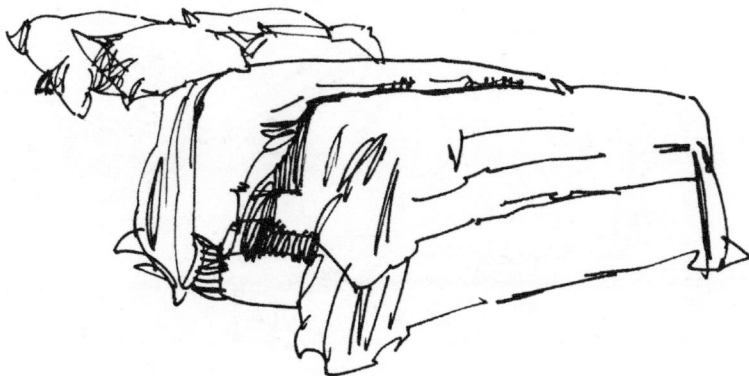

（2）继续完善抱枕等物品，然后确定床头靠背的造型和高度，并注意透视关系。

（3）画出床头左右两个床头柜及一些装饰品。在画左右两个柜子时一定要注意近大远小、近高远低的透视关系。

（4）完善细节，表现质感，从整体到局部不断进行完善。

8.4.3 床体的绘制练习

→ 区分投影的轻重.

2013.4.17.

8.5 植物单体的透视画法

8.5.1 植物单体的透视分析

植物品种繁多，形态各异，表现其姿态最为重要。刻画植物时，要注意其叶片的前后层次和疏密关系，同时也要注意刻画出插入花盆的感觉。

在错综复杂的枝叶形体中，也存在着透视关系，主要表现在枝叶的前后位置上，可以通过前与后、被遮挡或者枝叶本身的穿插关系表现出来。

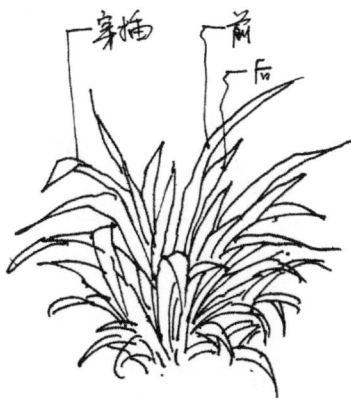

8.5.2 植物单体的绘制步骤

（1）从叶子入手进行刻画，要注意枝叶的形态特征和透视变化。运笔要流畅，力度适当，注意表现出枝叶的穿插关系。

（2）画出枝干的形体，要表现出鲜活的感觉，运笔上要和枝叶的笔触有所区分。

（3）画出花盆，运笔要硬朗，准确到位，要体现出插入花盆的感觉。

（4）快速画出投影和明暗，调整细节，最后完成线稿。

8.5.3 植物单体的绘制练习

8.6 餐桌椅的透视画法

8.6.1 餐桌椅的绘制步骤

餐桌组合由于形体结构比较复杂，所以我们每画一笔都要顾全大局，不要只专注于细节。

（1）画一些组合的家具时，一定要有整体的概念。可以将餐桌椅理解成几个几何立方体的组合，每画一笔都要顾及全局。

（2）在确定了大的基本形体后，再开始依次画出餐桌椅的比例和投影位置。

（3）深入刻画餐桌椅的结构和透视关系。

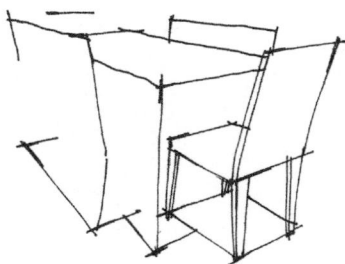

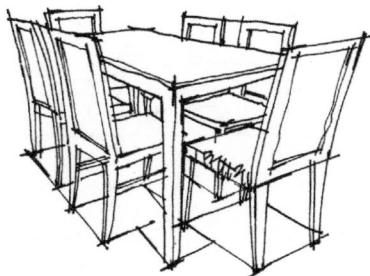

（4）画出投影，注意排线的疏密关系，从整体到局部，再从局部到整体来完成线稿。

8.6.2 餐桌椅的绘制练习

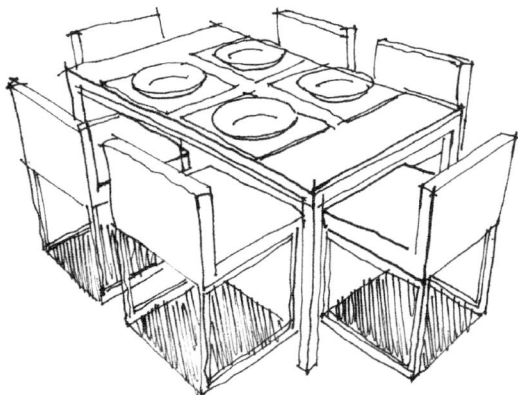

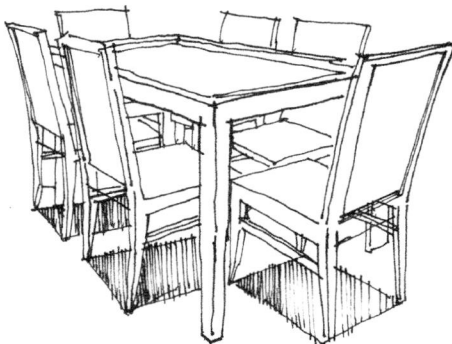

8.7 茶几的透视画法

8.7.1 茶几的透视分析

茶几种类繁多，形态千变万化，在表现的时候同样可归纳成简单的形体，同时要注意茶几面的材质表现。
再复杂的形体都可以看成简单的几何形体，一般可按下图的基本步骤绘制茶几。

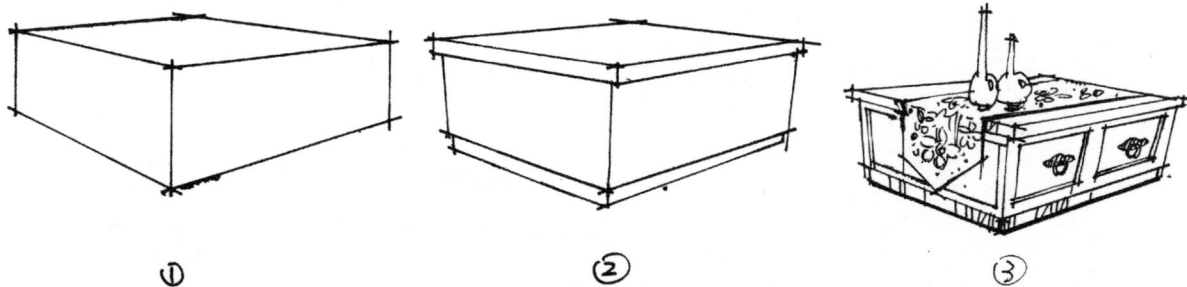

8.7.2 茶几的绘制步骤

（1）根据两点透视的规律，确定透视角度，画出茶几的几何形态。

（2）区分茶几面和底面的关系，并注意茶几面和底面的透视要保持一致。

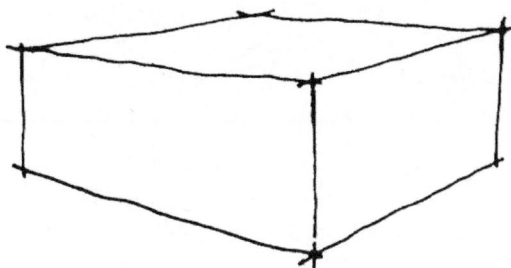

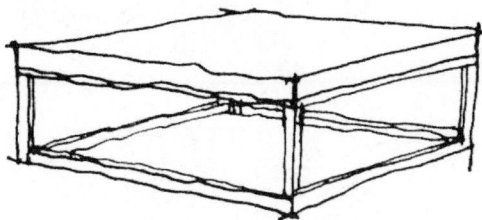

（3）在茶几面上画出艺术陈设与细节，同时加深茶几的结构线。

（4）通过竖线条的组合排列画出投影，体现茶几面的质感。画时要注意用线的疏密变化。

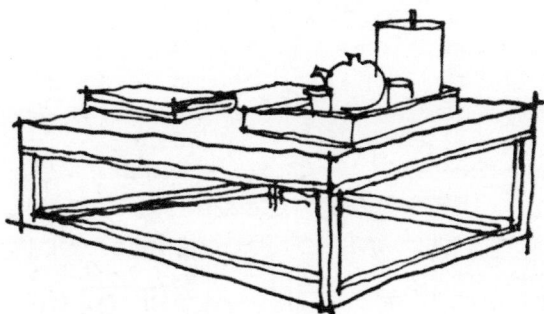

8.7.3 茶几的绘制练习

8.8 人物的画法

　　人物在室内表现中出现得比较少，主要是出现在一些大场景中，所以不需要过分强调，其主要的意义在于平衡画面构图及加强场景氛围的渲染，传达画面的某种信息。在表现人物时，应注重动态和外形的表现，要注意形体与比例的协调关系，另外在画面中心或者前面的人物应适当地进行细化，远处人物的处理则可以简约一些。

8.8.1 人物的分析

　　为了活跃整个画面的气氛，在表现人物的时候可以适当地加入一些简单的动态，这样整体画面会显得比较活泼生动。右图中为几组人物的行走添加了许多动态细节，如手提购物袋或者边走边谈等，这些细节动态都能生动地表现当时的情景。

　　在勾画人物动态的时候，运笔一定要肯定、有力度，要快速地抓住人物的形体特征。比如给年轻女子配双高跟鞋会更凸显其成熟的气质。

　　在表现人物状态的时候，眼神的传达非常关键。例如，右图中车上的3个人物的眼神方向一致，由此我们可以推断在行驶过程中肯定有什么事情吸引了他们。

人群的绘制练习也十分重要，处理得当更能体现画面的透视效果。绘制时可通过近大远小和遮挡的变化关系来处理画面上的虚实和层次。

8.8.2 人物的绘制步骤

（1）先画出头部的特征和比例，正常情况下人头部的长度是整个身高的1/8。

（2）接下来完成人物上身结构的刻画，并注意头、颈和胸的衔接要到位。

（3）根据头部的长度完成下半身的刻画，注意衣裤的褶皱一定要体现人体的结构。

（4）深入刻画人物的每个部位，线条的虚实和粗细的处理要得当。

8.9 其他单体的透视练习

8.9.1 家用电器的绘制练习

　　家用电器的绘制要注意结构和明暗的刻画，因为部分家电的体积比较薄，掌握不当会导致形体结构不明确，没有厚重感。平时要多练习绘制不同的家电，在生活中积累素材。

8.9.2 灯具的绘制练习

灯具是室内光影艺术的调配师，不同造型、材质、色彩和大小的灯饰能营造不同的光影艺术氛围，可以展现出不同的居室风格。所以我们在绘制室内透视图时可以根据不同场景和功能选择不同的灯具。

下面这组灯具的内部结构主要由几个不同大小比例的圆柱体组合而成，在表现练习中只要抓准圆柱体的基本特征和上下透视比例即可。

8.10 室内场景组合透视练习

在熟练掌握了单体的表现方法之后，应该对各种形态、各种透视角度和各种组合的家具进行练习，做到不管在何种透视状态下都能快速地进行绘制表现；同时也要熟悉室内空间各物体的比例关系，并且能将之前所练习的单体准确地放到合适的空间里面，且看起来不会别扭，符合画面视觉的基本效果，很好地与透视空间融合在一起。

室内场景组合透视练习的主要目的是加强对透视原理的应用与把握，是对更大空间层次的进一步练习，以为后期更全面地把握整体空间环境奠定坚实的基础。多对一些不同角度的场景进行透视图的练习，自然而然地就会掌握透视的基本规律。

下面我们将列举一点透视和两点透视的空间组合进行练习与步骤分析。

8.10.1 一点透视场景组合的绘制练习

一点透视场景的练习不需要表现很广的范围和很深的空间，可以通过小场景的练习巩固和提高对一点透视空间的认识，以使空间的细节布局得到扩展和补充。通过对前面内容的学习，我们了解了一点透视的基本规律和用法，下面对某一室内小场景进行绘制步骤讲解。

（1）先确定室内小场景的透视为一点透视。在人的视线以下，画出小场景中所要表现物品的基本几何形体，并与灭点连接。圆柱体可以先处理成立方体，再找出相应的透视关系。

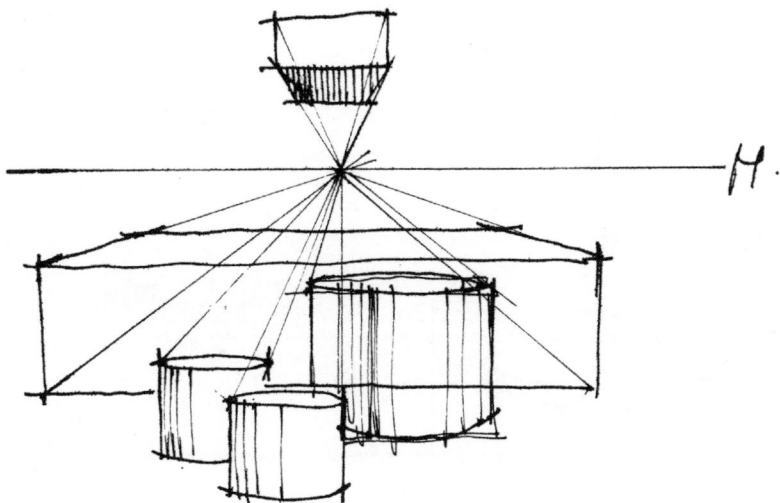

（2）细化场景内的基本构成元素，并营造出室内某一角落的氛围。

（3）明确场景中各个形体之间的明暗关系和比例，加强透视感，丰富画面的层次与细节。

8.10.2 两点透视场景组合的绘制练习

两点透视场景组合的练习可以很真实地表现场景的氛围，通过细节的描绘会使画面层次更加丰富，能更好地烘托出室内的气氛。经过透视角度的不断变化和转换，可以使读者更了解三维空间，从而能快速地控制画面，掌握两点透视的规律和原则。

（1）先确定室内小场景的透视为两点透视。在人的视线以下，画出小场景中所要表现物品的基本几何形体，然后与两个灭点连接，使场景中的物体的透视关系准确到位。

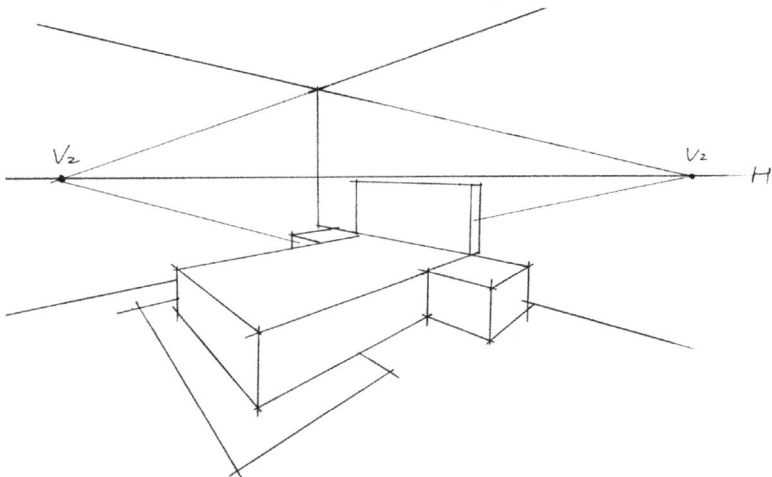

（2）细化场景内的基本构成元素，并营造出室内某一角落的氛围。然后加强场景中织物和饰品的表现，把空间的特性生动地表现出来。

（3）明确场景中各个形体之间的明暗关系和比例，然后丰富画面的层次，营造室内场景的艺术氛围。

8.10.3 客厅一角的绘制练习

　　客厅场景的表现应该凸显设计主题与风格，在透视准确的基础上，追求功能与形式的最大化，尽量做到画面丰富、生动，构图平衡，注意把握好整体与局部、局部与局部之间的关系。

2013.4.18.

8.10.4 卧室一角的绘制练习

对于卧室场景的表现，不需要把卧室内的场景全部表现出来，应该着力表现出彩的地方，注重刻画某一区域的风格和特点。

8.10.5 书房一角的绘制练习

书房场景的表现应该突出家居的陈设和空间的自由度。

8.10.6 厨房一角的绘制练习

在厨房的表现上，内部基本格局和各类布置始终有我们发挥的余地。

8.10.7 卫生间一角的绘制练习

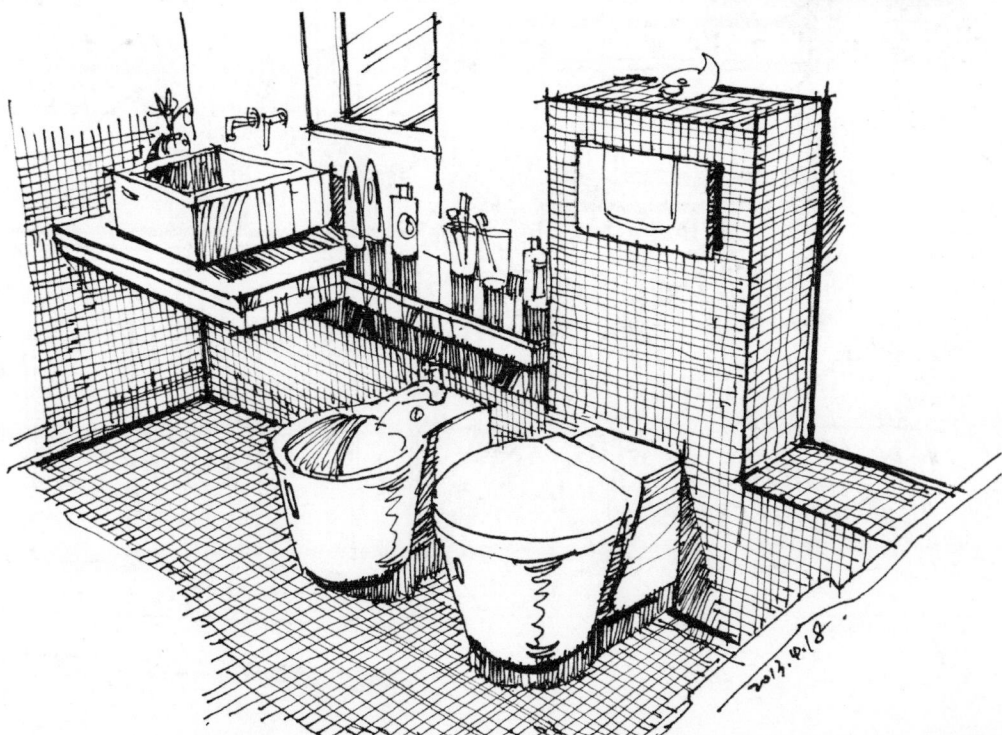

8.10.8 餐厅一角的绘制练习

　　餐桌的刻画是餐厅表现的重点，一定要和整体空间的格局保持一致，在表现时最好能够画出厨房的某一局部，这样更能使整个空间产生延续性。

8.10.9 阳台一角的绘制练习

8.10.10 儿童房一角的绘制练习

儿童房的表现应该根据儿童的年龄和性别决定。所以在绘制儿童房时，空间的场景和配饰可以相对活泼、凌乱一些，这样更能彰显小孩子爱玩的天性。

8.10.11 阁楼一角的绘制练习

第9章 室内设计透视的应用

9.1 一点透视的基本画法

通过对前面的学习，相信大家对一点透视的基本概念和规律已经有了初步的了解，在掌握这些内容的基础上，要掌握画一点透视的方法，因此怎么将一点透视的画法运用到室内透视图中是本节讲解的重点。下面介绍几种室内设计表现的方法及其步骤。

9.1.1 视线法

1.视线法的概念

视线法是作透视图最基本的方法之一，也称"直接法"。它是根据物体在画面上的点、线、面的位置和高度等条件，过视点S与平面图上物体的各个点连接视线，找出视线与画面的迹点并引垂线投射到画面前视图的基线上，这些垂线与相应迹点的灭线相交于各个点，连接这些交点并利用真高线求高度，即得出物体的透视。

2.视线法的画法1

下面利用视点和主心点作立方体和长方体的一点透视图。已知立方体和长方体的平面图，画面线P，视平线H，视点S，利用视点和主心点作立方体和长方体的一点透视图。

（1）作立方体和长方体底面的透视。将立方体和长方体底面宽度分别投射在基线上，得到各个直角水平变线的迹点A_1、B_1、M_E、M_F，然后从各迹点引线连接主心点CV，画出各直角水平变线的全长透视。接着求深度的透视，从两个立方体平面图中的顶点D、K、F引直线连接视点S，这些直线与画面线P相交于G_D、G_K、G_F各点，再从G_D、G_K、G_F点引垂线与相应的直角水平变线的全长透视相交，得出立方体底面的3个顶点D_1、K_1、F_1。最后从D_1点作水平线交于B_1CV线上的C_1点，从K_1、F_1两点分别作水平线交于M_ECV线上的L_1、E_1两点，完成立方体底面的透视。绘制步骤如右图所示。

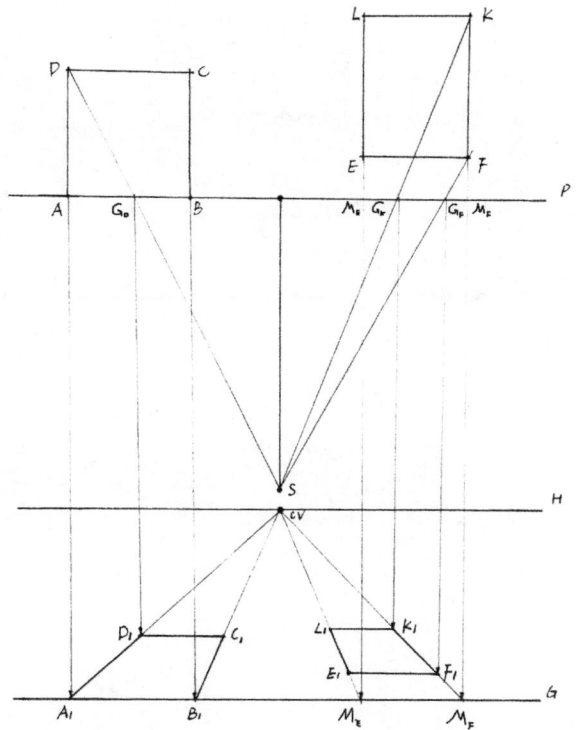

（2）作透视高度并完成立方体的一点透视图。从A_1、B_1、C_1、D_1和E_1、F_1、K_1、L_1各个点引垂线，根据前面所学到的"真高线"原理，在画面的A_1、M_F两点的垂直线上截取a_1A_1和m_fM_F等于立方体的边长，这就是真高线。过a_1点和m_f点与主点CV连接，分别与d_1D_1、f_1F_1、k_1K_1相交得d_1、f_1、K_1各点。然后从a_1、d_1、f_1、k_1点引水平线，分别与B_1、c_1、E_1、L_1各个点的垂线相交得b_1、c_1、e_1、i_1点，连接各点即可作出两个立方体的一点透视图。绘制步骤如右图所示。

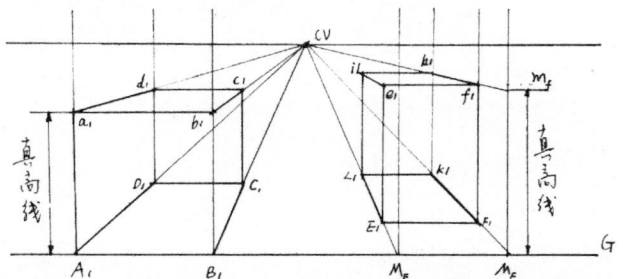

3.视线法的画法2

通过视线法画一个已知的室内平面框架，得出一张室内空间透视框架图。

（1）将平面框架图按所要的范围画出来，然后定画面线P，在画面线下方留足够的空间确定基线G。

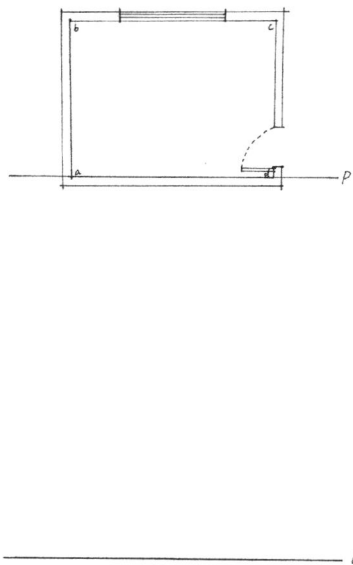

（2）以立面图空间高度与平面图相对应完成A、B、C、D 外框架，以AB或DC为真高线，在其1.5倍左右高度的位置定视平线H。

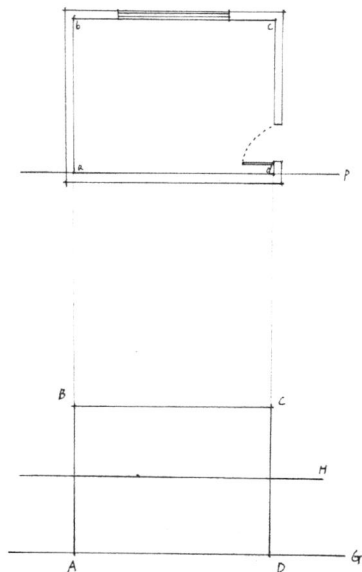

（3）在P线下方的空白里选定合适的视点S，并连接平面图中的各个内角转折点，交于线P。

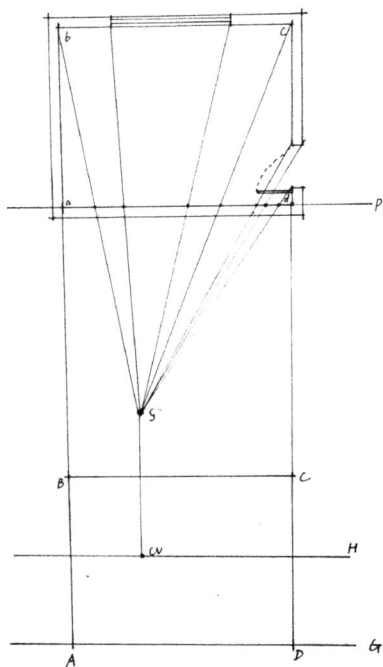

（4）将S点向下延伸，交H线于CV点，CV点就是透视图的消失点。然后连接A、B、C、D外框的4个角，接着过P线上的各个连接的交点分别向下作垂线找出各点在透视图中的位置，利用真高线尺寸就可找出透视图内各点的空间高度。

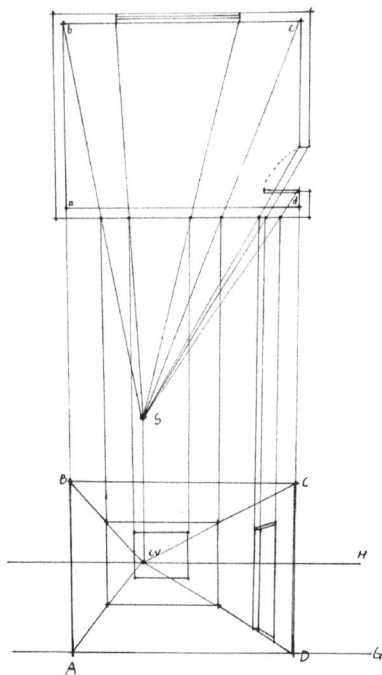

9.1.2 距点法

1.距点法的概念

所谓距点法就是利用等腰直角三角形的原理，在一点透视图上测量垂直于画面的线段长度的画法。

2.距点法的画法

（1）确定画幅、视平线和主点，距点到主点的距离等于主点到画幅最远点距离的2倍。然后在画幅中确定正方体的底AB，并使AB与画幅平行，从A、B点分别向主点引线，自B点向距点X引线，与ACV相交于C点，接着在C点引水平线与BCV相交于D点，由此，正方体底面的四条边完成。

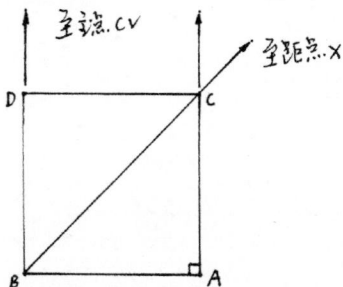

（2）自A、B、C、D分别向上引垂直线，在经过A、B两点的垂线上截取等长于AB的线段，即A_1B_1，然后从A_1、B_1向CV点引线，交得C_1、D_1，接着分别连接A_1、B_1、D_1、C_1，正方体就完成了。

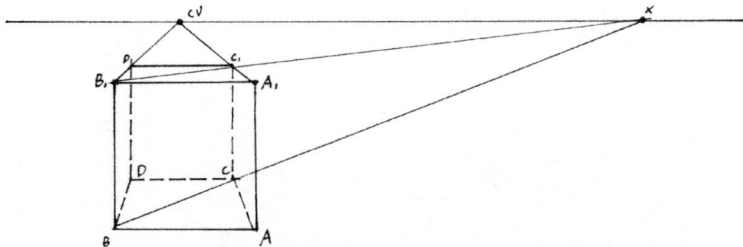

3.距点的位置

将长方体平面的对角线引向距点即可画成一点透视图。很显然下图的长方体严重失真，究其原因是距点位置过近，导致图中的长方体看似长宽不等。

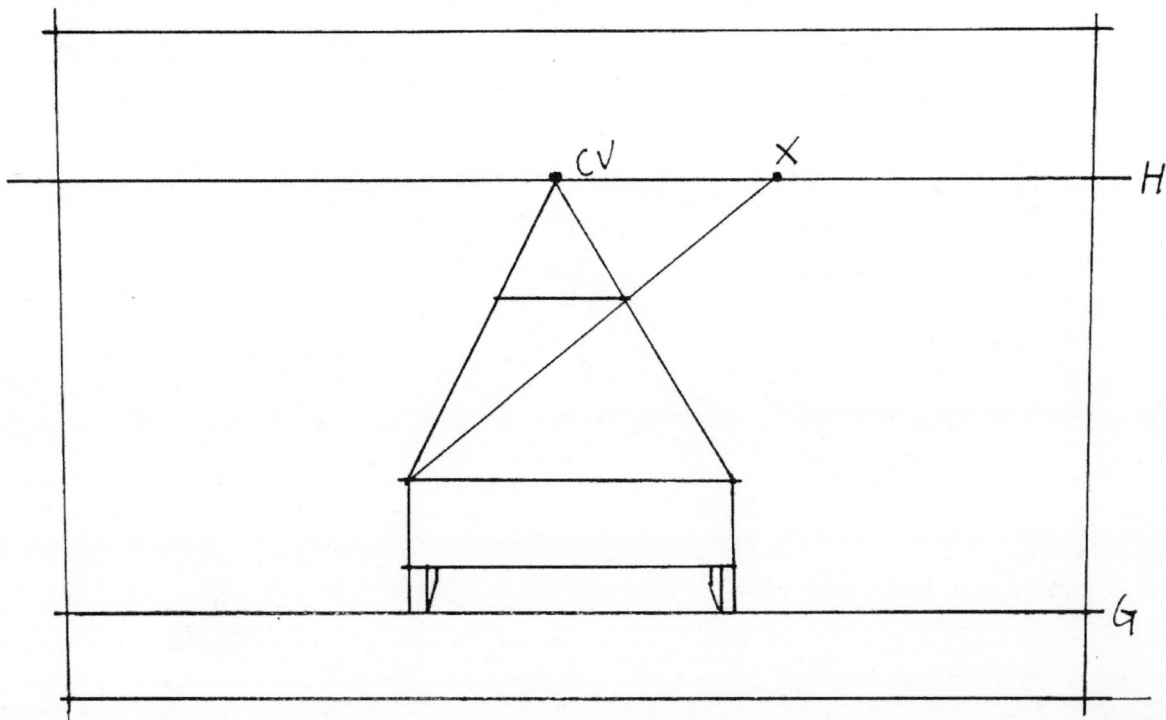

一般在作图时，取景框里面的视平线、主心点都是根据画面表现的需要任意设定的，通常以心点为圆心，以心点到画框最远点X的距离为半径作弧，交得视平线上的X_1点，以心点到画框最远点X的长度，量取各种视角下视距的距点位置。下面我们还是以正方体为例，画出不同距点位置所产生的一点透视变化。

下图为视角90°，心距等于心点到画框最远点 X 的距离。

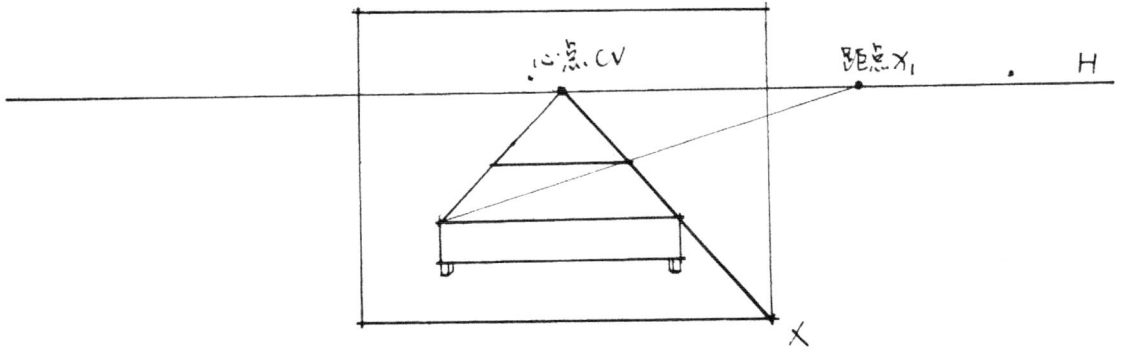

下图为视角67°，心距等于心点到画框最远点 X 的距离的1.5倍。

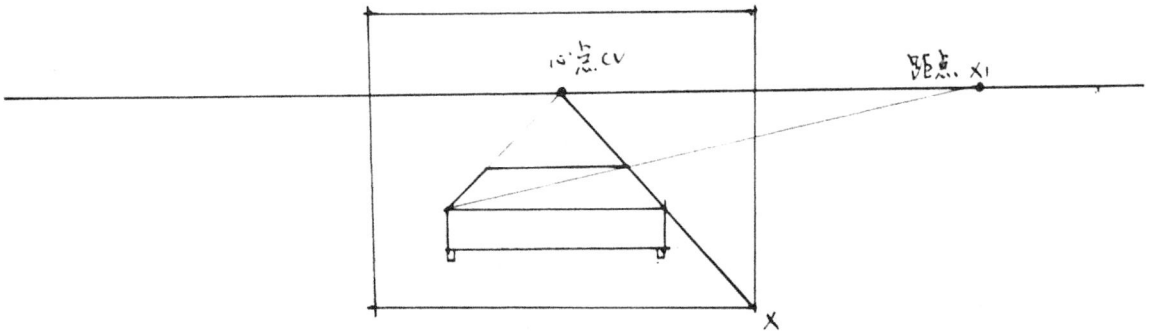

下图为视角53°，心距等于心点到画框最远点 X 的距离的2倍。

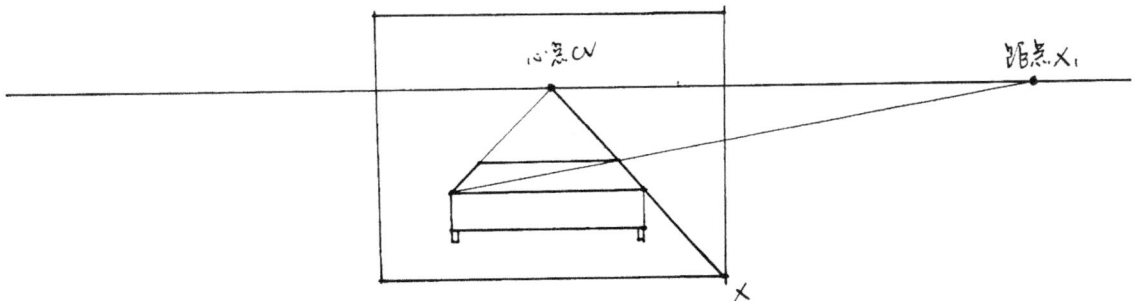

在作室内透视图时，根据不同主题选用近视距、中视距和远视距的构图。在特殊情况下室内透视图时可以采用近视距，即距点可小于视圈半径的1.5倍，但是距点的位置不得进入画框内，否则就会出现上面所讲的失真情况。

9.1.3 透视矩形的辅助画法

在一点透视、两点透视及其他透视中，画出物体大体轮廓的透视后，要在透视矩形内找出中心点的位置，有时要按一定的比例分成若干份，或者按原透视深度作等长或不等长的延伸。例如要在室内的一面墙上画出门窗的位置，或者对某一空间的深度进行绘制，都可采用下述简便方法。

1.通过对角线求中心点

如何找出下图中桌面的中心点呢？可以通过连接桌面的对角线得到交点O，O点即为桌面的透视中心点。

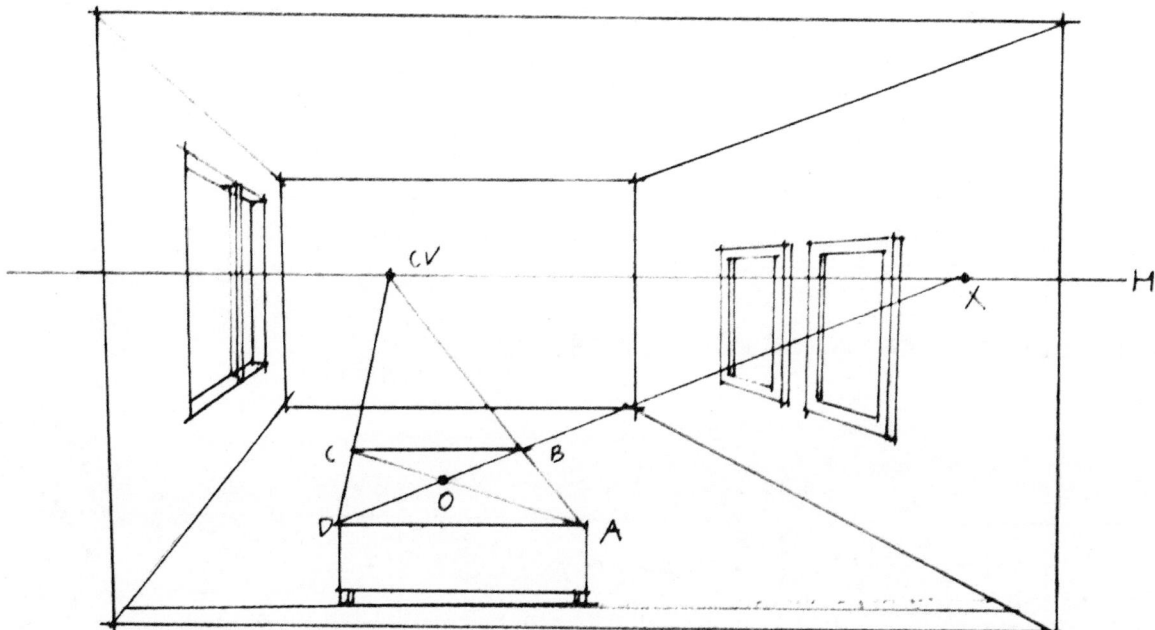

如何作下图中窗户的正中开合缝？先将窗户的对角线进行连接得到交点O，自O点作垂线，即窗户的透视中心线。因为窗框在外墙上，分别作透视中心线与上下边线相交于1点和2点，水平引线与窗框顶线相交于3点和4点，连接上下相交点3点和4点即得出窗子的开合缝。

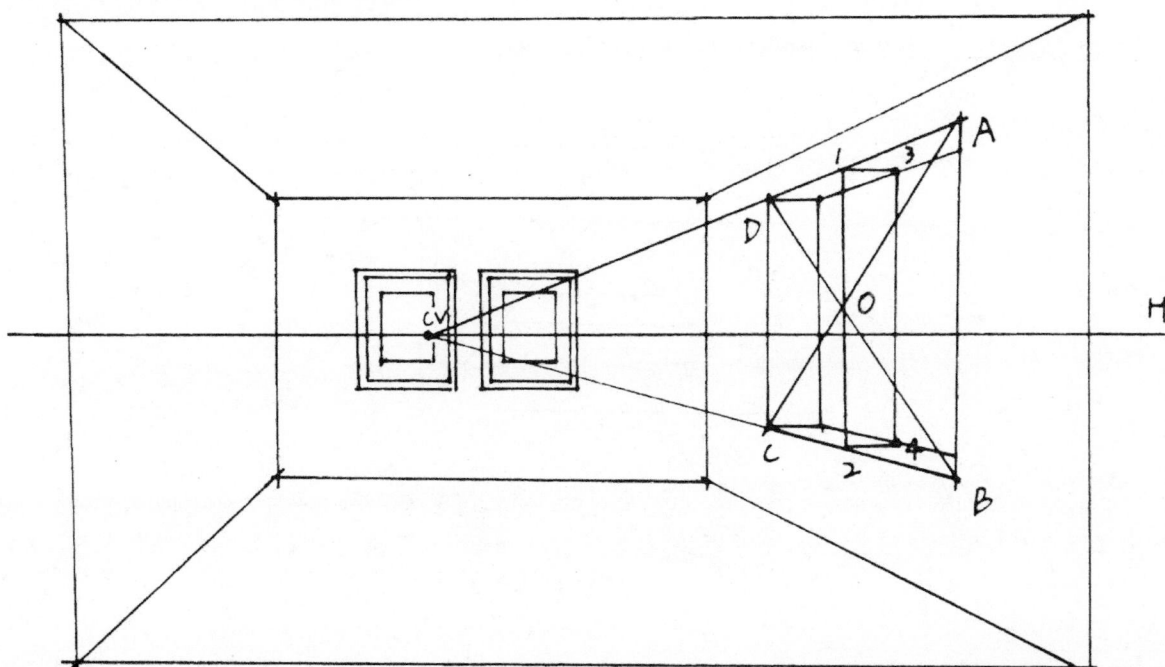

2.通过对角线求立方体的中心线

画法1：过透视立方体各个顶点作对角线，得到的交点即中心点O，过中心点作垂线，即得到该透视立方体的垂直中心线，如下图所示。

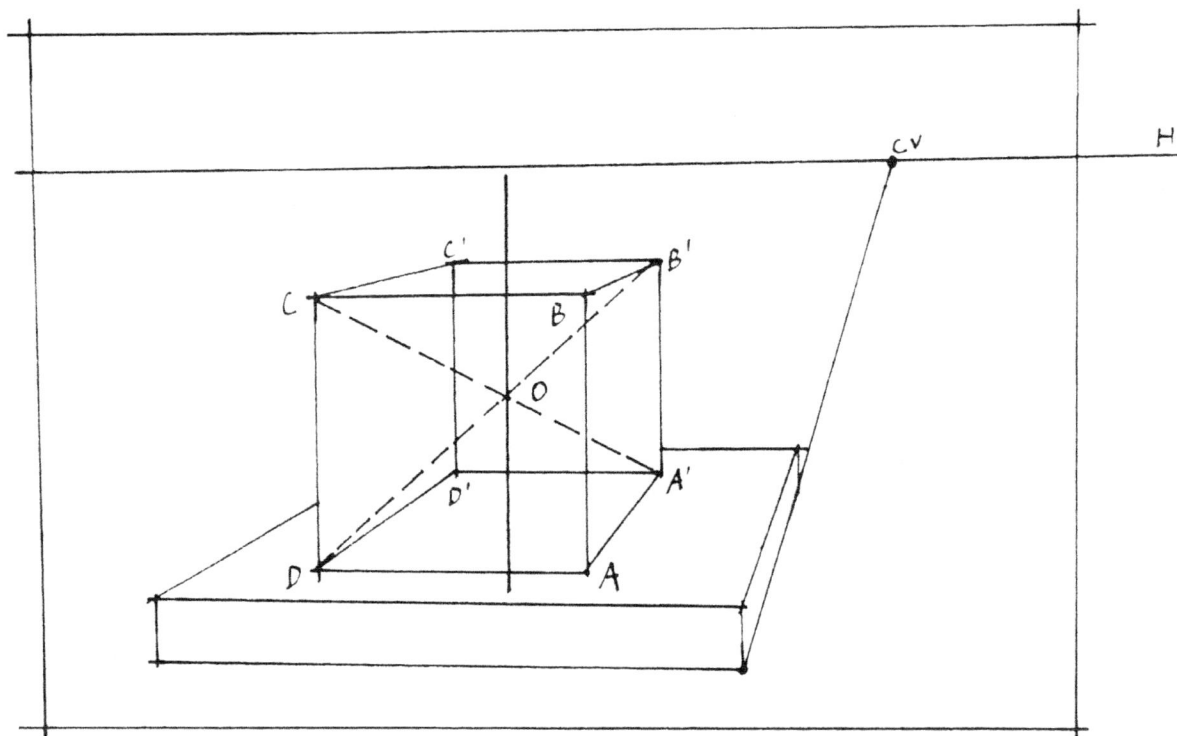

画法2：分别连接透视立方体底面和顶面的对角线，得到交点O_1点和O_2点，连接O_1、O_2点即得到该透视立方体的垂直中心线。

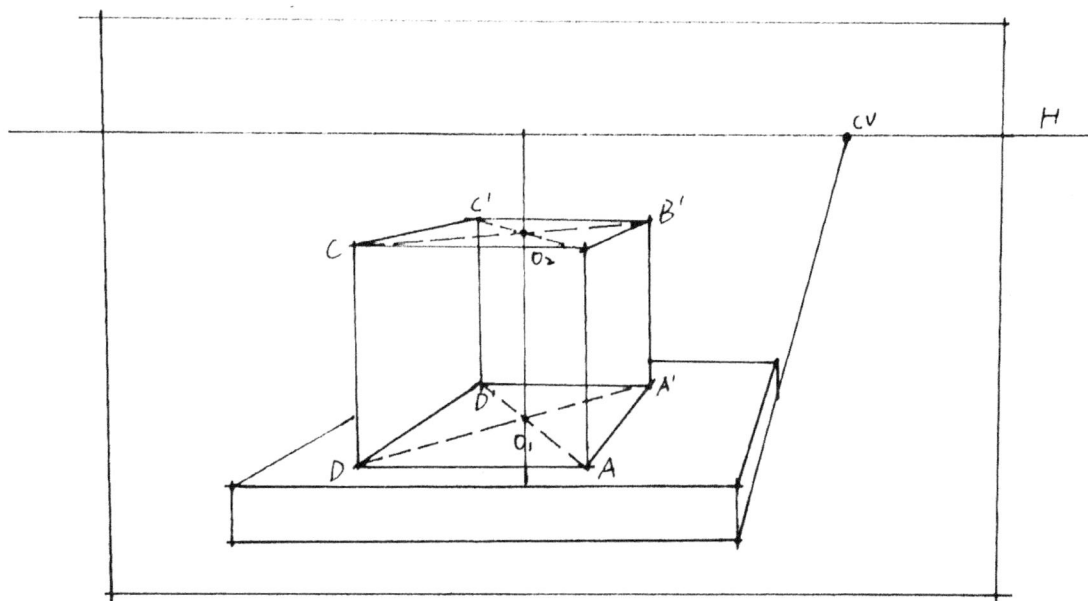

3.对角线等分已知透视矩形

对透视矩形连续用作对角线求中心点法可以进行2、4、6、8……等分。

（1）在矩形中，作对角线相交于中心点O。

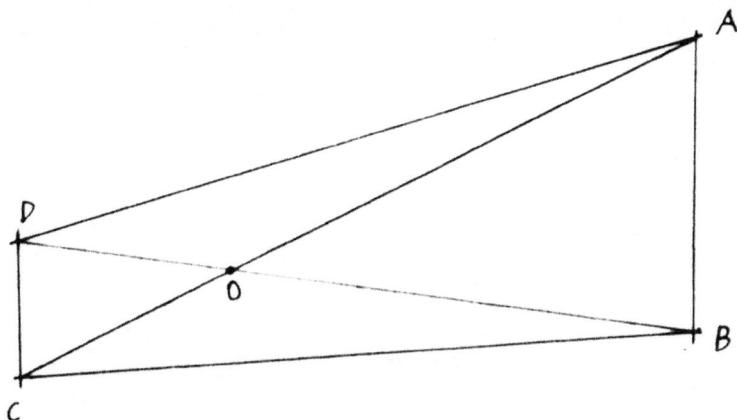

（2）过中心点O引垂线完成2等分。

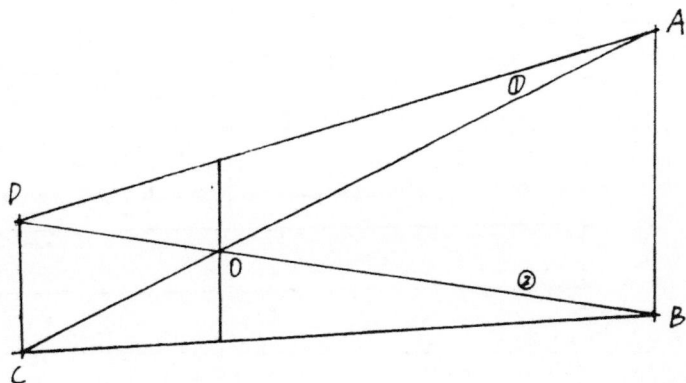

（3）过中心点O向矩形的余点引横向中线。

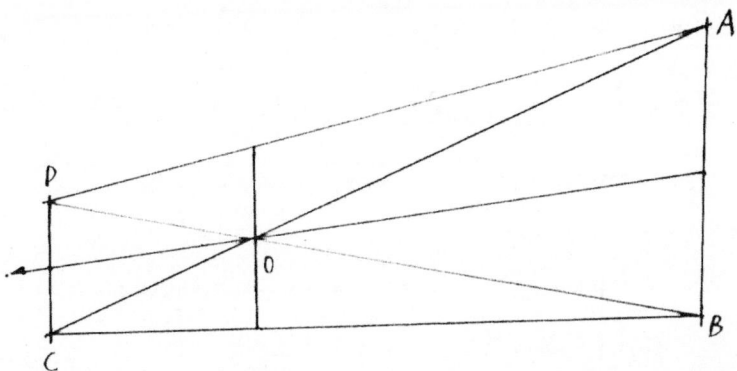

（4）再引对角线相交中线可完成4等分。用同样的方法可以不断等分下去。

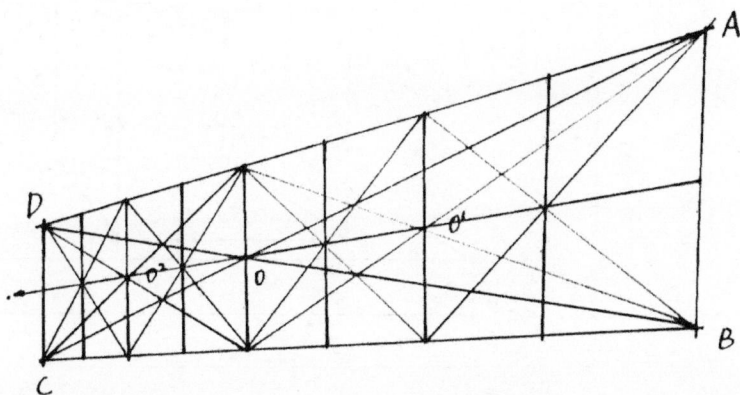

4.对角线分割已知透视矩形

作等距分割

（1）将透视矩形的*AB*线作5等分，然后自各等分点向*AC*、*BD*的灭点引线，即可得到5排等宽的横格的透视图。

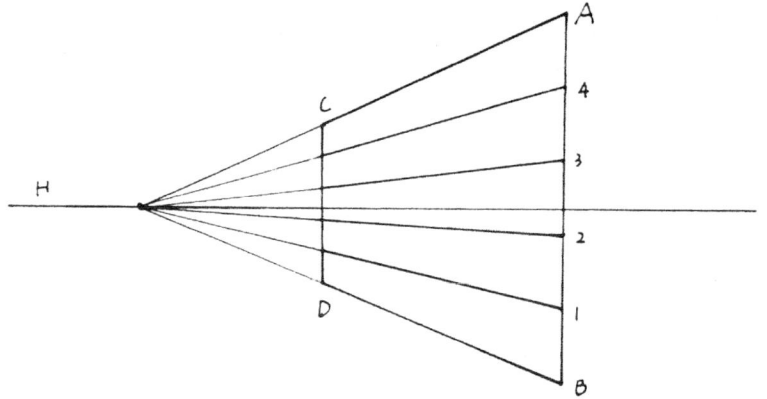

（2）要将矩形纵分为4列，可在上一步的基础上自*D*点向4点引线，与各横线相交，由各个相交点再作垂线即可。

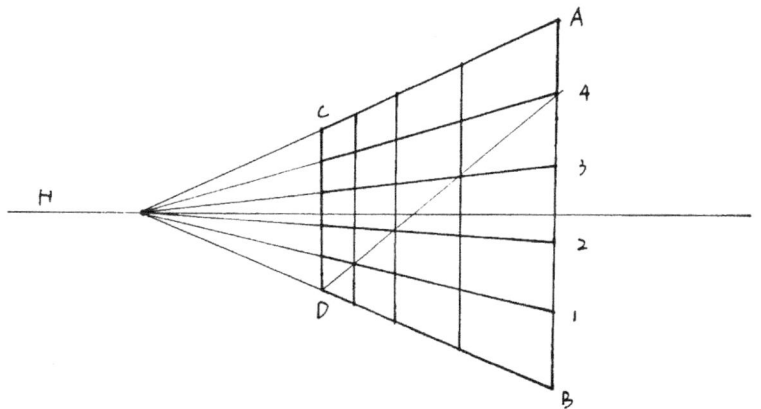

（3）要将矩形纵分成3列，可自线上3点向*D*点引线，与横线相交，过相交点作垂线即可。

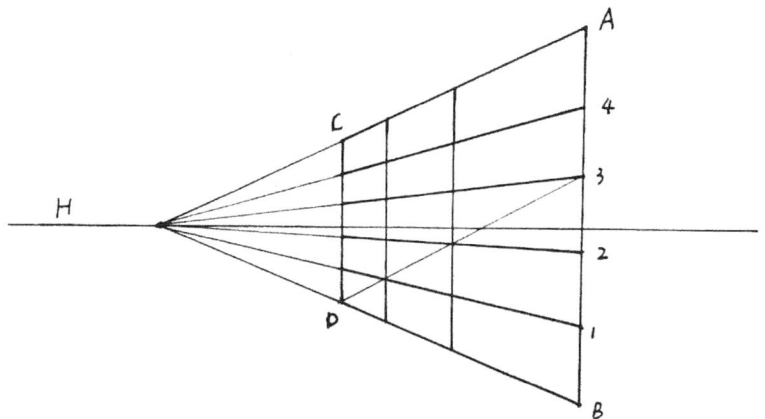

187

作不等距分割

将透视矩形竖向分割为6个宽度相等的矩形和一个与其他矩形宽度不等的矩形。

（1）以任意长度为单位，在*AB*垂直线上，自*A*点向下截取6条同比例和一条不同比例的线段，得出点1、2、3、4……，然后自各点向*AD*、*BC*的灭点引线。

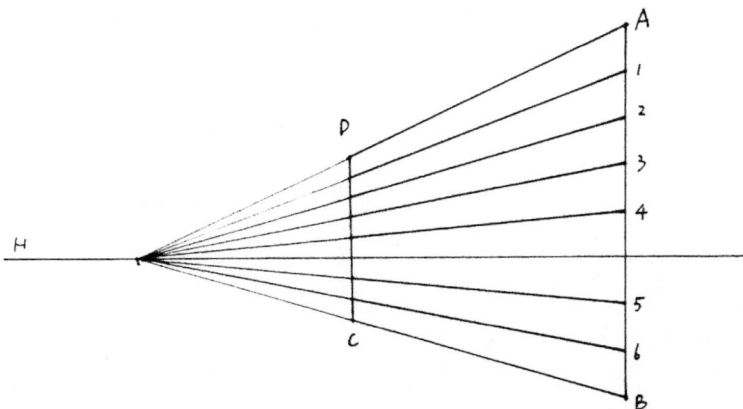

（2）连接对角线*AC*，相交于各横线得到①、②、③、④……各个点，然后过①、②、③、④……各个点画垂线，即按所需要的比例分割为7列小矩形。

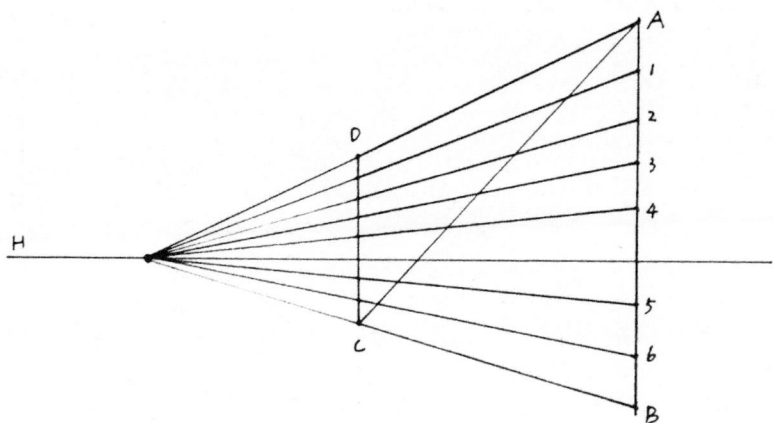

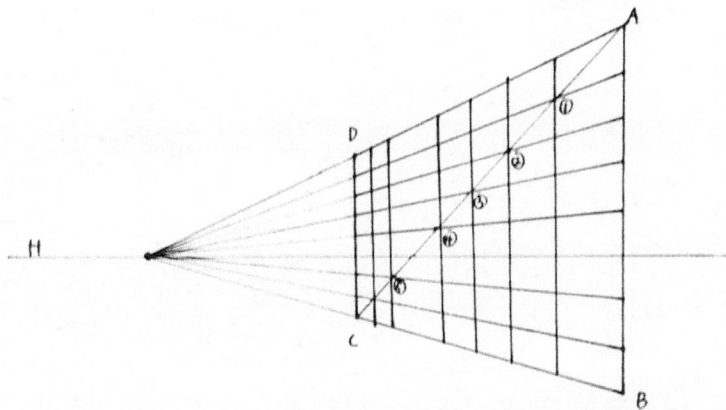

5.用对角线灭点作矩形的连续延伸

以矩形ABCE的大小样式为准，作地砖铺设的一点透视，如下图所示。

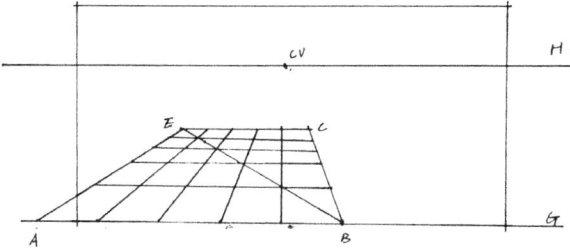

（1）延长水平线AB，并以已知地砖宽度作连续分割。

（2）自各分割点向CV点（AE、BC的灭点）引线。

（3）自B点延长方格的对角线BE，与各分割点向CV的变线相交得多个交点，过各交点作水平线即完成地面方格的连续延伸。

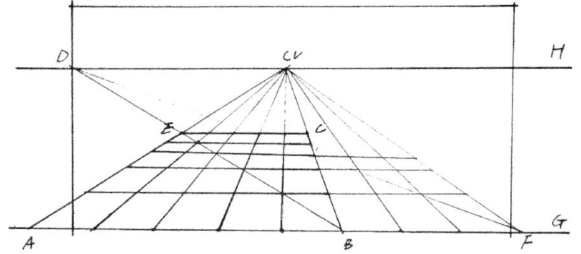

6.用辅助灭点作等矩形的连续延伸

（1）将一点透视下的矩形ABDC的上下边延长，交视平线得灭点F。

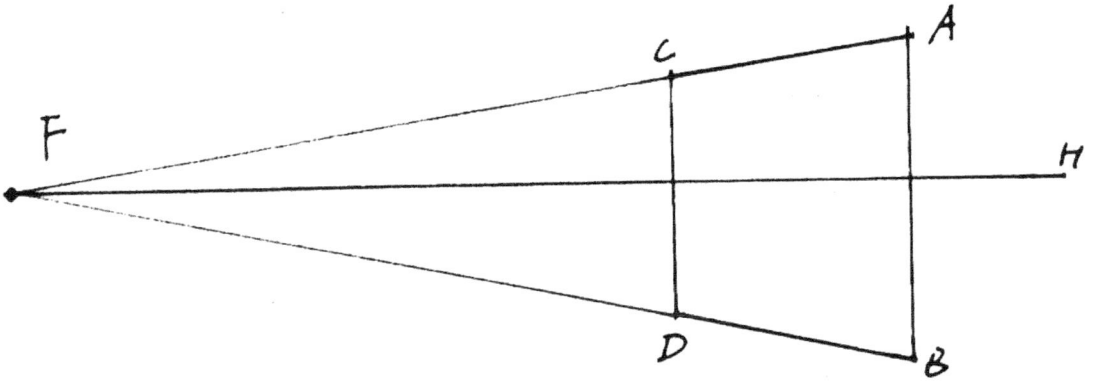

（2）作对角线BC并延长，与灭点F的垂直灭线相交，得矩形对角线的灭点X。

（3）连接X点、D点与AF线相交于E点，然后作垂线，即可画出相等的连续矩形CDGE，以此类推，可作等距形的连续延伸。

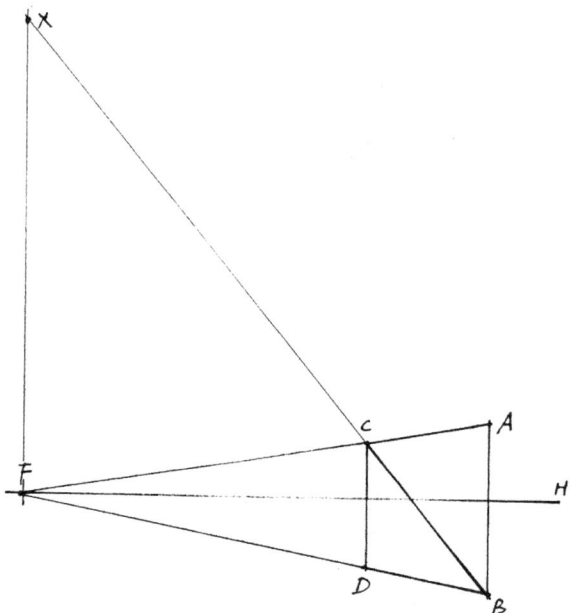

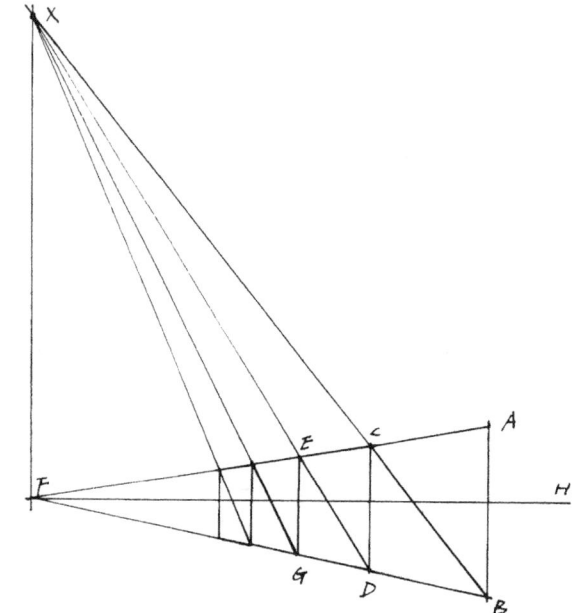

189

9.1.4 一点透视在室内设计中的应用

1.用距点法作写字台的一点透视

（1）画出写字台的侧立面a、正立面b、基线G、视平线H、心点CV和距点X，然后分别从写字台侧立面和正立面的A、B点作灭线至CV点上。接着量取写字台正立面AB的长度，在写字台侧立面从B点向BA作相同长度的水平延长线至L点，同时量取写字台侧立面AB的长度，在写字台正立面从B点向BA取相同长度在AB线上交于W点。

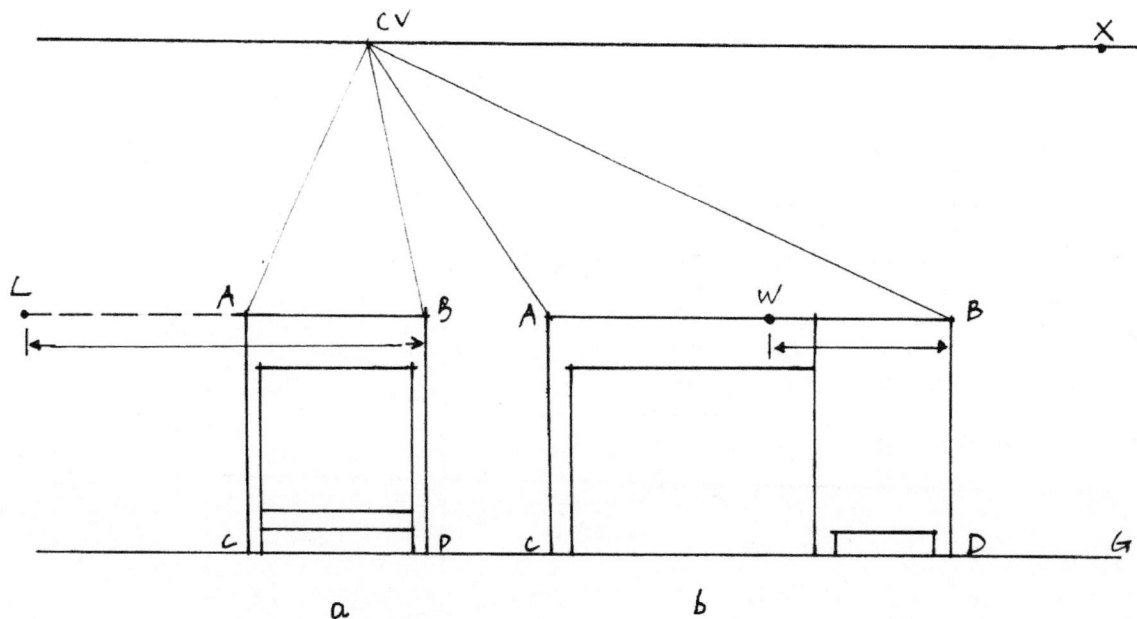

（2）采用距点作图的方法从写字台侧立面所作延长线上的L点向距点引直线，它与写字台侧立面的B点灭线的交点B_1就是这个写字台的透视深度。然后从写字台正立面的AB线上的W点向距点引直线，它与写字台正立面的B点灭线的交点B_1就是这个写字台的透视宽度。

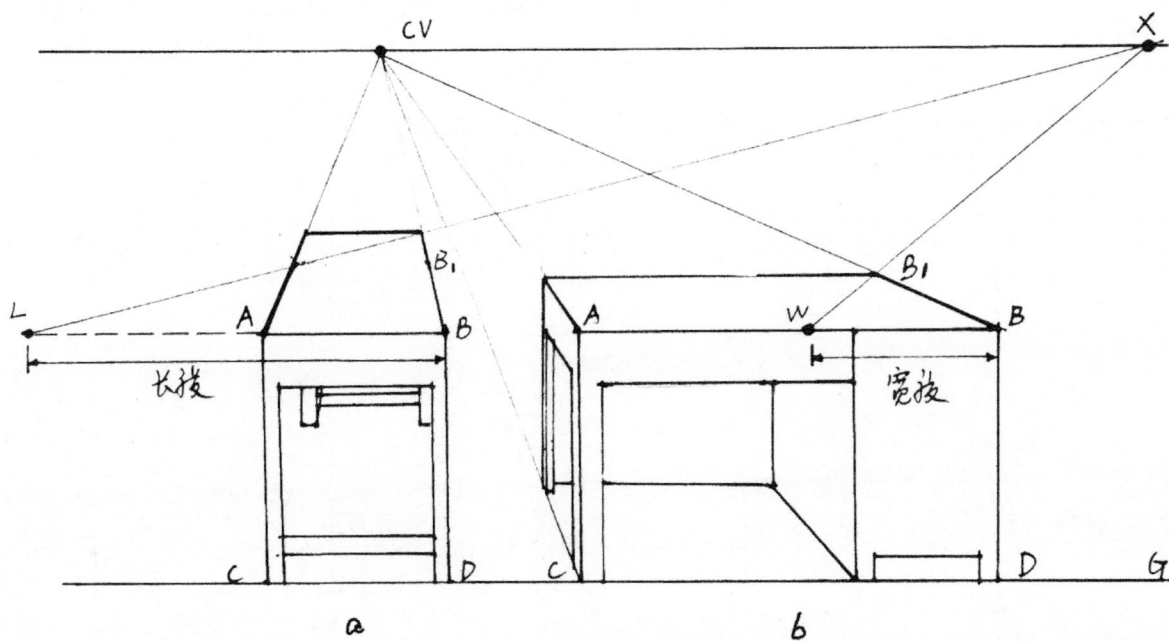

2.用距点法画室内一点透视地面铺设图

家庭室内地面铺设一般采用600mm×600mm或者800mm×800mm的地砖铺设，而一些大空间则使用1000mm×1000mm或者1200mm×1200mm的地砖铺设。因此，在画室内透视的时候可以采用距点法来绘制。由于地砖的铺设呈方格状，而且每一块方格大小基本相同，所以距点法也可称为网格法，其目的是快速、准确地确定室内的家具位置，增强室内的空间感。

（1）先定出画幅、视平线、距点X和心点CV，然后在视平线下方作一条横线，在这条横线上根据需要将这条横线分成若干等份，得到等分点1、2、3、4，接着从每一个等分点向心点作灭线。

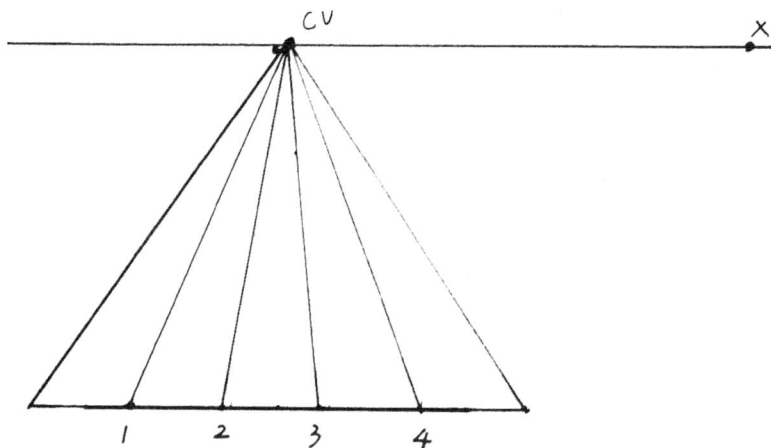

（2）从横线的左端点向右方的距点引一条直线，分别与各灭线相交于a、b、c、d点。

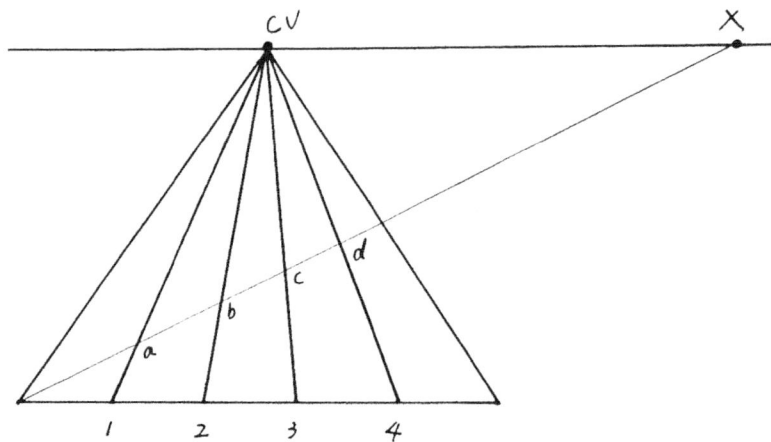

（3）在每一个相交点上作一条水平线，即可画出地面方格砖的透视图。

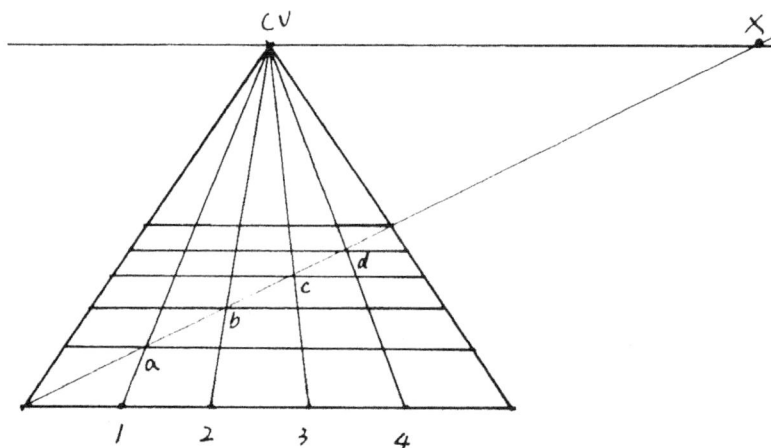

191

3.用距点法作室内空间的一点透视图1

（1）先定出画幅、视平线、距点X_1和心点CV。

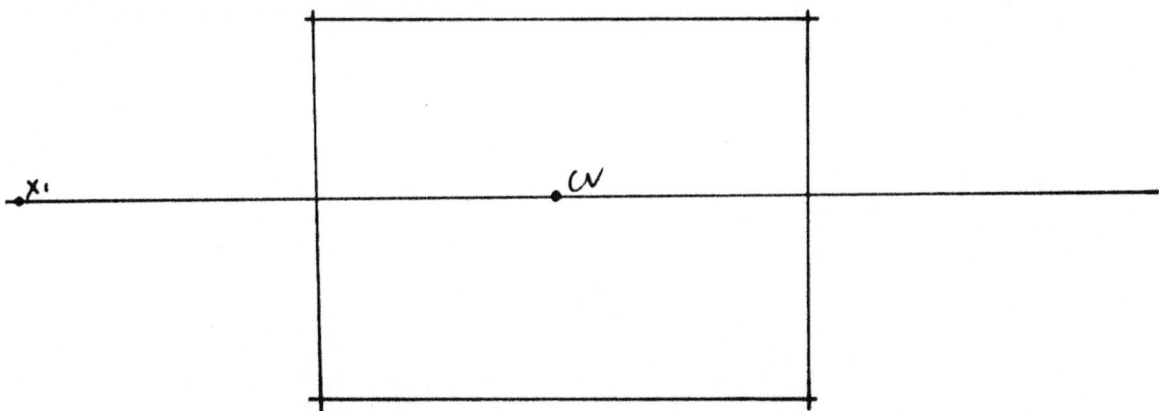

（2）定出画幅宽度AB和室内宽度aC，在基线上确定室内深度aD（水平测量），通过距点X_1，画出室内的深度。

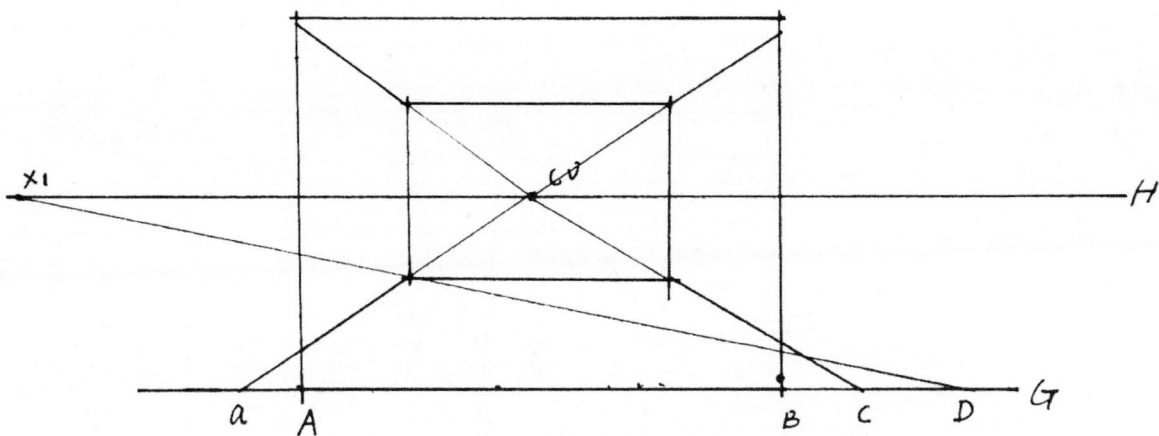

（3）在基线上确定窗户与画幅的距离及其深度，通过距点X_1，找到其深度轨迹，然后利用真高线画出窗户的透视。

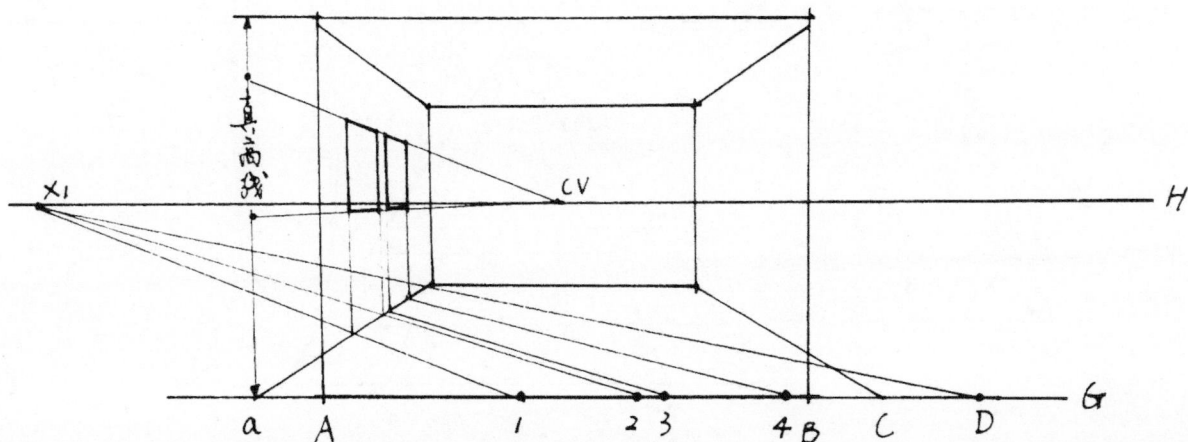

（4）利用基线（水平测量）与真高线画出长方体。

（5）利用基线（水平测量）与真高线画出门框。注意，真高线上的门框高度，到了墙角要水平移位，而门的透视灭点必须在视平线上。

（6）确定距点 X_2 的位置，然后利用基线（水平测量）与真高线画出长方体的高。注意，由于长方体离墙有一段距离，所以真高线上的长方体高度，到了墙角要水平移位。

4.用距点法作室内空间一点透视图2

已知室内空间的宽度为4000mm、深度为5000mm、高度为2800mm，然后采取距点法来绘制室内透视图。

（1）根据前面所提供的空间尺寸，定出画面ABCD，然后以米（m）为单位，按比例在画面上定出高度和宽度，并做好标记。

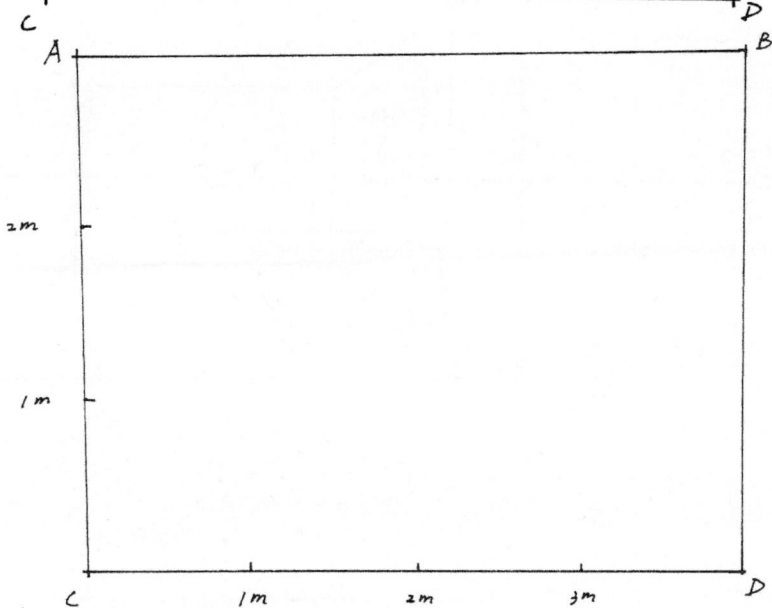

（2）接下来确定视平线H。在定视平线高度的时候，可以根据正常人的平均高度来确定，一般在1.6m到1.7m之间，也可以根据实际情况做适当的调整。在这里我们以人的眼睛高度确定视平线的高度，定为1.5m。

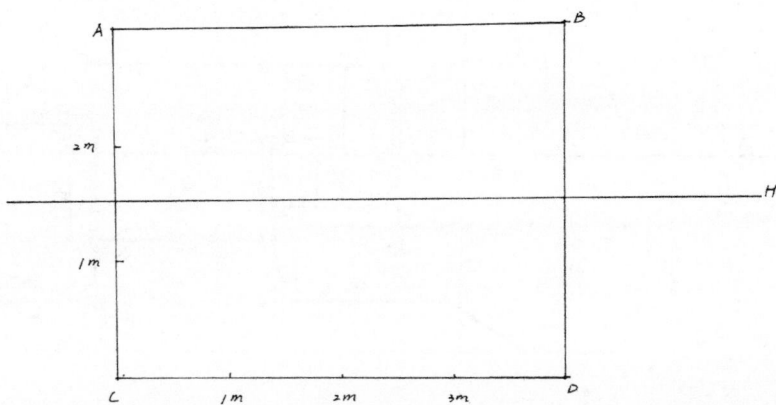

（3）在视平线上确定灭点，灭点的位置也可根据实际需求进行调整，然后将A、B、C、D分别与灭点连接，引出4条线段a、b、c、d。

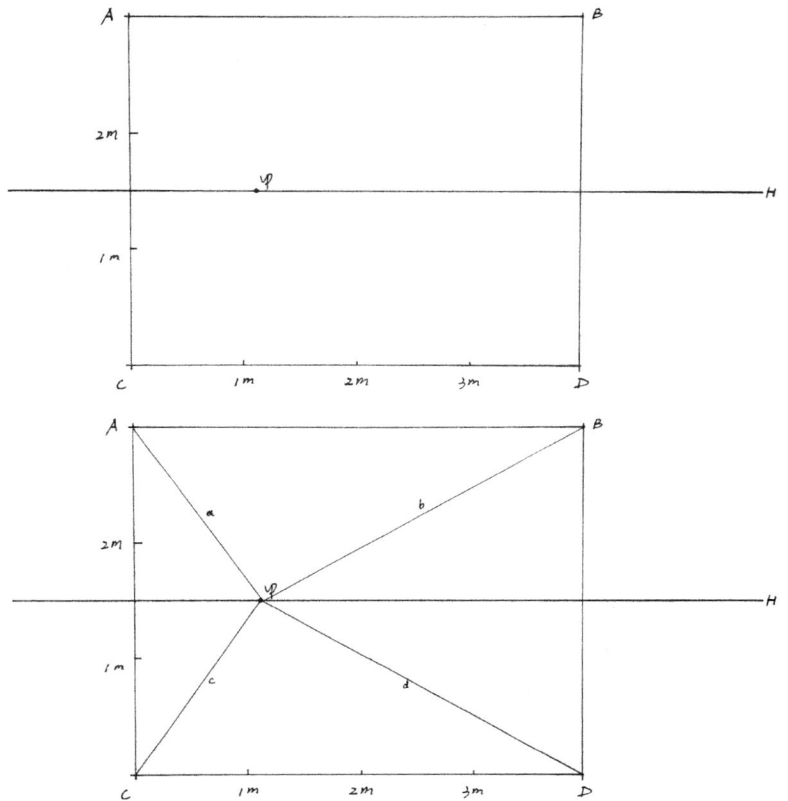

（4）在画面ABCD外的视平线上确定距点X的位置。在平面图上显示空间的进深是5m，将距点分别和画面的这些尺寸标记进行连接，所连接的线段与c线相交于1、2、3、4、5点。

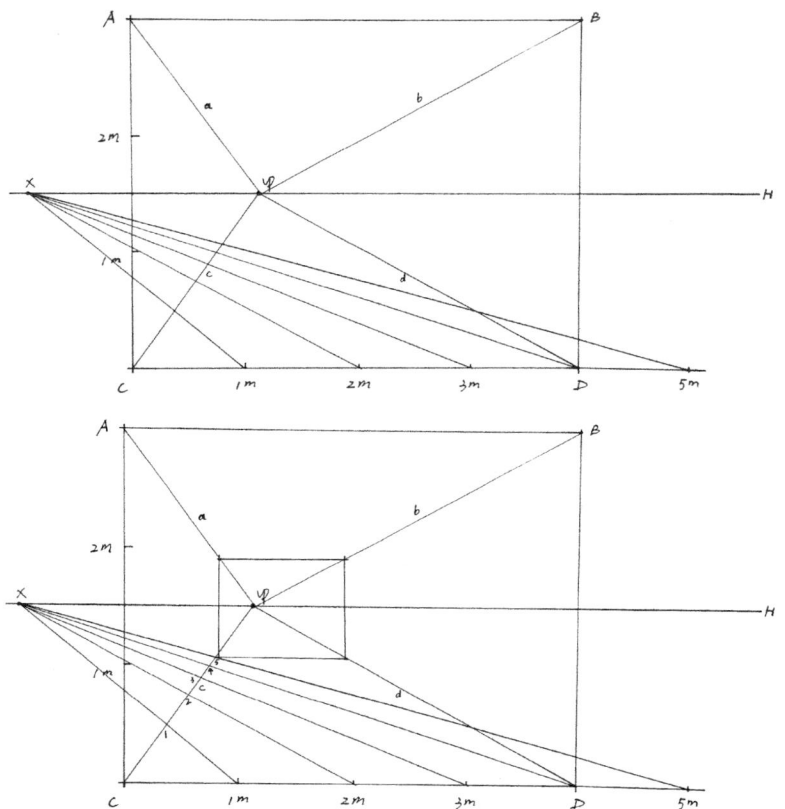

（5）从标注为5的点开始作垂线和水平线分别交于a线和d线，然后由交点继续引水平线与垂线交于b线，就生成了视线终点的墙面。

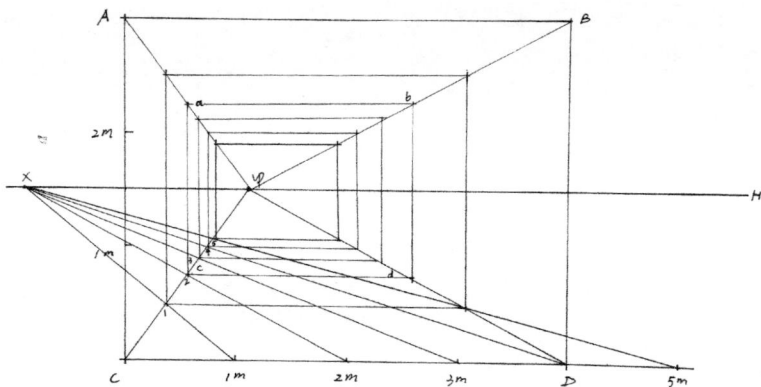

（6）以此类推，从1点到4点也按此方法引直线进行连接。

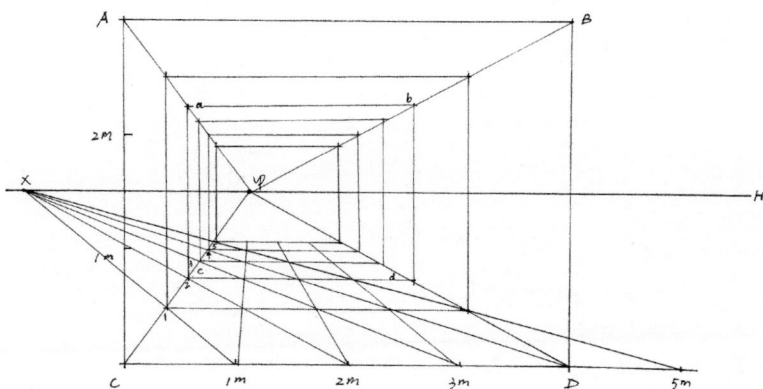

（7）由画面上的各个单元标记向灭点引直线。这样一个完整的一点透视的框架就画成了。

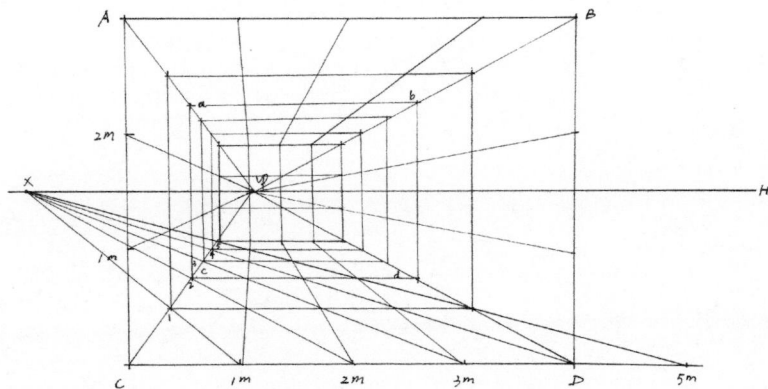

5.一点透视的练习

在一点透视表现的基本技法中，最根本的要领是确定带有单位标记的画面，然后连接距点与单位标记，求得进深的尺寸。因为室内空间大小是多变的，所以在实际的绘制过程中要学会灵活运用透视技法。接下来，我们再举两个实例对一点透视的表现技法加以巩固和练习。

练习1

根据提供的室内空间平面图和立面图，采用之前讲解的方法画出一点透视图。

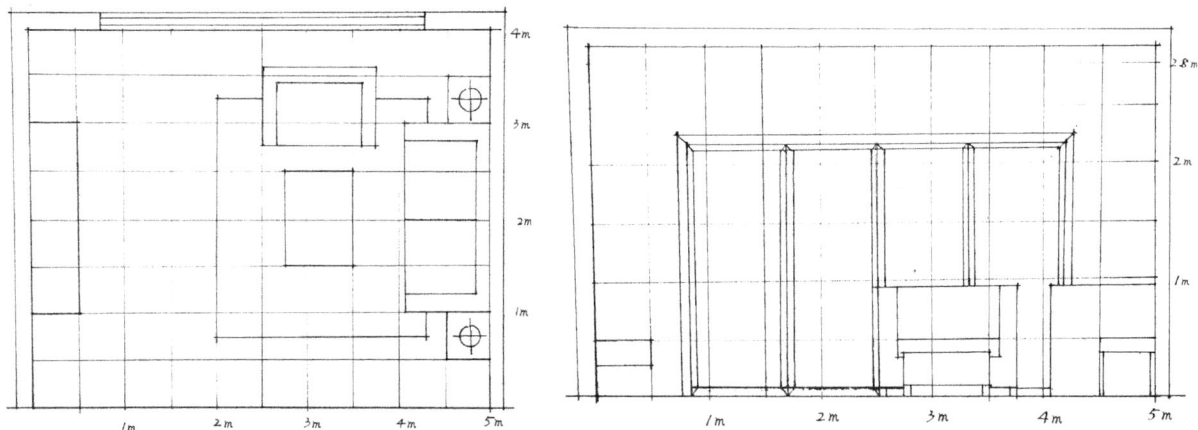

（1）按平面图和立面图上所示的客厅高度2.8m、宽度5m的比例画框，然后以0.5m为单位分割基线（宽度和深度量线）和左右墙面的真高线，接着在画面高度1.5m处作视平线，最后在视平线上确定心点的位置和距点的位置。

（2）作地面、左右墙面和正墙面上的透视网格。自基线和左右真高线上的各分割点向心点作连线，从基线4m点向距点作连线，交基线分割点与心点的连线，得出客厅的进深为4m，并得到地面网格的深度，然后引水平线，完成地面网格的绘制。地面网格与三墙线相交，从交点引垂线，在正面墙上引水平线，完成三墙面网格的绘制。

（3）对照家具在平面图中的位置，在地面网格上画出家具底面的透视，然后在地面四角引垂线，由左右墙透视网格取得家具透视高度，从而完成家具透视图。对于网格线之间的深度，可以利用对角线的原理进行分割求得。

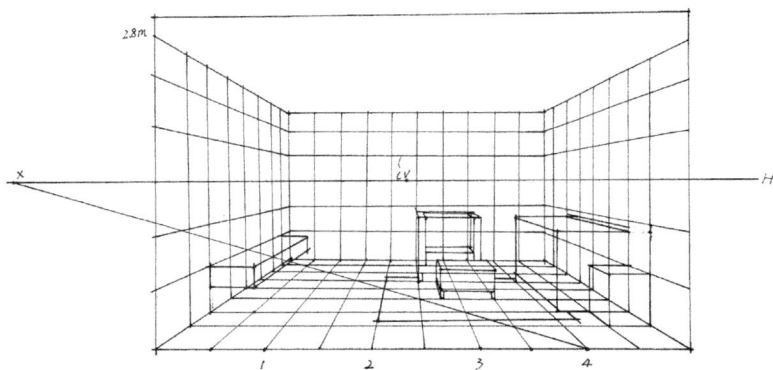

（4）对家具进行修饰和调整，可添加一些饰品或者绿色植物，让主体空间更显生机和美感。

练习2

已知室内平面图，用视线法作室内的一点透视图。

（1）定大空间、分割墙面和地面，如下图所示。

在平面图中连接视点S与左墙角C交P线于G_C点，然后过窗户和家具的顶点引垂线交画面线P于1、2、3、4等迹点。

将P线上各个迹点垂直投射在G线上，得o_a、o_b及1、2、3、4、5、6、7各点，并向心点引线，然后作G_C点的垂线交左墙底线于o_c点，接着过o_c点作水平线交右墙底线，即完成后正立面墙的透视。

在o_a点、o_b点上作真高线，在真高线上3m、0.8m和2.4m处向心点CV引线，求出顶面和正墙面的窗户高度。

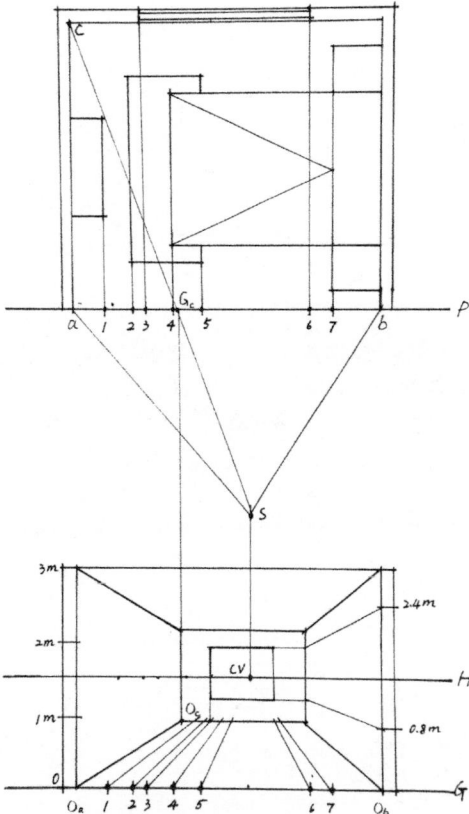

（2）画出家具和建筑构件的底面透视。

在平面图中，连接视点S与家具与墙面相交的各点交画面线P于g_d、g_e、g_f、g_g、g_h、g_i点，从各迹点作垂线交o_a、o_b点的灭线于o_d、o_e、o_f、o_g、o_h、o_i各点，然后过这些交点作水平线引至室内各形体的灭线上，这些线相交即得出家具等形体的底面透视。

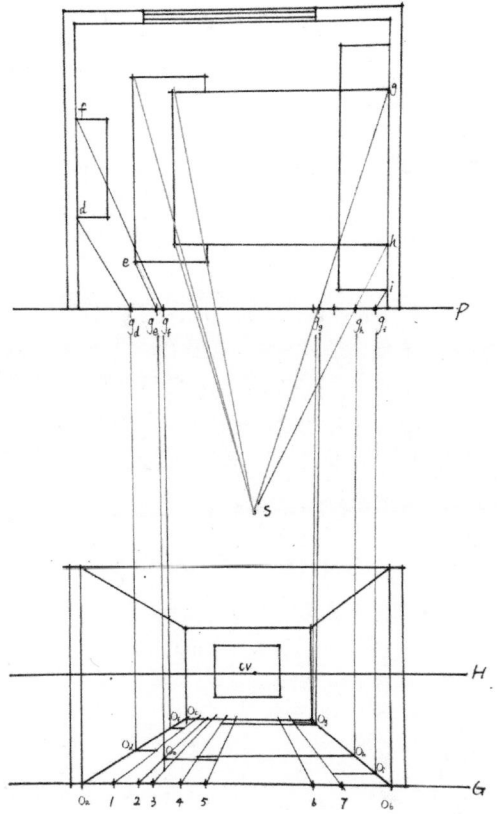

（3）利用真高线画出家具的透视高度。

在o_a、o_b墙真高线上量出家具等形体的高度并向CV连灭线，然后过灭线上各点作水平线，与家具形体底面透视的各点的高度垂直相交，接着连接相应的各点，即完成室内一点透视图。

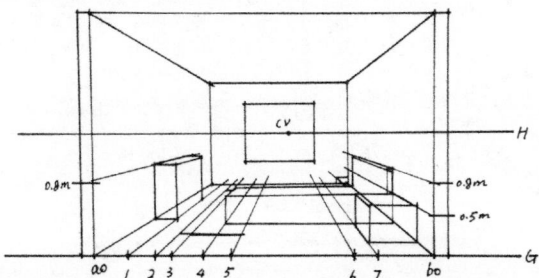

（4）加粗轮廓线，并进行适当的修饰和修改。

9.1.5 一点透视中常见的一些错误

右图中的正方体严重失真，主要
由距点位置不正确导致，图中距点与
主点的位置距离过近了。

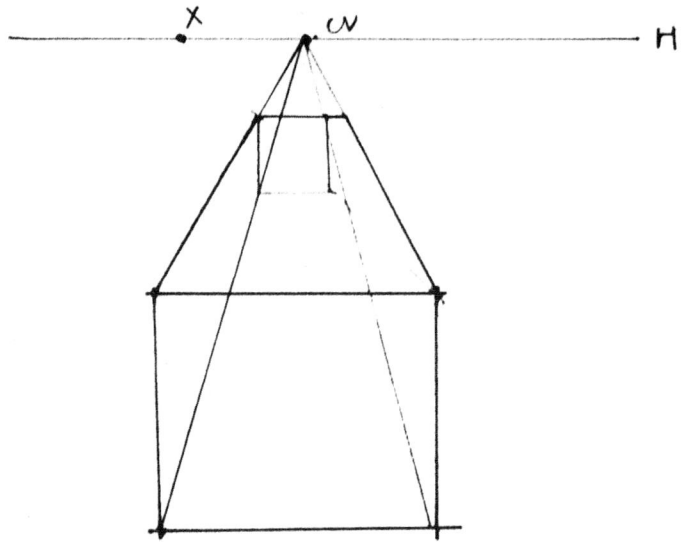

右图中透视不正确，因为图中
的一点透视未向灭点消失，一点透视
的画面中只有一个灭点。

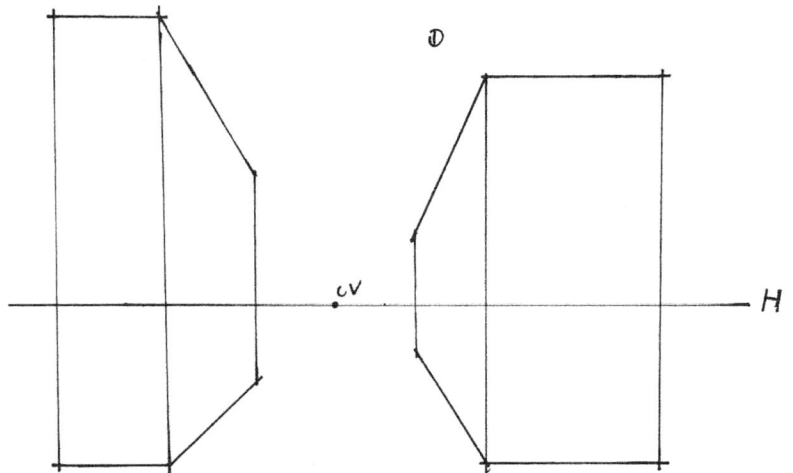

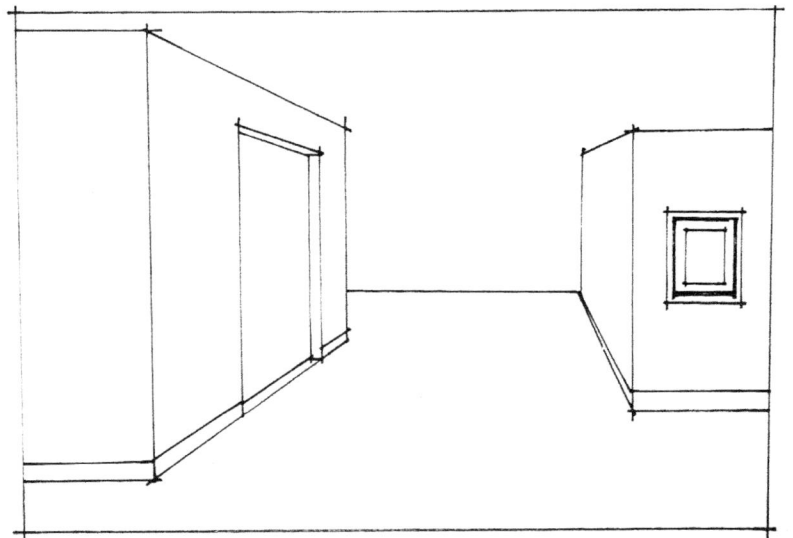

9.2 两点透视的基本画法

9.2.1 基本画法

透视图的作图方法有很多，随着人们的不断研究和思考，这些方法也在不断地被丰富和提升。所以在同一透视图里也会形成多种作图的方法和步骤，其中有简单的，也有相对复杂的。两点透视的作图方法相对于一点透视来说会略显复杂，但只要掌握了其中的作图原理，那些看似复杂的辅助线，分析起来就不难了，它只不过是帮助我们理解透视作图方法的一个工具。本部分主要介绍几种我们在表现室内透视图中经常会用到的两点透视的作图方法。

1.用视线法作正方体的两点透视图

视线法的概念

视线法是根据物体在画面上的点、线、面的位置和高度等条件，过视点S与平面图上物体的各个点连线，求出视线与画面的迹点并引垂线投射到画面前视图的基线上，这些垂线与相应迹点的灭线相交于多个点，连接这些交点并应用真高线求高度，以确定物体的透视效果。

视线法的作图方法

（1）画出立方体的直立面，与画面成45°，且一条边紧靠画面，然后相应画出视平线H、基线G和画面线P，并定好心点和视点的位置。

（2）从视点S作立方体底面两边的平行线，与画面线P相交于1点和2点，然后将1点和2点投射到视平线上，得立方体各水平边的消失点V_1和V_2。

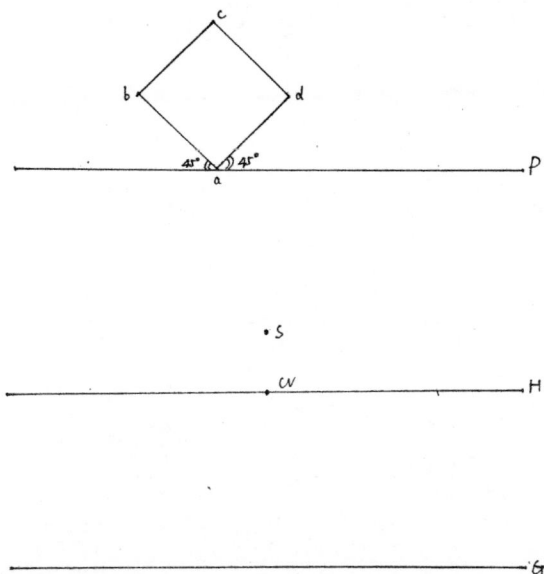

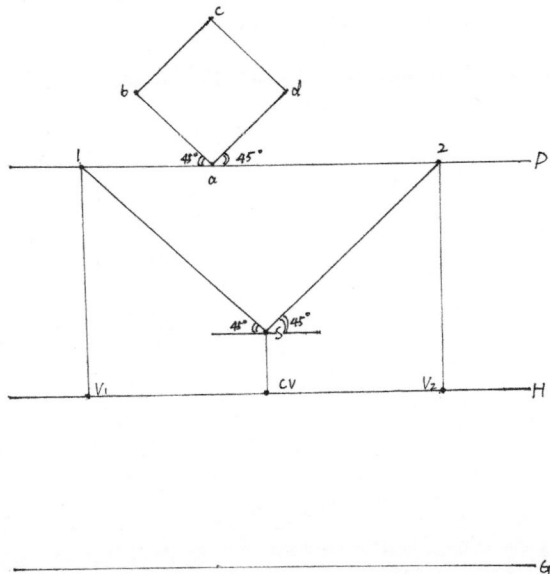

（3）过 a 点作垂线交基线 G 于 a_1 点，并与 V_1 和 V_2 连接。

（4）连接 S 点和 b 点、d 点，分别交 P 线于 g_b 和 g_d 两点，然后从 g_b 点和 g_d 点作垂线，分别与 a_1V_1、a_1V_2 相交于 b_1 点和 d_1 点。

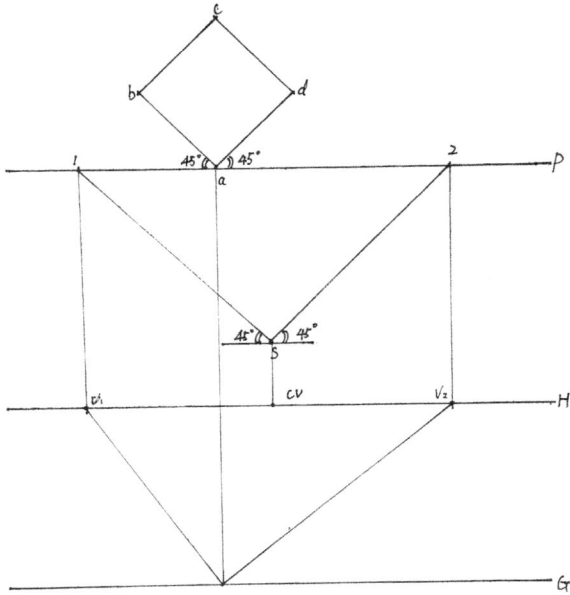

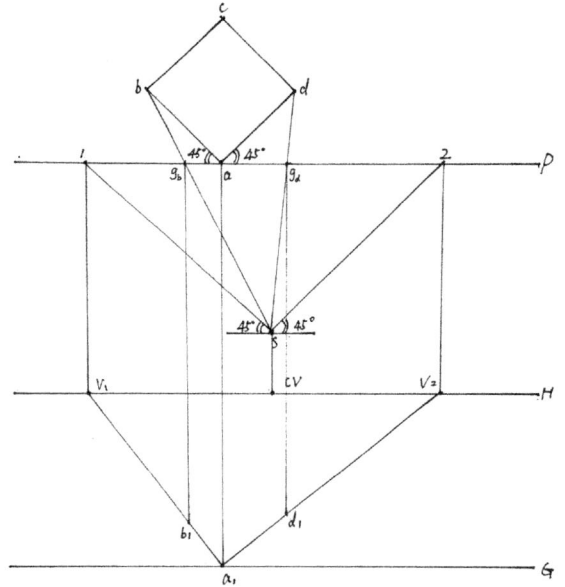

（5）连接 b_1 点和 V_2 点、d_1 点和 V_1 点，得到交点 c_1，此时即完成立方体底面的透视图。

（6）利用真高线作立方体高度的透视。过 a_1 点向上作真高线 a_1A，然后由 A 点分别向 V_1 点和 V_2 点连线，接着由 b_1、c_1、d_1 各点向上引垂直线，即可完成立方体的两点透视图。

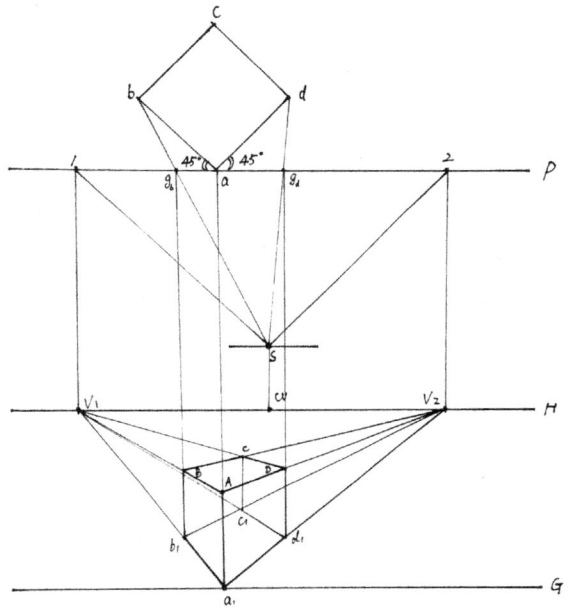

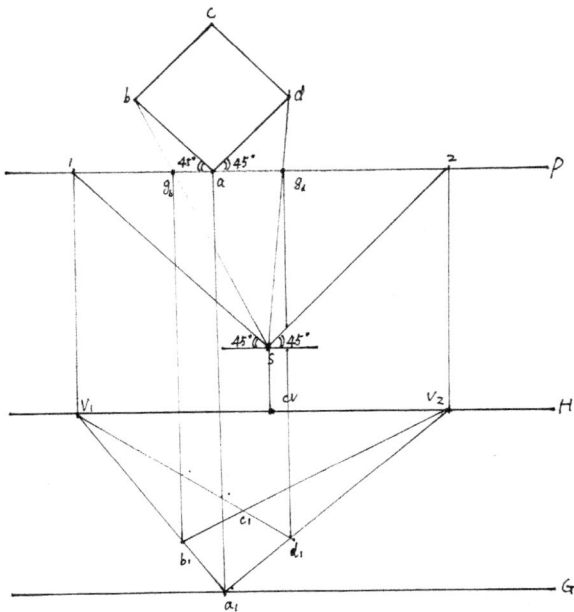

2.用视线法作长方体的两点透视图

（1）画出长方体的平面图，定好视平线H、基线G、画面线P，然后确定心点和视点的位置。

（2）延长长方体底面各边与画面线P相交得各边的迹点d_1点和a_1点。然后过视点S分别作ab、ad的平行线交画面线P于1点和2点，接着将1点和2点分别投射到视平线上得消失点V_1和V_2。

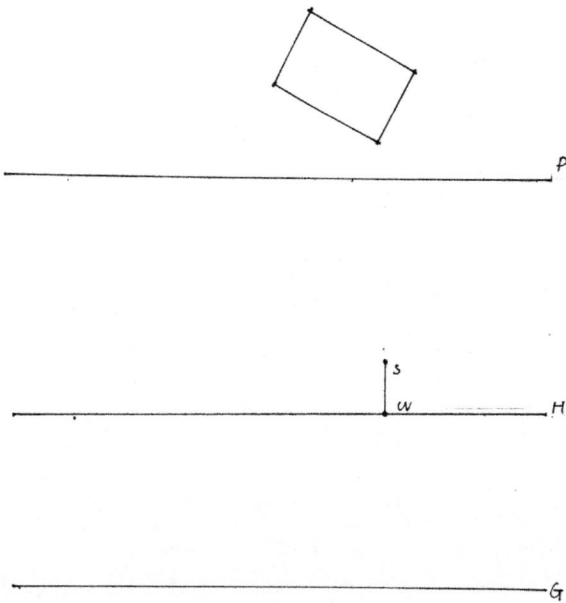

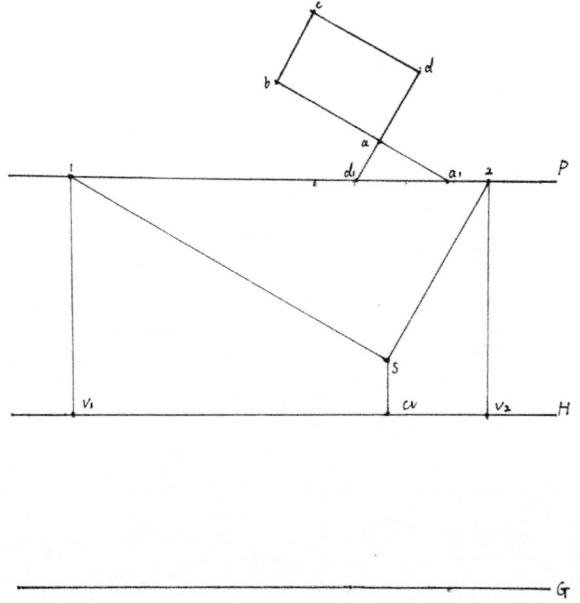

（3）将d_1点和a_1点投射到基线G上，并分别与V_2点和V_1点连线，两线相交于o_a点。

（4）过S点向b点和d点连线交P线于g_b点和g_d点，然后过g_b点和g_d点向下作垂线，分别与a_1V_1和d_1V_2线相交于o_b和o_d两点。

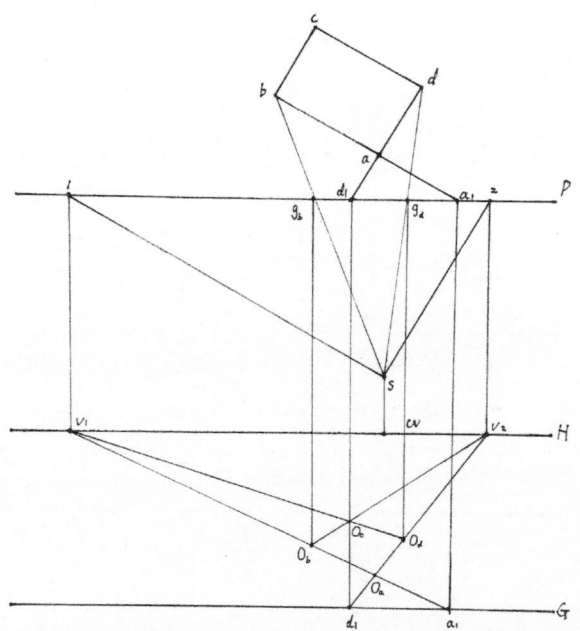

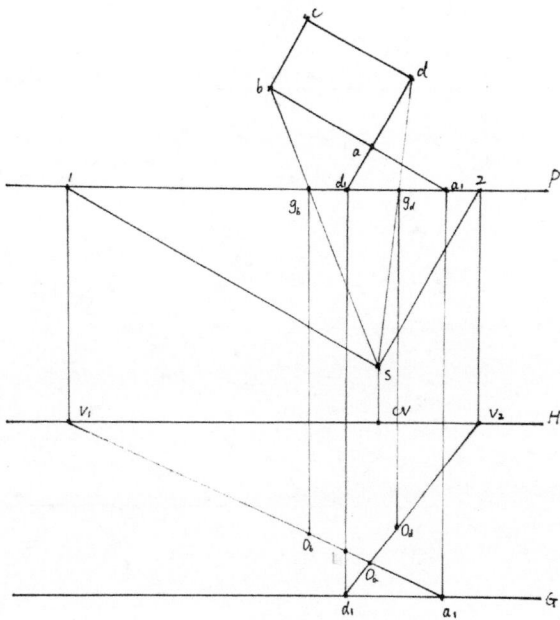

（5）连接o_d点和V_1点、o_b点和V_2点，两者相交于o_c点，即完成长方体底面的透视图。然后利用真高线作长方体的高度透视，过a_1点向上作真高线a_1A_1，再由A_1点向V_1点连线，过o_a点向上引垂线与A_1V_1线相交于A点，过o_b、o_c、o_d点向上引垂线，即完成长方体的两点透视图。

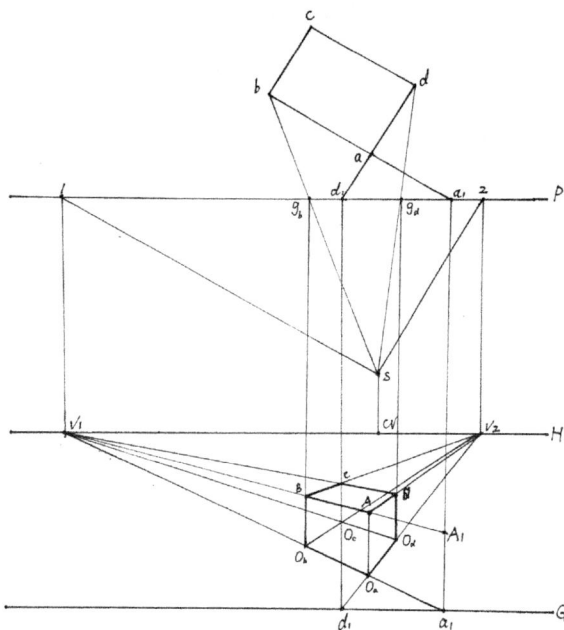

3.用测点法作立方体的两点透视图

测点法的概念

所谓两点透视测点法就是以余点为圆心，以余点到视点的距离为半径作弧，与视平线相交得M点（测点）来确定物体的透视深度的一种作图法。

测点法的作图方法

（1）已知两个余点V_1和V_2，然后分别以V_1和V_2为圆心，以V_1S和V_2S为半径画弧，与视平线相交得两个测点M_1和M_2，接着确定心点CV、视点S和立方体的一条垂直线段AB。

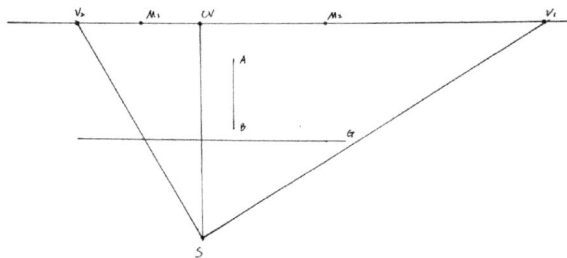

（2）经过B点，画一条与AB线段相垂直的水平线D_1C_1，并且D_1B等于AB等于BC_1，从B点分别向余点V_1和V_2连线，自D_1点向测点M_2、C_1点向测点M_1连线，分别与BV_2、BV_1相交于D和C，使得DB等于BC。

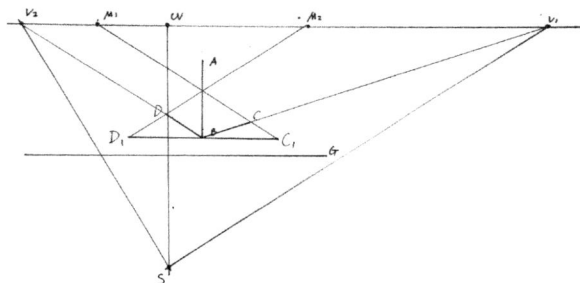

（3）自D点和C点分别向余点V_1和V_2连线，相交于E点，然后分别从D点、C点向上引垂线，与AV_2、AV_1相交于F点和G点。再分别由F点、G点向余点V_1和V_2连线，交于H点，两点透视的立方体图就完成了。

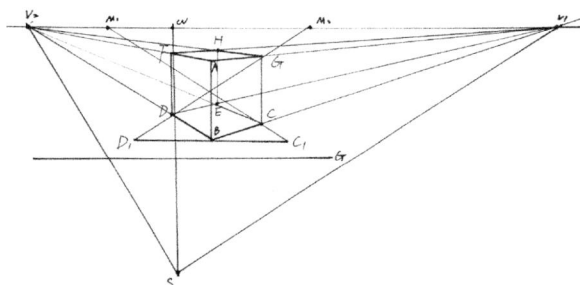

9.2.2 两点透视在室内设计中的应用

1.用视线法画室内的两点透视图

（1）定大空间，分割墙面和地面，然后根据室内平面图和视点的位置，利用迹点、余点和真高线画出室内两侧墙面及窗户的透视。

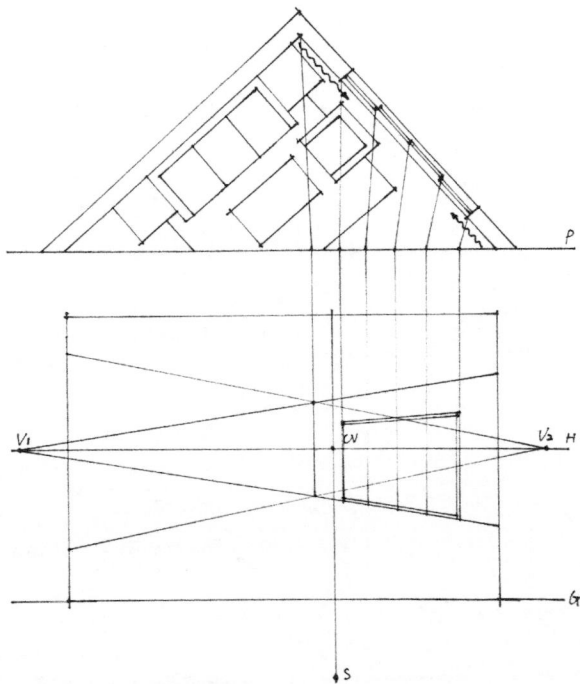

（2）画出室内布局及家具形体基面的两点透视。

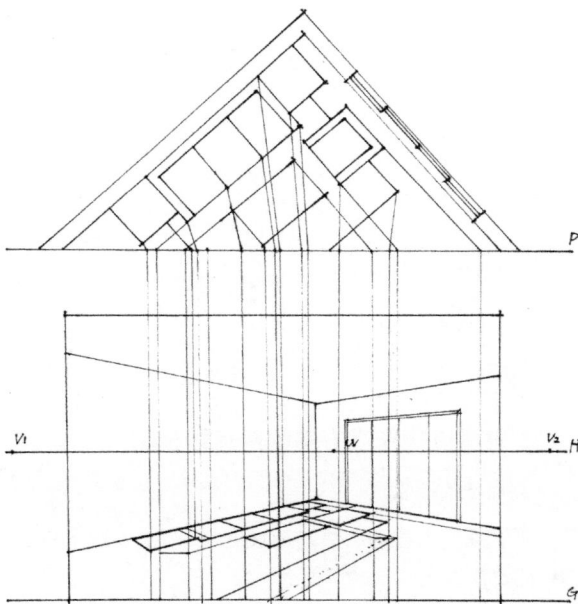

（3）利用真高线画出家具高度的透视。

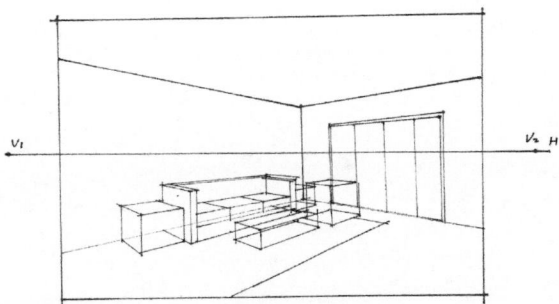

（4）对已画出的透视形体进行修饰和丰富，然后画出家具的细节部分，接着增添一些装饰品营造室内的氛围，完成室内两点透视图的绘制。

2.用测点法画写字台的两点透视图

已知写字台的平面图、正立面图和侧立面图，用测点法画写字台的两点透视图。

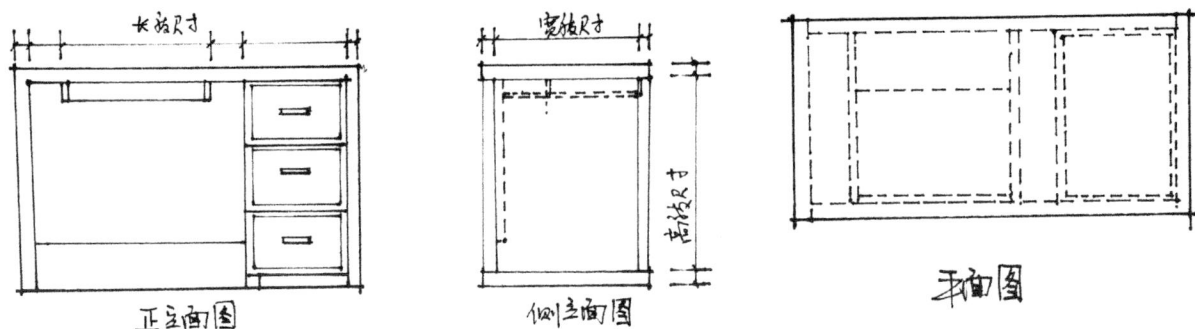

正立面图

侧立面图

平面图

（1）定出基线G、真高线ab（写字台的高度尺寸）、视点S和视平线H。然后根据两点透视的作图原理，分别以V_1、V_2为圆心V_1S和V_2S为半径画弧，在视平线上分别交于M_1点和M_2点。

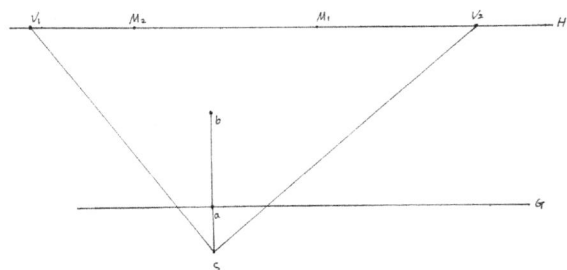

（2）由真高线上的a点和b点分别向V_1和V_2连线，然后由a点向左量出宽度尺寸，向右量出长度尺寸，接着由M_1点和M_2点向长度尺寸和宽度尺寸连线，在透视线上交得c点和d点。最后在c点和d点分别作垂直线和透视线，即作出写字台的立方体轮廓。

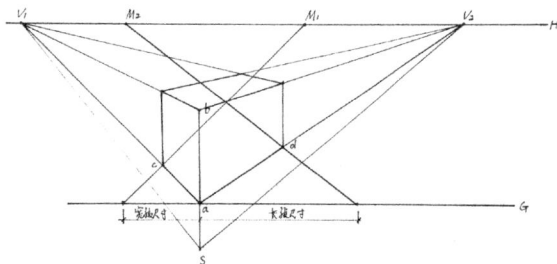

（3）从M_1点和M_2点向长度尺寸和宽度尺寸上的各个点连线，在ac和ad透视线上交得各个点，然后分别作透视线和垂线，即作出写字台平面的透视和抽屉的透视。接着在ab真高线上截取写字台抽屉及支架的尺寸，最后向V_1点和V_2点分别连线，即作出写字台抽屉及支架的透视。

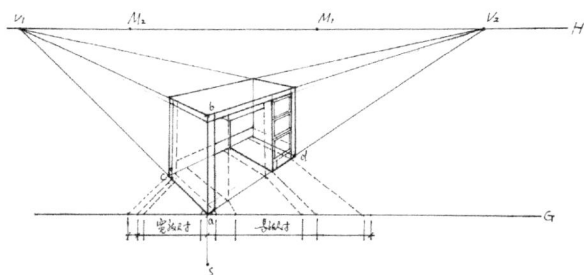

（4）细化写字台的局部和细节，擦去辅助线，即完成写字台的两点透视图。

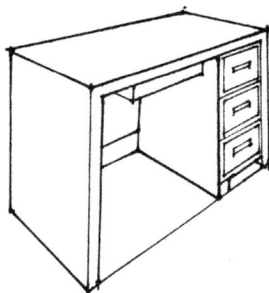

3.用测点法画室内空间的网格透视图

已知一个房间的尺寸：长度为5000mm、宽度为4000mm、高度为3000mm。用测点法画出室内空间的网格透视图。

（1）按比例画出墙角线AB（真高线），然后在AB上以1600mm的高度按比例确定视平线H，并任意确定两点透视的两个灭点V_1和V_2，接着画出上下墙线。

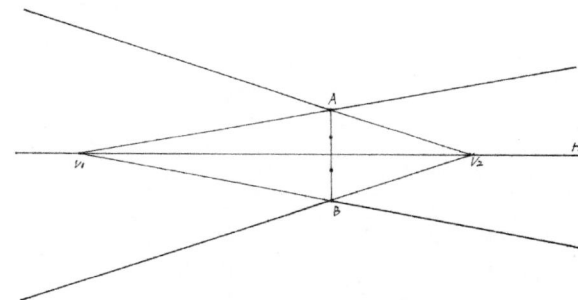

（2）以V_1V_2的长度为直径画半圆，交AB延长线于视点S，然后分别以V_1和V_2为圆心，以两点到视点S的距离为半径画弧，分别交视平线H于M_1点和M_2点。

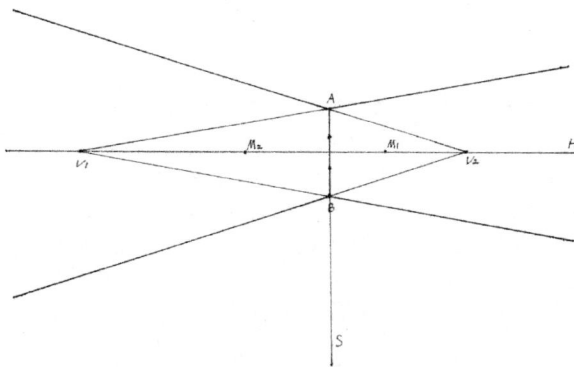

（3）通过B点画平行线（基线G），在基线上按比例画出房间的网格尺寸，分别置于AB的两侧，从M_1点和M_2点引线，各自交于AB两侧的尺寸点，并延长到左右两侧的墙线，得出的交点就是透视图的网格尺寸点。

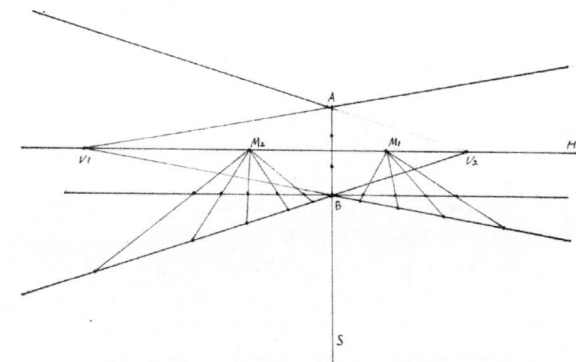

（4）通过这些点分别向左右两侧的消失点引线，即可画出该房间的网格透视，然后在AB上量取真实高度，便可作出室内空间的两点透视图。

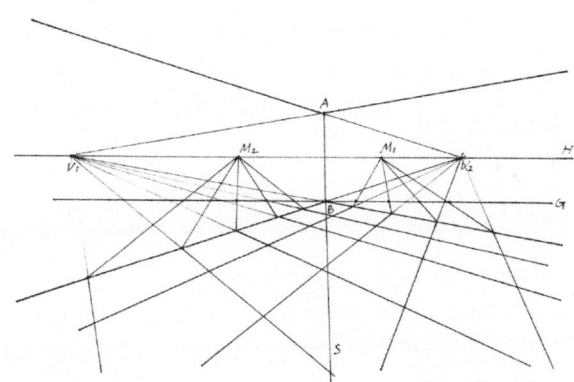

4.用测点法作床体的两点透视图

采用和前面类似的方法和步骤，练习一下室内空间的两点透视作图法。注意，因为没有已知条件设定，以下作图各步骤里的尺寸由绘图者自己设定。

（1）确定画幅ABCD，然后确定视平线H，一般视平线的高度在中间位置，可适当上下调动，接着选择灭点V_1和V_2。

（2）在画幅里画一条线段ab，通常ab的长度应该小于画面高度的1/3，若ab靠近左侧，则画面的表现重点就在右侧，反之则在左侧。

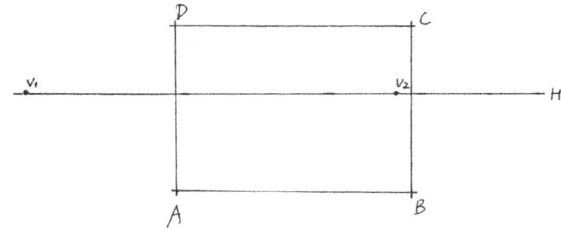

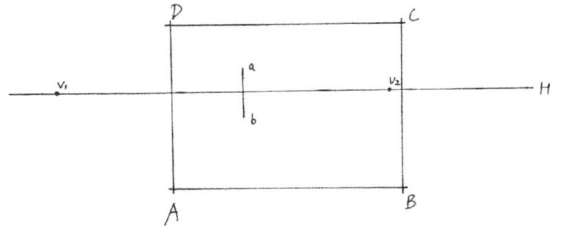

（3）连接V_1、a和V_1、b分别交BC于G点和H点，然后连接V_2、a和V_2、b分别交AD于F点和E点。

（4）假定室内空间高度为3000mm，我们可将ab进行3等分，通过b点作平行线（基线G），在基线上按等分量出室内空间的网格尺寸，然后分别置于ab的两侧，接着通过测点求深度法求出室内地面的网格深度。

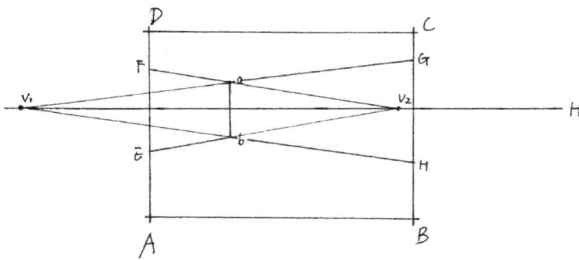

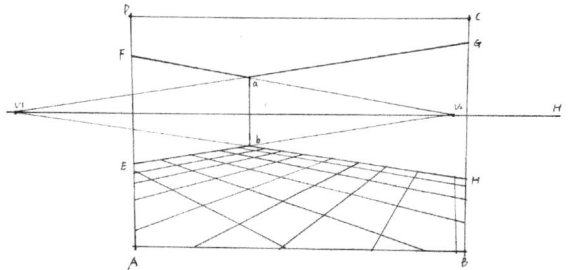

（5）在地面布置家具，然后从真高线ab上找到相应的高度点，分别与灭点相连接并延长，即可得到家具的透视高度。

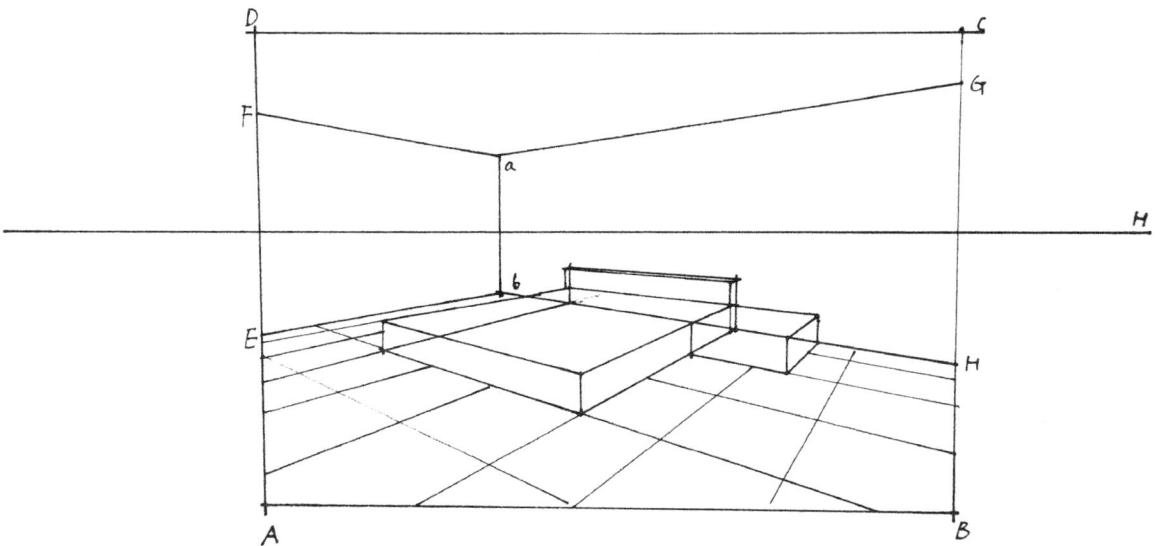

5.室内两点透视的快速作图法

通过对前面几种作图方法的学习，我们已经对两点透视的作图方法有所了解，其实对于手绘透视图，作画步骤不可能很详细和精确，只要掌握其中的基本步骤就可以了。学习作透视图的目的就是要快速地表现室内空间的透视关系。下面介绍一种两点透视的快速作图法，以供大家参考。

（1）绘制一条水平线，确定为视平线H，然后在视平线上作一条垂线AB，并在AB线的两侧、视平线上定出两个灭点，即余点V_1和V_2，接着从V_1向A点和B点分别引线并延伸，同样由V_2向A点和B点分别引线并延伸，这样就作出了上下墙线。

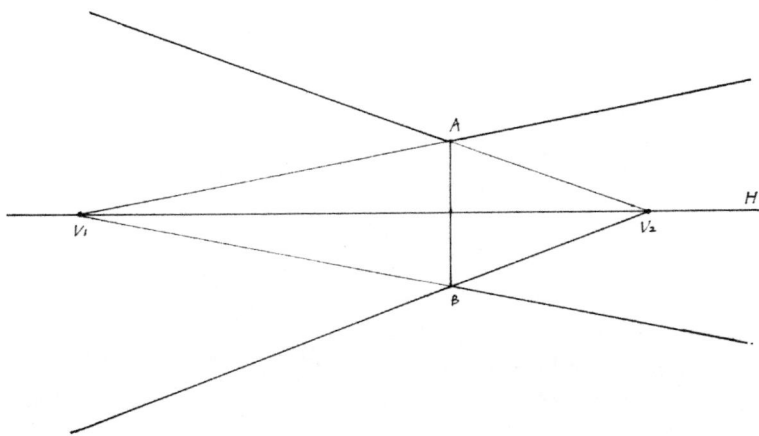

（2）由上墙线向下墙线作两条垂线DC和EF，确定DC线和EF线位置的原则为$ABCD$和$ABFE$在视觉上看起来像两个不相等的正方形。

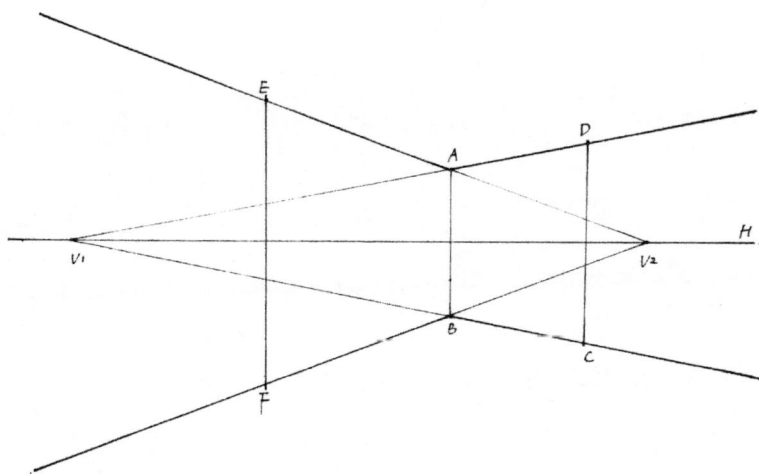

（3）将AB进行4等分，然后通过这些等分点向V_1和V_2连线，与正方形$ABCD$的对角线BD交于1点、2点和3点，接着过这些点作垂线与BC相交，再从V_2点向这些交点引线并延伸。同理，可以求出BF线上的交点，这样就画出了室内空间的两点透视网格图。

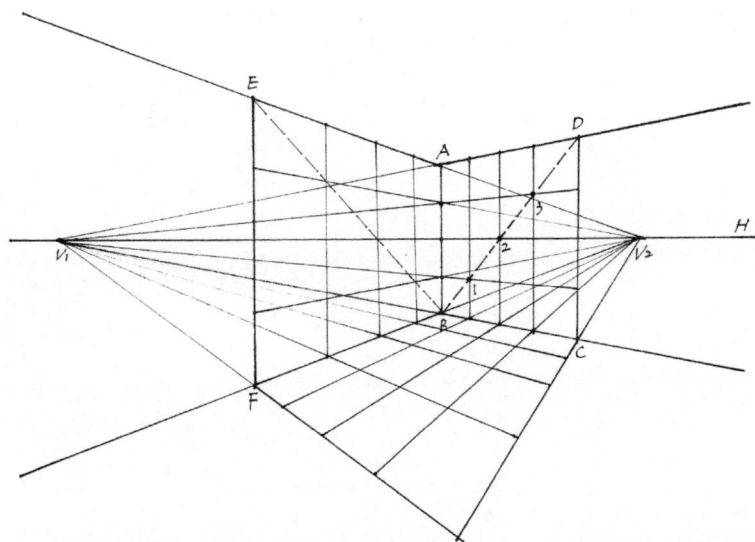

第10章 室内空间综合表现

10.1 室内空间一点透视表现

一点透视最大的特点就是表现空间大、内容多、说明性强，是我们常用的同时也是比较好把握的表现类型。因此一点透视空间的绘制是我们学习的重点。

下面列举一些室内空间的案例进行一点透视绘制步骤的讲解，供大家临摹和参考练习。

10.1.1 简欧客厅表现

（1）用铅笔进行前期打稿，绘制出客厅空间的宽度和高度，然后确定灭点和视平线，并框选各个交点与灭点连接画出室内空间的各个墙面。接着按照一点透视距点求深度法画出每块地砖的深度，以便后面摆放家具。

灭点的定位对整体构图起着至关重要的作用。

距点位置的准确与否直接影响整体的透视深度。

视平线定在整个空间高度的1/3偏下一些的位置，这样表现出来的空间效果看起来会比较大气。

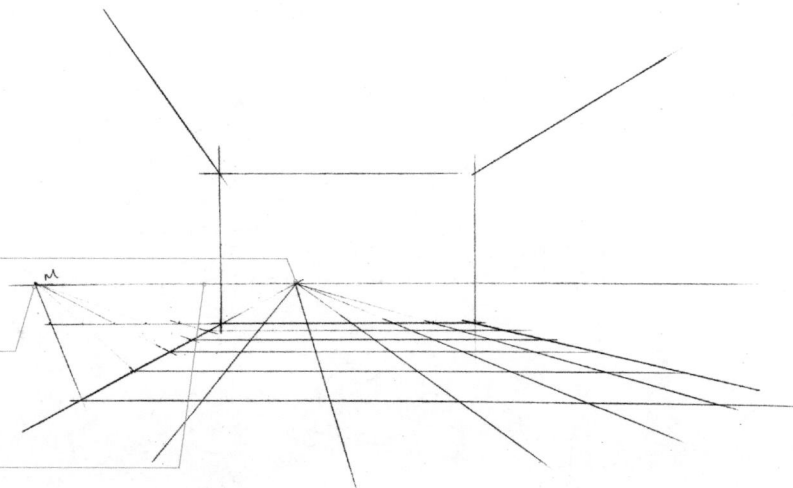

（2）根据家具的尺寸和位置逐个画出它们的高度。要注意家具之间的高低位置和比例关系，并处理好前后物体的遮挡关系，以免画面显得单薄与呆板。

把所有的家具形体简单归纳为立方体和长方体。

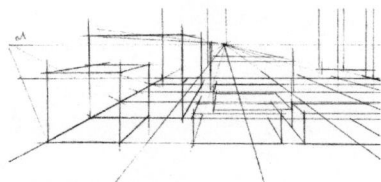

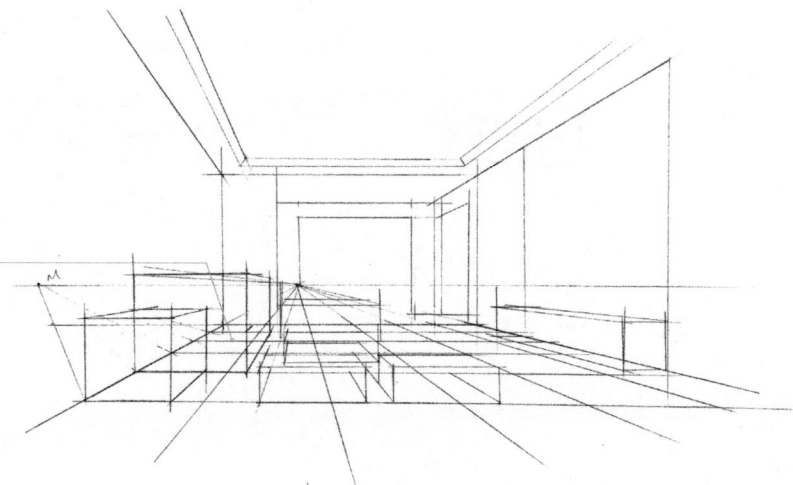

（3）根据简欧风格的特点，细化家具的细节和立面造型，并逐步给空间添加软装陈设来完善空间效果。

相互遮挡的物体要划分清楚，使之产生前后透视感。

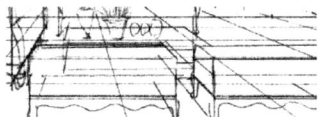

在起稿过程中尽量保留画面灭点的位置。

相互穿插的叶片要区分清楚。

可以先把艺术挂画看成一个整体块面，以便确定其在背景墙面上的位置和比例关系。

（4）用钢笔或者签字笔勾勒出空间的结构线和家具的轮廓，并找出每个物体的阴影关系。

初学时定稿的练习可以借用尺子画一些形体的轮廓线和墙体的结构线，使画面保持一定的严谨性。

画柔性材质或者曲线造型时，可徒手绘制，以免画出来的轮廓比较坚硬、不生动，比如沙发的转折面、曲线雕花和植物等。

在绘制不同的软装饰品时，要注意其形体特征，勾勒准确。

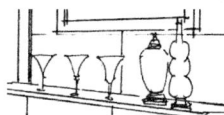

（5）进一步细化每个物体，并分析各物体之间的阴影关系，对其进行深入刻画。在细化的过程中一定要注意空间的前后虚实关系，靠前面的物体可以刻画得深入一些，后面的物体只要在透视和结构准确的前提下添加适当的阴影即可。

刻画形体复杂的吊灯时，可将其简单归纳为圆柱体进行理解。

靠枕的纹样表现不但能与沙发作出区分，还可以体现细节的刻画，丰富画面的视觉效果。

植物的表现要注意其形体特征和穿插关系，这样才更能体现出植物本身的结构和透视关系。

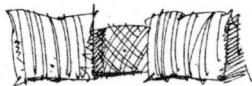

（6）如果是纯粹的黑白稿，可以对画面的黑白灰加强对比，增强画面的视觉冲击力，使画面特征更鲜明，看起来更有对比度，所以我们不妨大胆地加深投影和物体暗部的颜色。

透视图中，一般远景的形体可简单概括，无须太多的细节刻画。

装饰雕花板的复杂变化要把握其整体透视和明暗面的处理，否则很容易出现零碎感。

在处理电视柜投影时，切忌平均对待，否则将影响形体在空间中的透视感。

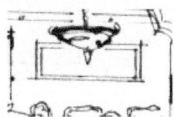

10.1.2 美式主卧表现

（1）用铅笔定好灭点和视平线，视平线在室内高度1/3处。然后画出室内空间的各个面，把地面纵向划分为4等份，每等份为800mm，接着按照一点透视距点求深度法画出每格的深度，以便后面摆放家具。

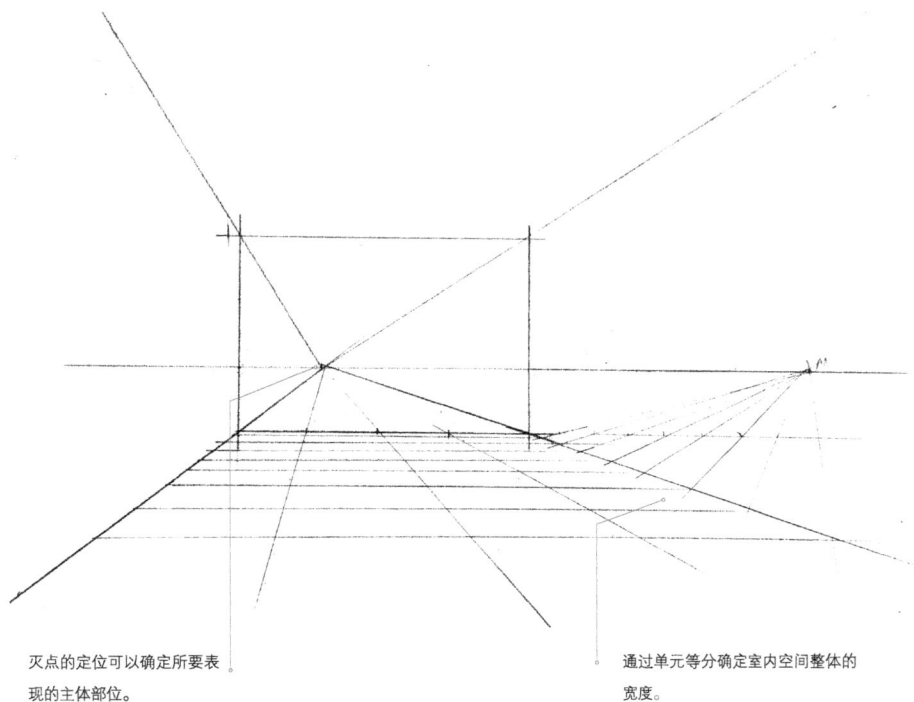

灭点的定位可以确定所要表现的主体部位。

通过单元等分确定室内空间整体的宽度。

（2）按照2000mm的长度和宽度找到床体的相应位置，然后按照同样的方法依次把其他家具平面图画出来。

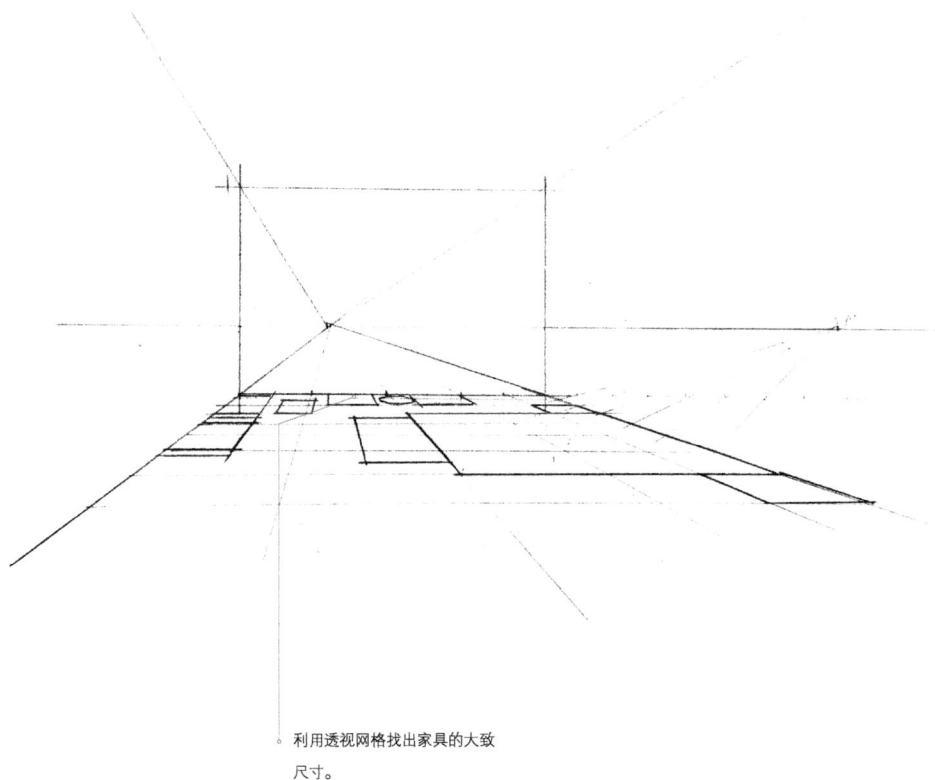

利用透视网格找出家具的大致尺寸。

（3）把每件家具的平面图按照透视关系画成立体图，并在透视画面上找到家具的透视高度，这样每件家具的基本形体就画出来了。然后仔细观察画面是否完整，如果还需要添加一些物品，可以在这一步进行添加。

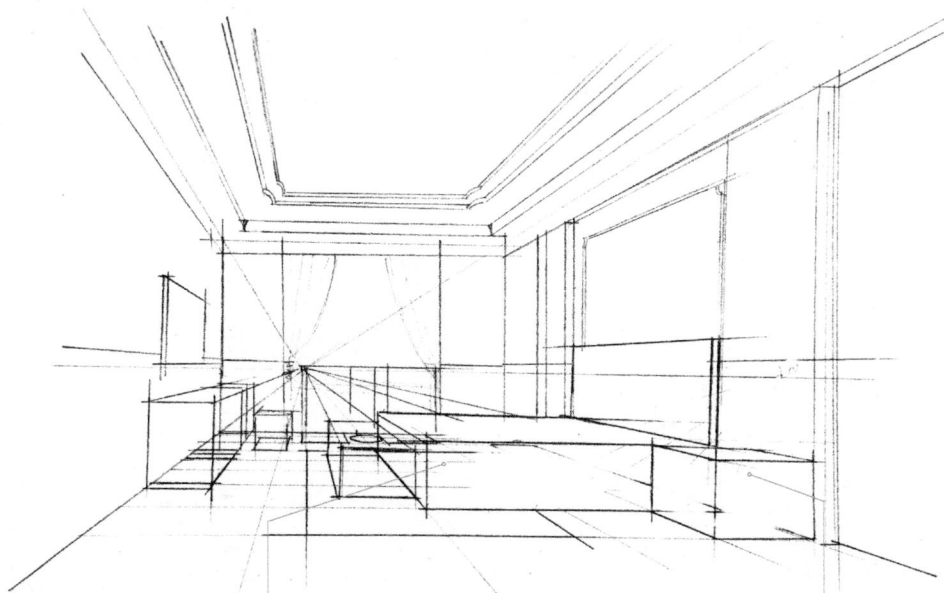

画出主体床的高度，并作为参考值，定出其他家具的高度。

把看似复杂的床头柜统一归纳为简单的体块，并注意大小比例和透视关系。

（4）根据风格特点画出室内造型和家具样式，并进行细节上的处理，结合画面丰富效果，比如在床面上可增添一些抱枕及配饰。

家具的形体结构要细致刻画到位。

室内的装饰在画面中能起到很好的渲染作用，如抱枕、相框等。

通过对角线等分法表现家具面板上装饰造型的透视。

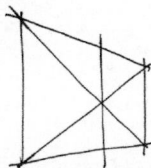

（5）为了突出画面的整体效果，可在床头灯的灯罩上表现其固有色，加强画面的色调感。因为美式家具的形体和整体风格在造型上偏复杂，所以需要花时间对每个物体的细节进行深入的刻画。

地毯上面的花纹用细一些的笔轻轻勾勒出来，每一笔都要注意透视关系。

家具面上的亮光用精炼的线条排列组合来体现其质感。

墙纸和抱枕上的花纹简单画几笔就可以了，线条感不要过于明显。

在加深灯罩固有色时，可以用竖直线的有序排列进行表现，但要注意灯罩的体积和圆润感，其高光和反光的刻画很重要。

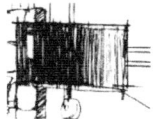

（6）加深物体的阴影和暗部颜色来加强画面对比度。黑白稿中可以用黑白色调关系来体现画面的视觉效果。最后通过点的表现来呼应和联系每个物体，同时也可以活跃画面的氛围。

电视机在墙面的投影只需借助尺子用重一点的笔触从上到下画一两笔即可。

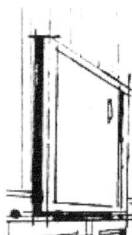

点的表现可以起到丰富画面的作用。

10.1.3 简中客厅表现

（1）用铅笔定好
灭点和视平线，视平
线在室内高度800mm
处。然后画出室内空
间的各个面，并把地
面纵向划分为8等份，
每等份为500mm。接
着按照一点透视距点
求深度法画出网格的
深度，以便后面摆放
家具。

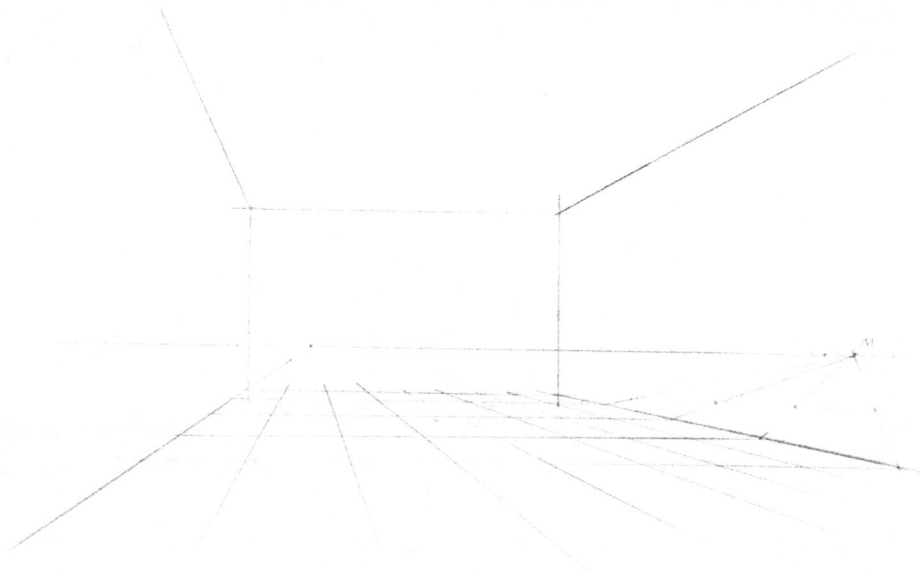

（2）根据家具
的尺寸和位置逐个画
出它们的高度，要注
意家具之间的高低位
置和比例关系，对每
件家具的大致尺寸要
熟练掌握，不要出现
比例不协调的情况。
暂时不考虑物体的细
节，先把物体归纳为
长方形。

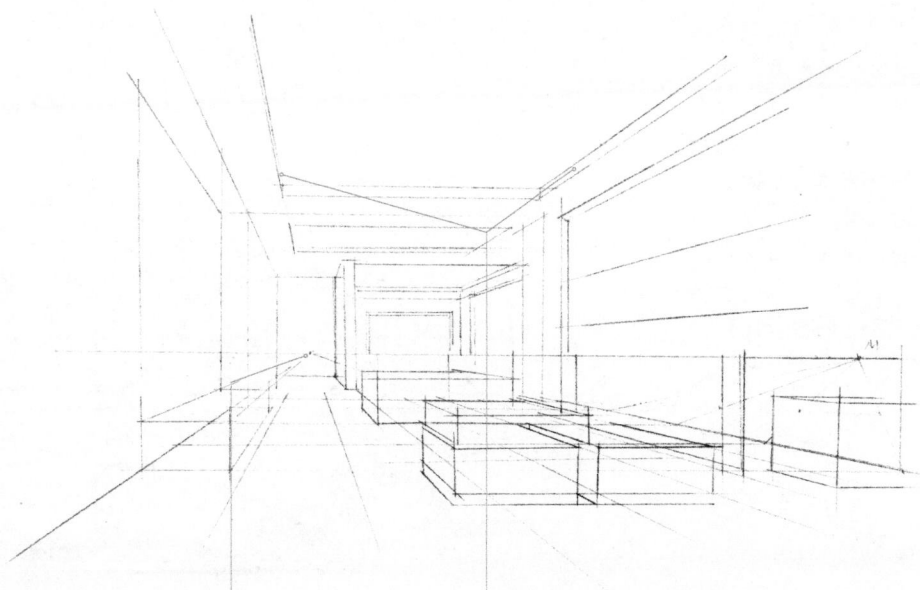

画面中所有的灭线都消失于一个灭点。

由于灭点在画面的左下方，所以看到的石膏
板吊顶的厚度是有变化的，左边厚度小于右
边的厚度。

（3）根据风格特点画出室内造型和家具样式，并进行细节上的处理，加一些收边的装饰品来平衡画面的视觉效果。在这个过程中切忌把物体和物体的轮廓线重合在一起，使物体与物体之间缺少空间关系。

如果两个艺术陈设品的轮廓线重合在一起，就会让人感觉这两个物体是黏合在一起的，所以在下一个步骤中就需要对其进行调整。

茶几边线和沙发的边线要尽可能地上下分开，这样沙发看起来才会比茶几稍微矮一些。

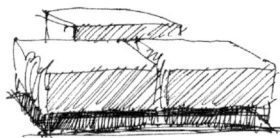

（4）对每个物体的结构进行明确和细化，不断地进行物体之间的比较，发现其中的错误，然后通过有效的分析，将其调整正确。

艺术陈设品在画面中可以起到很好的装饰作用，同时也可以衬托出周围物体的比例。

靠枕的造型要有大小、高低的变化。

（5）通过不断地对比画面的主次虚实，再次丰富画面的细节。在处理画面边缘时可简单概括出大致形体，然后始终围绕主体进行刻画。画面右下方的沙发边柜只要画出形体的3个面即可，不需要过多的刻画和修饰。为完善画面整体关系，可添加一些绿色植物来收边，给空间增加更多生命力，同时也可对一些材质的纹理给予深刻的表现，丰富其物体材质的变化，注意运笔要轻松随意，柔化画面直硬的线条，使画面看上去比较轻松愉悦。

茶几的反光面，可以通过竖直线的组织排列来表现。

抱枕之间可以通过阴影来体现前后空间关系。

沙发边柜投影的形状，要有自上而下、从窄到宽的变化。

画面边缘物体可简单概括处理，画出形体的3个面即可，不用画太多的细节。

  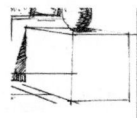

（6）加深物体的阴影，强化黑白灰效果，同时注意渲染室内空间环境的气氛。

加深近景中沙发投影的颜色，增加整体空间的深度。

沙发边柜投影的处理一定要注意从上到下的虚实关系。

10.1.4 现代客厅表现

（1）用铅笔先定好灭点和视平线。视平线在室内高度1000mm处。然后画出室内空间的各个面，接着把地面纵向划分为8等份，每等份为500mm。确定室内客厅的宽度为4000mm。最后过灭点把地面的网格画出来。

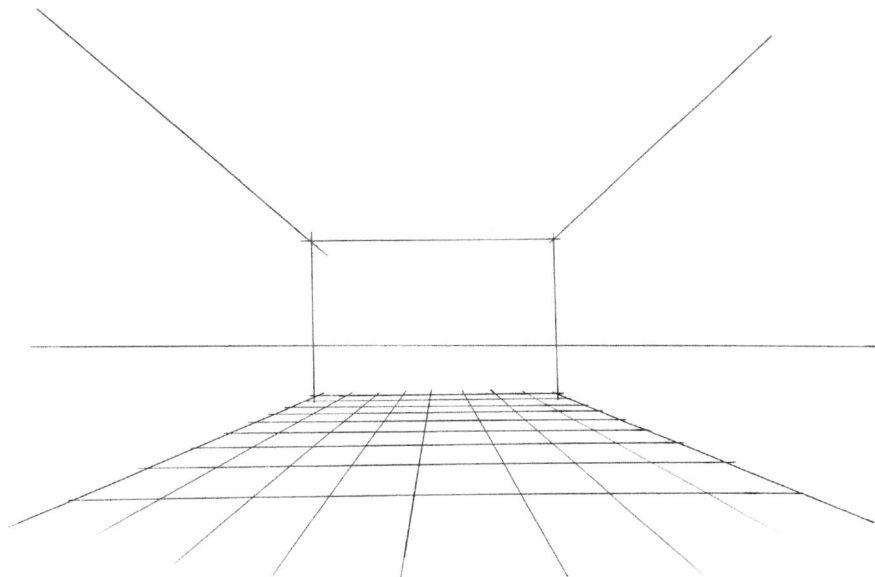

（2）将所有家具的平面图严格按照透视关系画出来，以便能够清楚地看到每件家具之间的距离和透视关系。当把家具放进室内客厅的时候，要考虑家具中线的位置，即沙发的中线、茶几的中线和电视柜的中线应在同一直线上，这样就可以避免家具摆放的位置不准确。

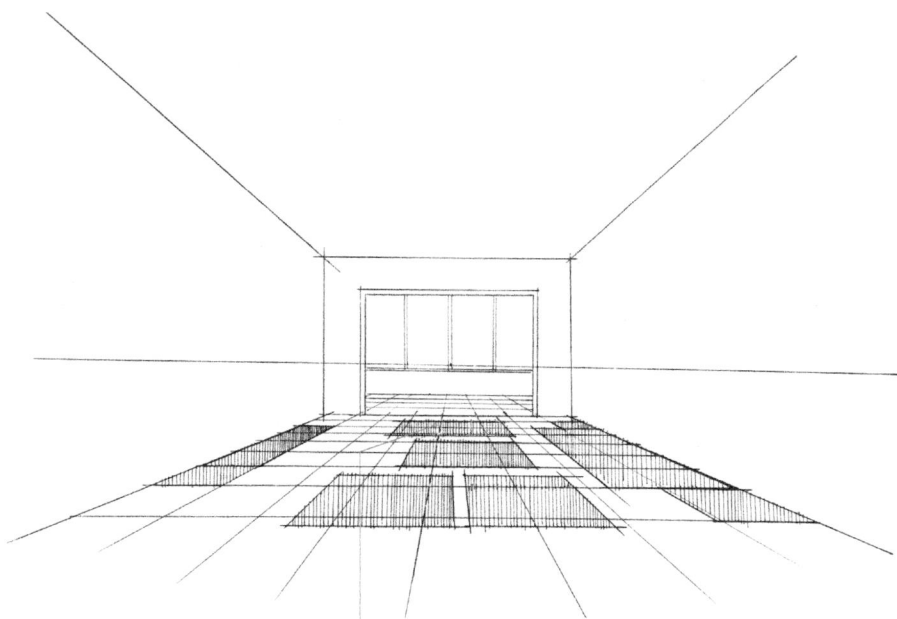

起稿时，家具的平面透视可简单涂上色调，这样更能清楚地划分家具之间的透视比例和距离关系。

（3）交代清楚空间和家具的结构，画出家具的几个大的转折面，然后画出天花板和电视背景墙的设计造型。为了衬托画面的主体，可以在画面的边缘处简单勾勒一些植物来做陪衬与收边，可起到平衡画面的作用。

任何一组沙发都可以简单归纳为长方体的结构去表现。

在手绘表现图中对某些局部可适当进行留白处理，以增强画面的艺术感染力。

（4）在块面的基础上，对家具的结构和造型进行细节上的刻画，在刻画细节的过程中一定要把握画面的整体关系。为了使画面更生动，可以利用线条的对比关系来表现。比如图中的电视背景造型用线比较硬，所以在背景墙左右两边添设艺术陈设品的时候，要尽可能地画一些柔和的线条，使画面软硬结合。

画窗帘时运笔要流畅，通过线条的穿插组织可以表现出窗帘层叠的效果。

窗帘的表现在运笔上要注意停顿，营造出变化不一的褶皱感。

画面中任何一个部位都应当考虑其与周围物体的层次关系。

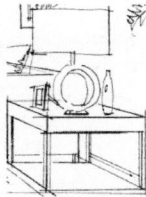

（5）在形体与透视基本准确的基础上，生动地刻画出物体的材质与光感。值得注意的是，每种材质的表现手法和运笔是不一样的，在前面章节中讲解过表现窗帘和砖石纹络可用折线的方法来完成。

绘制石材时运笔要干脆有力，通过折线与点的组合可以更好地表现其质感。

左侧墙面上的镜面直接反映出所朝向的空间景物，所以在表现时，要注意两者之间的形状应保持透视关系上的对称性。

为了丰富画面的整体效果，可在窗户外画出简单形体的建筑物。

（6）加强阴影效果的处理，平衡阴影关系，使画面效果更有对比感。通过阴影的刻画可以更好地体现物体和物体的空间关系，直到画面达到令人满意的效果。

底部投影面可朝透视方向排线。

加深物体底部的投影颜色，使物体更有重量感。

10.1.5 中式客厅表现一

（1）用铅笔定好灭点、视平线和室内宽高的比例。视平线定在室内高度1000mm处。然后画出室内空间的各个面，接着通过一点透视距点求深度法画出室内参考尺寸，并把家具所在平面逐个画出来。

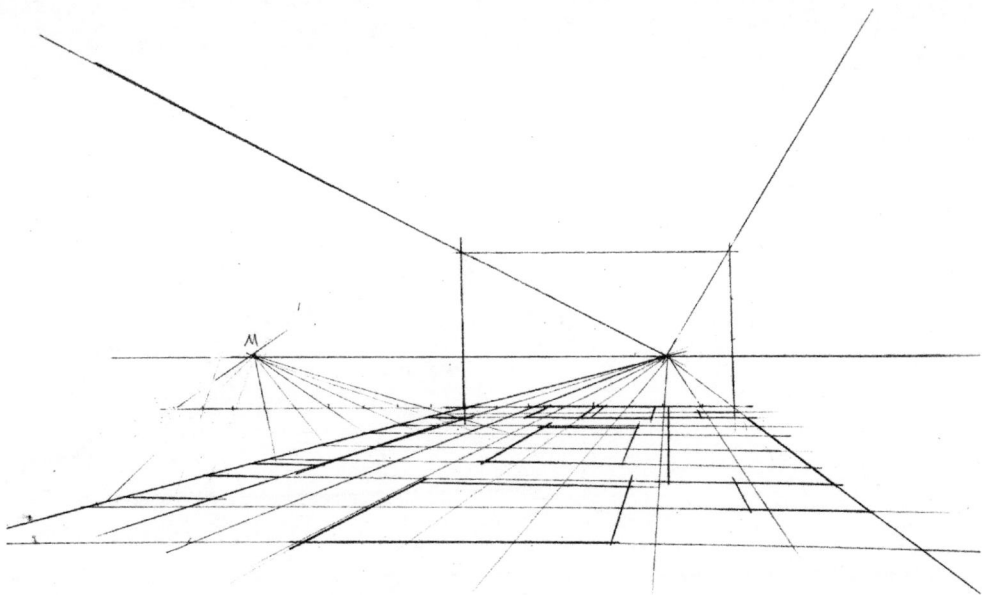

（2）在确定了每件家具的平面位置以后，擦去多余的辅助线，注意留下灭点的痕迹，方便接下来的绘制。然后加深家具平面图线条，让画面看起来简洁明了。

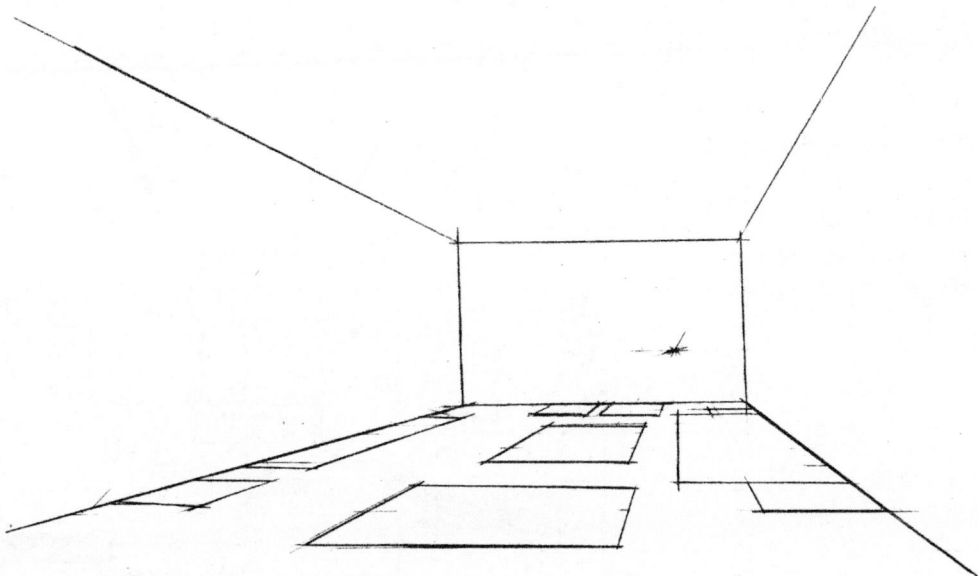

（3）依照家具的尺寸画出其高度，并确定体块的大小和形状，画出家具的透视体块。然后把相应的透视空间也绘制出来，注意画每一条线都要顺应一点透视的基本特征和规律。接着用铅笔将家具及配饰进行细化，把结构关系表现出来。

画对称形体的造型时，一定要考虑它的透视变化，前半部分要宽一些，后半部分要窄一些。

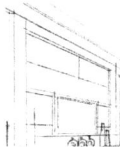

（4）在物体透视关系基本准确的前提下，用钢笔或者签字笔把每个物体及其空间关系勾画出来，同时在勾勒的过程中如有形体不准确的地方，应马上修改和调整。

在同等大小物体的刻画上应注意前后的透视变化关系。

要准确地勾勒空间结构线。

（5）为了让观者或者客户更明了地看出空间的设计效果，可以适当表现物体的材质与阴影。

石头的刻画，要表现其坚硬的质感，需要从以下3个方面入手。第一，要把石头的3个面表现出来，也就是我们通常所说的黑、白、灰的色阶过渡；第二，石头的每个转折面要明快和硬朗，所以在用线排列的时候一定要干脆利落，运笔到位；第三，对石头的轮廓坚硬质感和穿插关系一定要给予深入的表达，运笔不能含蓄拖拉，要有力度地一次性完成。

通过柔和的线条表现衬布的柔软度。

通过斜线的排列表现茶几的结构造型和明暗关系。

（6）调整画面整体，加强前后物体的对比关系。有意识地加强画面的透视感和层次关系。

处理暗部时，应考虑上下色调的深浅变化，注意线条的疏密。

主体物之间的对比要强烈，色调需浓重。

10.1.6 中式客厅表现二

（1）用铅笔定好灭点和视平线，视平线在室内高度1500mm处。然后画出室内空间的各个面，接着通过一点透视距点求深度法画出室内深度为5000mm，每一网格为边长1000mm的正方形，以便后面摆放家具。最后把客厅后面的餐厅位置给确定下来。

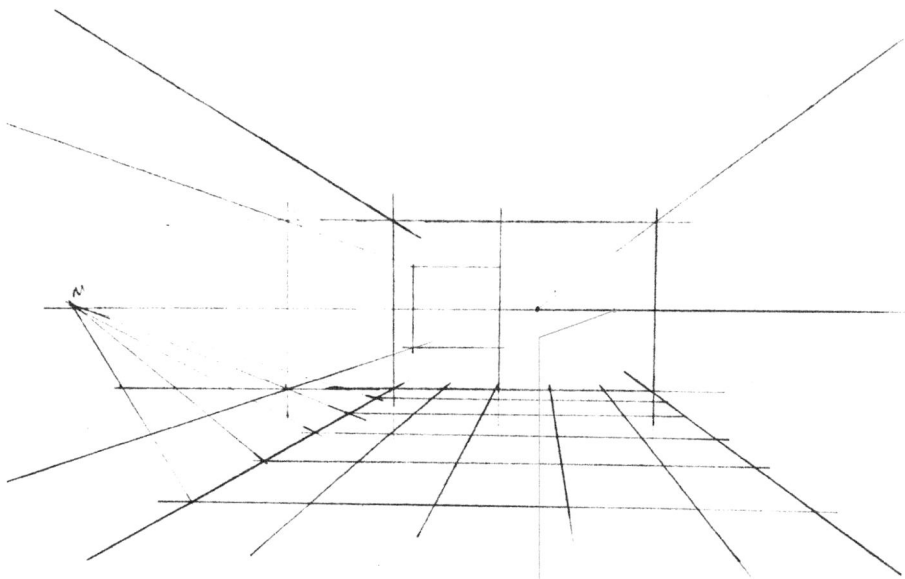

视平线定位在画面的中央，上下均能表现，整体说明性比较强。

（2）将所有物体的平面图严格按照透视关系画出来，以便能够清楚地看到每件家具之间的距离和透视关系。根据家具的尺寸和摆放的位置逐个画出它们的高度，要注意家具之间的高低位置和比例关系。对每件家具的大致尺寸要熟悉，不要出现比例不协调的视觉效果。

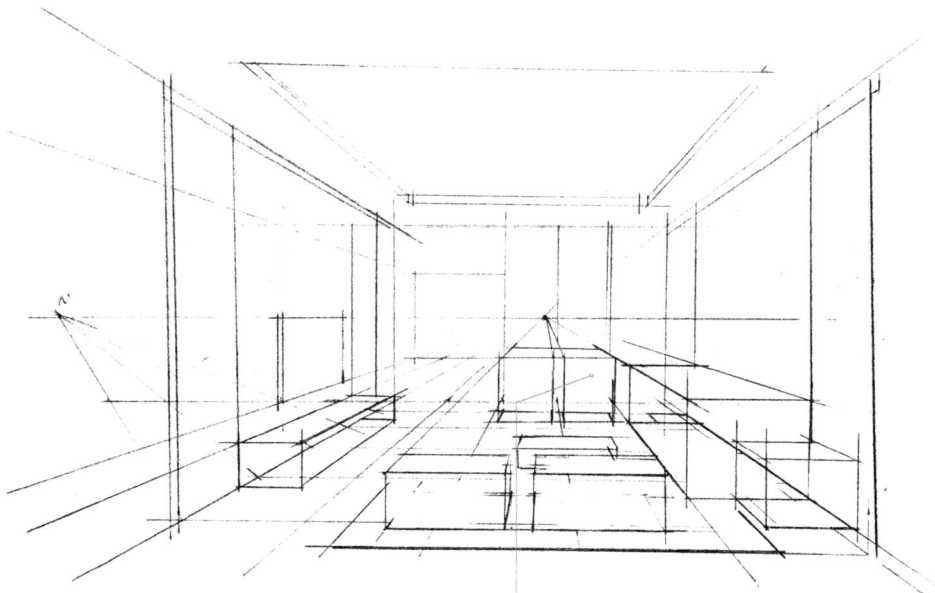

中式家具相对来说比较复杂，所以先不考虑家具的造型和结构，只把复杂的形体简单归纳为透视长方体即可。

（3）根据中式风格的特点用铅笔画出室内的造型和家具的结构样式，然后进行细节上的处理。为了平衡画面的视觉效果，可以在画面的边缘加上一些收边的装饰物和绿色植物。

形体复杂的雕花应找出并掌握其结构规律。

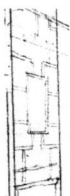

中式风格家具以线条表现为主。

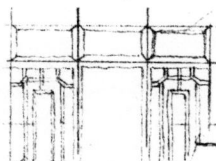

（4）用钢笔或者签字笔勾勒出空间的结构线和家具的轮廓。注意要遵循从前向后画的原则，越到后面的物体刻画的时候越要有意识地进行简化，并找出每个物体的阴影关系。

在勾勒一些硬性材质的材料时，可以借用尺子来画得硬朗和严谨一些。

在处理两个同样形态的物体时，一定要根据画面透视效果给予区分，以免画面出现雷同现象。

（5）深入刻画每个物体的结构、体积，以及物体与物体之间的联系，以免出现"各自为阵"的画面效果。同时画出物体之间的阴影关系，增加物体与物体之间的空间和层次感，区分空间的主次关系。

用曲线表现结构时，落笔要心中有数，线条流畅、随意。

枝干应自下往上去绘制，线条干净有力，给人蓬勃向上的感觉。

（6）调整画面的整体感，做到主次分明，层次丰富，避免出现琐碎的感觉。加强画面的黑白灰效果，通过点的表现来加强主次空间的关系。

在处理中式雕花的细节时，以结构为主，但是也要注意明暗转折面的刻画。

在中式元素中，线条的表现很重要，需要细心处理，以免减弱中式的味道。

227

10.1.7 会议室表现

（1）用铅笔定好会议室空间的宽和高，然后确定灭点和视平线，视平线在室内高度1500mm处。接着画出会议室空间的各个面，并通过一点透视距点求深度法画出6000mm的室内深度，其每一网格为边长1000mm的正方形。

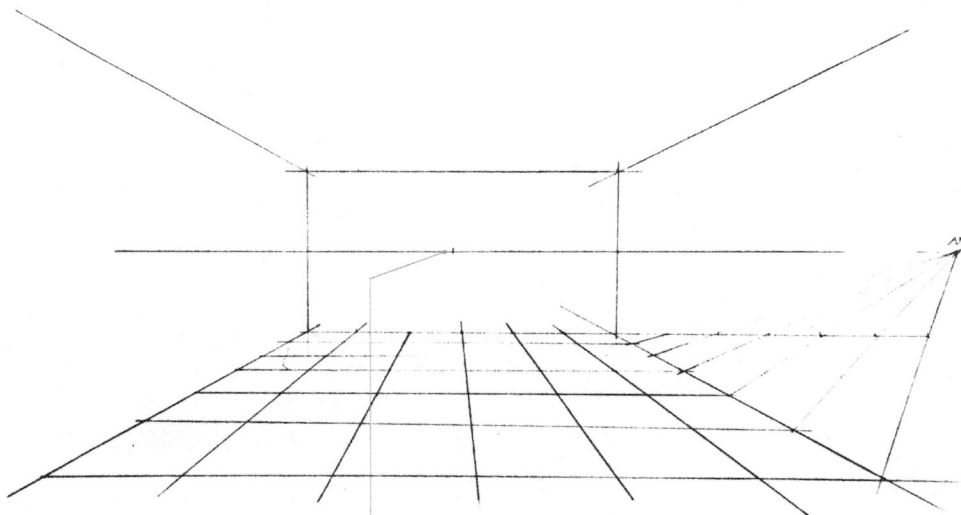

会议室空间的绘制相对居住空间会简单一些，因为其没有太多的家具和摆设，主要是以一张会议桌为主。

（2）在画之前应先了解会议桌椅的大小尺寸，并确定好会议桌椅的平面位置，然后找出它们的高度并逐个向灭点引线，再将桌椅的外形概括为长方体体块。在画的同时可以擦去多余的辅助线，这样会议室桌椅的立体透视图就画出来了。

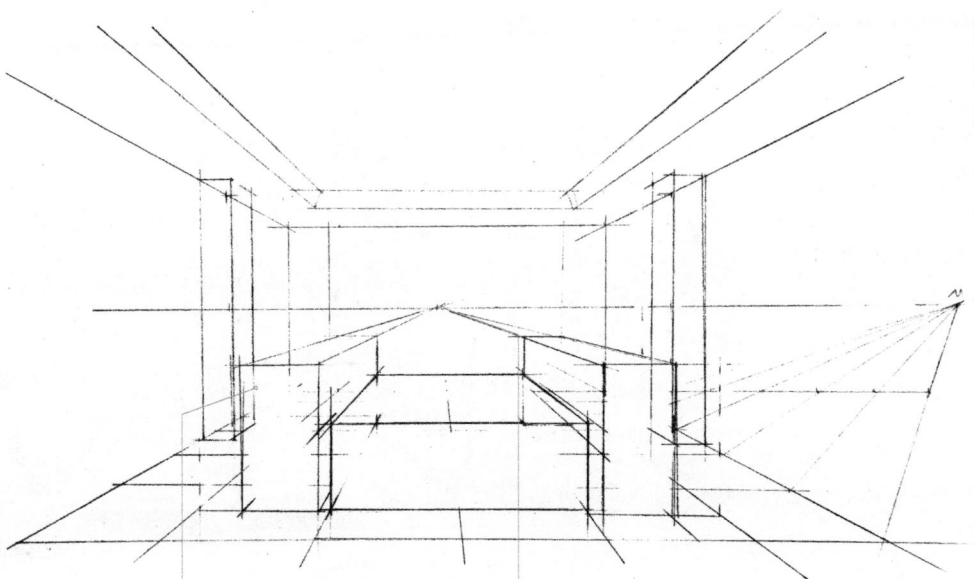

把形体复杂的桌椅简练概括为长方体体块的组合。

灭点和视平线在画面的中心，画面说明性很强，上下左右均可表现。

（3）用铅笔刻画桌椅的大小尺寸和造型，注意结构和比例关系的表现。同时把周围的立面造型墙也细致地刻画出来。在刻画双排椅子的过程中一定要遵循近大远小的透视原理，起初画的透视线暂时先不要擦掉，以便在进行细节描绘的时候作为参考。

整齐划一的座椅的灭线应消失于同一个灭点上。

（4）用钢笔或者签字笔把空间的结构线和会议桌椅的轮廓勾勒出来，然后对其进行细化，明确物体与物体之间的遮挡关系。接着找出每个物体的阴影，并添加绿色植物和会议文件，更深入地表达所要刻画的主题。

在细节上多花时间，使大面积的会议桌不至于太空。

排列椅子时应该注意前后的虚实关系，做到前精后简。

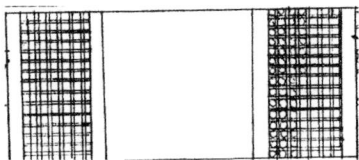

229

（5）深入刻画每个物体的材质，并进行阴影的刻画，增强室内的光感。

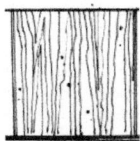

木材纹理千变万化，可用线条表现出丰富的效果。

绿色植物的明暗可以用块面去概括，避免过于琐碎。

（6）加强画面的黑白灰效果，给地面加上倒影，使地面材质看起来更有质感。然后配以收边的植物来协调画面的整体效果。

地面为光泽度较高的材质，可以使用竖直线来表现其质感。

绘制镜面或者玻璃时，可先把室外景物画好，然后在玻璃面上用直尺画出几道斜线来表示反光。

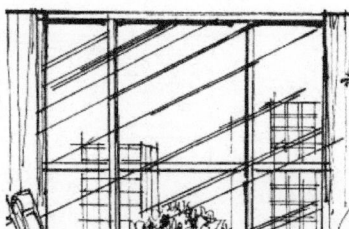

10.1.8 中式别墅表现

（1）别墅空间的表现方法和小空间一样，
也是先确定好画面的灭点和视平线的位置。通常
在表现一些大场景空间的时候，会把视平线的位
置定得稍微低一些，然后把相应的家具和摆设按
照透视关系画出高度，形成空间的透视体块。

视平线放低，所看到的天花板部分就多一些，会形成一种很有气势的效
果，以体现别墅空间所特有的气场。

视平线放低，看到的家具基本上会重叠起来，在表现的过程中就不那么烦
琐，相对容易表现一些。
另外，视平线放低，整体的效果比较有稳重感。

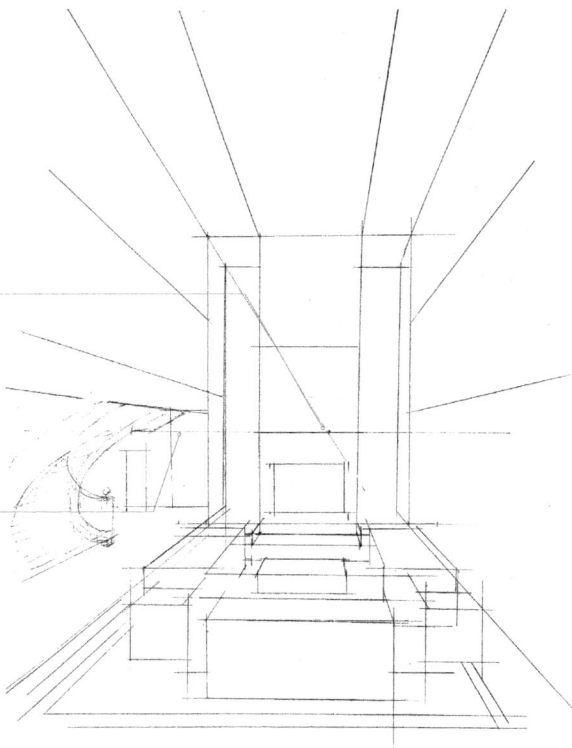

（2）在体块空间的基础上，从前往后细化
家具的特征和结构，进一步细化立面及天花造型
的设计方案。

（3）到这个步骤的时候，一定要注意物体的遮挡关系，不要出现轮廓含糊不清的情况。同时也要注意物体近大远小的透视关系，同等大小的物体，前面的要大一些，后面的要小一些。

注意整体的透视变化和空间的划分。

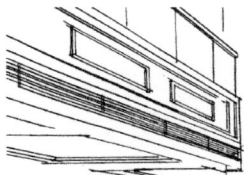

注意近大远小的透视关系，前面的吊顶造型和后面的吊顶造型在大小上会向灭点方向缩小。

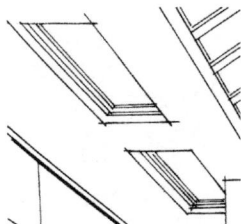

（4）对所有物体进行细致的刻画，在形体、结构、明暗、阴影和材质上都要表现到位。

给扶手与玻璃交接处加上明暗与投影，使扶手不会显得很单薄。

加粗大理石柱面的明暗转折线，加强柱子的立体感。

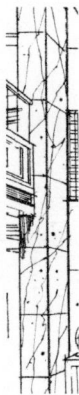

（5）调整画面的整体虚实关系，加重投影的刻画，强化黑白灰的整体效果。

为了体现风格特性，可在一些细节上添加风格元素。

在暗部的处理上可以用适当的乱线来表达，但应做到乱中有序。

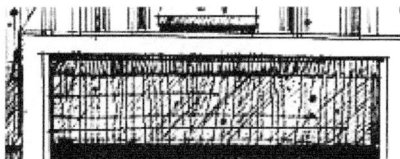

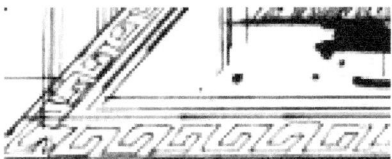

10.1.9 现代餐厅表现

（1）用铅笔进行前期打稿，确定餐厅空间的宽度和高度。然后确定灭点和视平线。

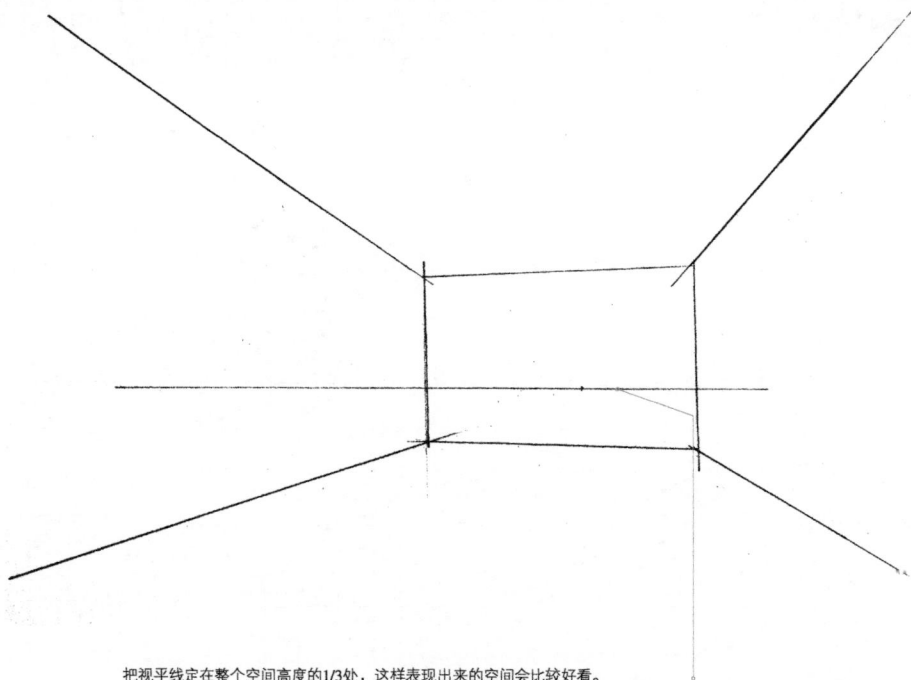

把视平线定在整个空间高度的1/3处，这样表现出来的空间会比较好看。

（2）确定餐桌平面在餐厅中的位置，然后画出物体高度形成体块透视空间。

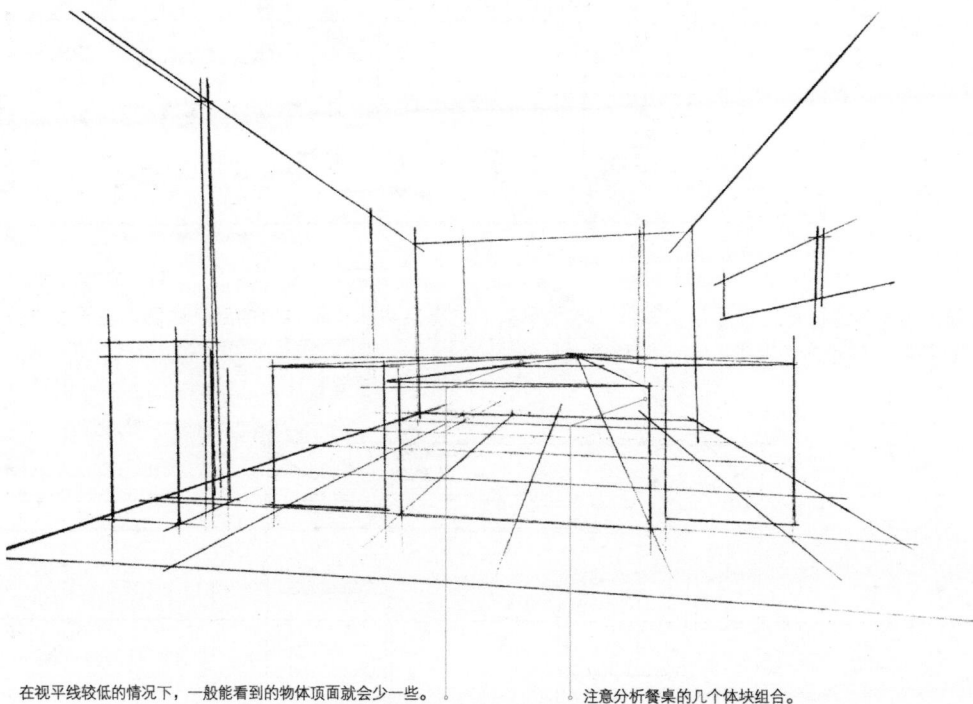

在视平线较低的情况下，一般能看到的物体顶面就会少一些。 注意分析餐桌的几个体块组合。

（3）在透视体块的基础上细化家具的样式和结构。一张好的表现图里，不但要有直线构成的方块结构造型，而且要有曲线或者圆形的结构造型，这样可以丰富画面的视觉效果，也可以形成软硬之间的对比关系。

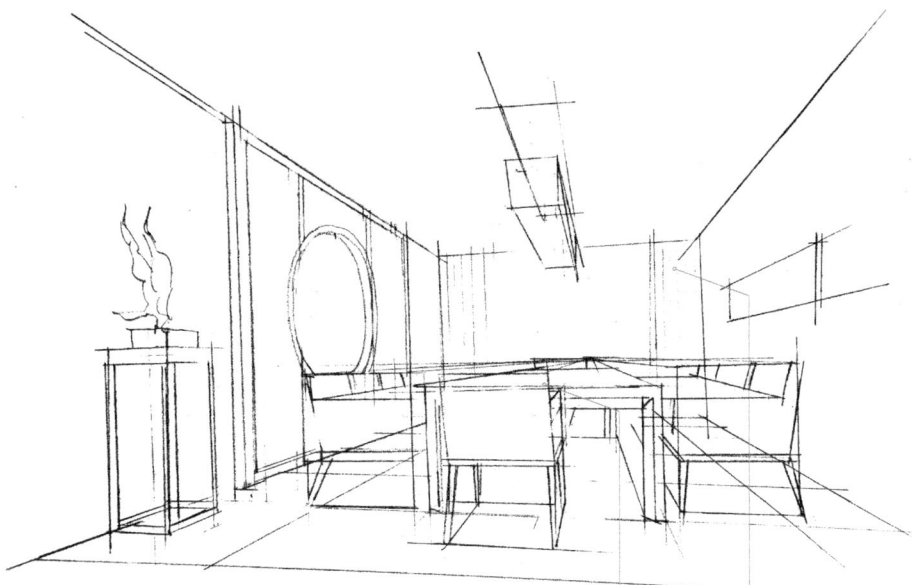

桌椅在餐厅空间表现中始终是主体，其形体特征和比例关系要把握准确。

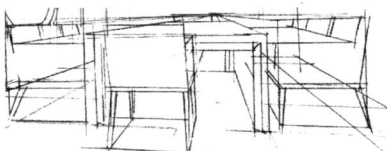

远处的形体在每个步骤中都要突出主体。

（4）在铅笔稿上用钢笔重新勾勒画面中的所有形体，明确物体与物体之间的关系，并找出每个物体的阴影位置，然后添加餐具，更深入地表达所要刻画的主题。

线条的前后疏密排列可以表达空间透视关系。

在表现圆弧时要注意线条流畅，一笔完成不了的可以分段进行勾勒。

（5）深入刻画每个物体的材质，再加以阴影关系的表达，增强室内的光感。

吊顶的处理，用线要简洁、到位。

与地面接触的线条可以画重一些。

（6）加强画面的黑白灰效果，调整画面的整体关系。给地面加上倒影，使地面材质看起来更有质感。

竖线条的表现可以表达地面的反光，排列的线条要有疏密变化。

前餐椅的投影可以刻画得更丰富、有层次。

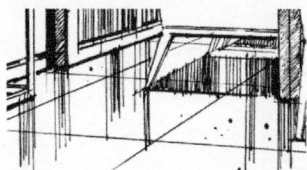

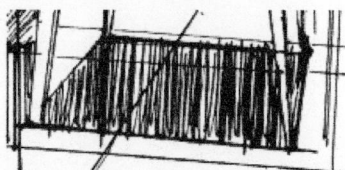

10.2 室内空间两点透视表现

两点透视最大的特点是透视图画面效果比较自由、活泼，反映空间的效果比较接近真实效果，视域大且非常灵活，缺点就是角度选择不好容易产生透视变形。下面列举一些室内空间的案例进行两点透视绘制步骤的讲解，供大家临摹和参考练习。

10.2.1 酒店客房表现

（1）先把平面图绘制好，按照家具的比例关系将其放置在空间里，然后把地面的格子划分出来，方便在画透视的时候能够准确地找到相应的位置。

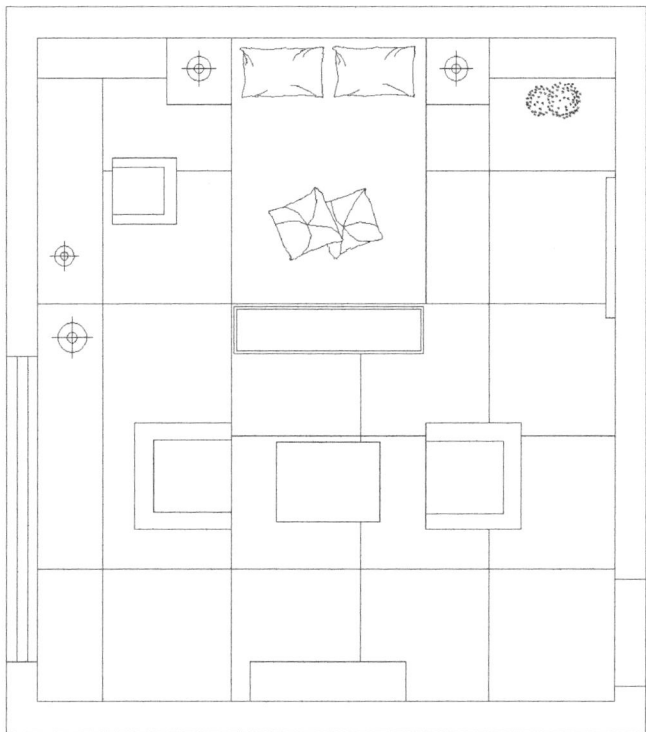

（2）确定视平线、房间的高度（AB为3m，真高线）和两个余点V_1、V_2，然后作A、B两点与V_1、V_2的连接线画出房间的墙面，接着以V_1V_2为直径画圆弧，交AB的延长线于视点S，再分别以V_1、V_2为圆心，V_1S、V_2S为半径作圆弧，与视平线相交得M_1、M_2两点，M_1、M_2即透视进深的测量点。

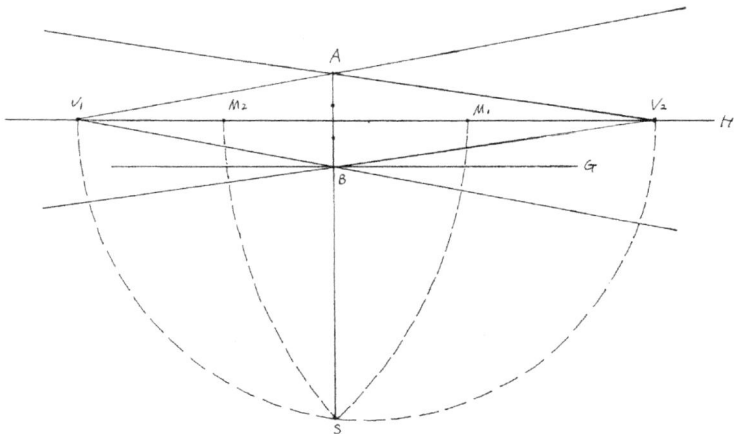

（3）过B点作基线G，以AB同样的比例明确室内的长宽尺寸。然后分别过M_1和M_2向基线上的各个刻度的连线，并与B点两侧的透视线相交，接着将各个交点分别连接M_1和M_2，并反向延长，形成地面透视网格，这时我们所得到的每块地面格子的大小为$1m \times 1m$。

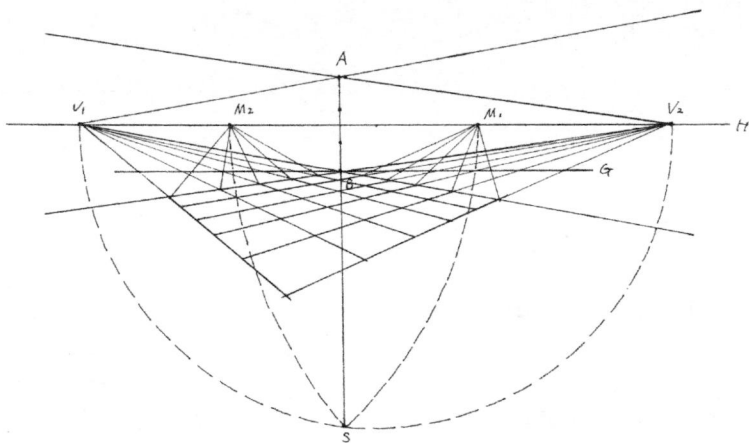

（4）按照空间的实际尺寸和透视关系完成整体空间的透视网格，每个网格的尺寸均为$1m \times 1m$，然后把家具的平面图按照比例关系在透视网格中画出来。

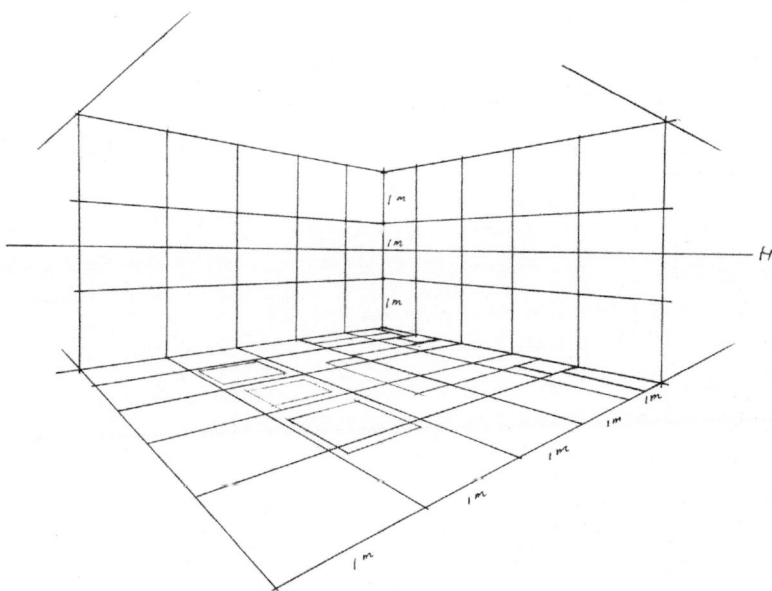

（5）使用真高线AB的尺寸作为参照来确定每件家具的高度，把所有的家具全部用体块表现出来，形成体块透视空间。

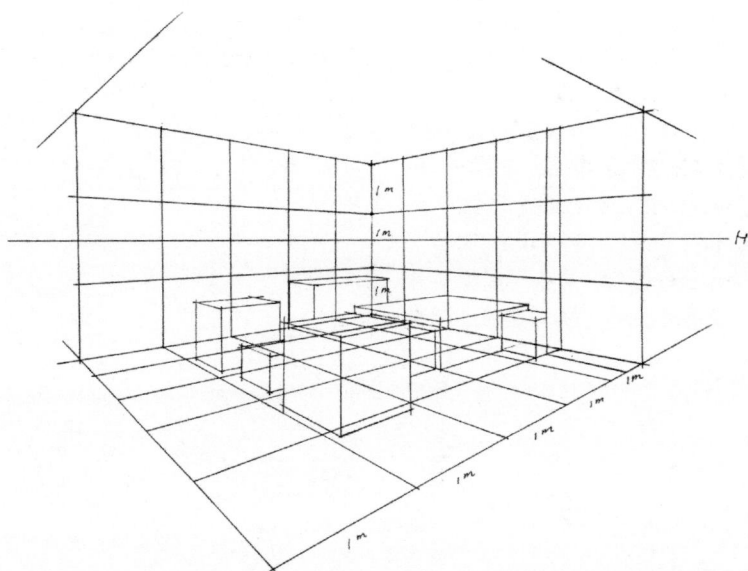

238

（6）细化所有家具的大体结构和造型，并对周围的空间结构线进行明确和细化。然后通过添加室内装饰配件来完善整体空间的视觉效果。

通过分析，床体是由一个横向长方体和几个竖向长方体组合而成。

（7）选用钢笔或者签字笔将前后不同的物体和家具再进行勾勒定稿，要注意整体空间中墙面结构的表现。根据物体的不同形态和不同材质，用不同的线条生动地将其描绘出来，对一些模糊的形体再次给予确定。

用钢笔定稿主要是将主要形体及其转折处有意识地进行松紧结合的勾勒，形成一种收放自如的感觉。

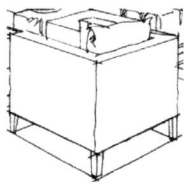

用室内细节结构的穿插来表现透视的空间感。

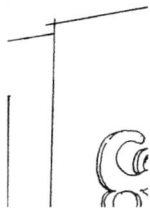

（8）深入刻画每个形体的结构、明暗及材质，并不断地调整整体画面的主次和虚实关系。然后加入一些收边的植物和一些陈设来丰富主体空间。

通过斜线的排列表现透明玻璃的质感。

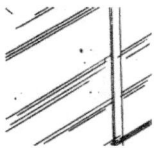

受光部和背光部通过线条的排列给予区分。

（9）加强物体的结构线和明暗层次，完善整个空间的透视阴影关系。加深物体底部的阴影，使画面具有更强烈的光影变化。

给抱枕加上图案或者在其表面刻画出肌理效果，可以处理好其与周围物体的前后空间关系，同时也会增强其本身的立体感。

室内的材质需要给予简单的表现，比如装饰面板。

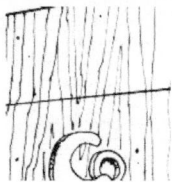

10.2.2 客厅空间表现

（1）用铅笔画出客厅的高度垂直线，然后找出两个灭点的位置，确定室内空间的各个面。接着确定地面家具的位置和平面透视尺寸。

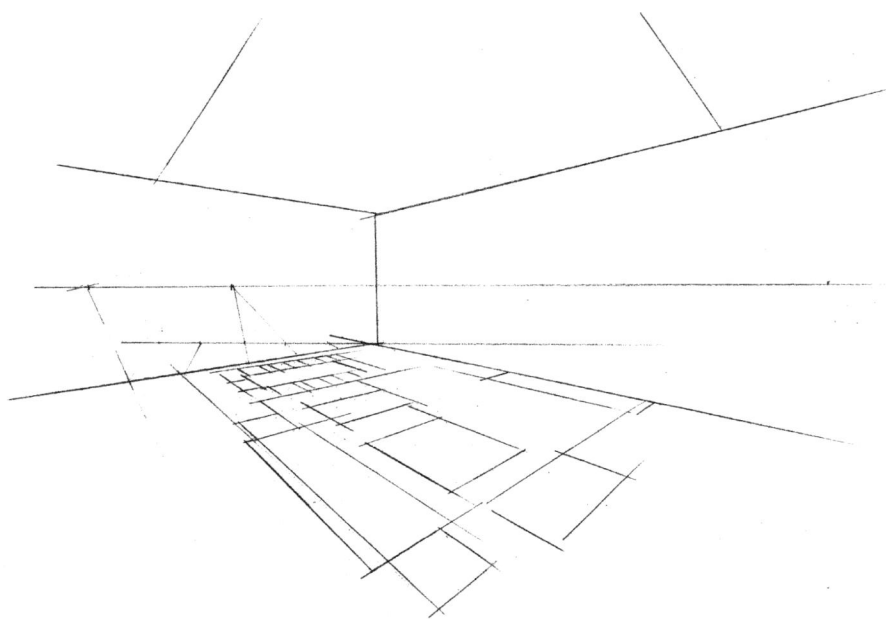

（2）确定每件家具的高度，先将家具概括成长方体的形状，把握好各个体块之间的比例关系，形成空间的整体透视感。

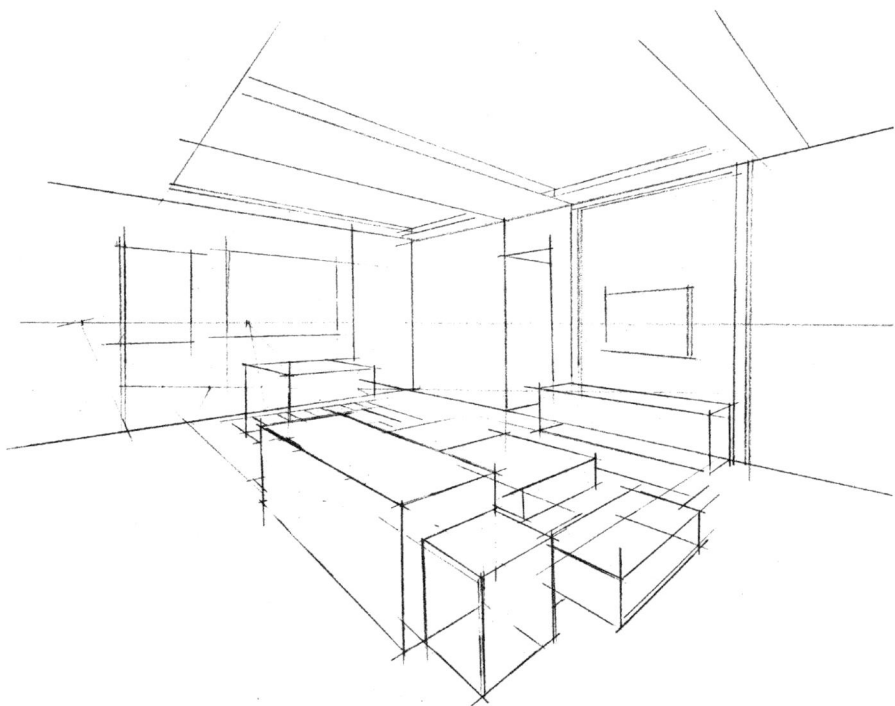

（3）逐步细化家具的各个部位，同时强调家具之间的关系，表现错落变化的效果。然后确定电视背景墙的大小尺寸和其他界面的设计造型。

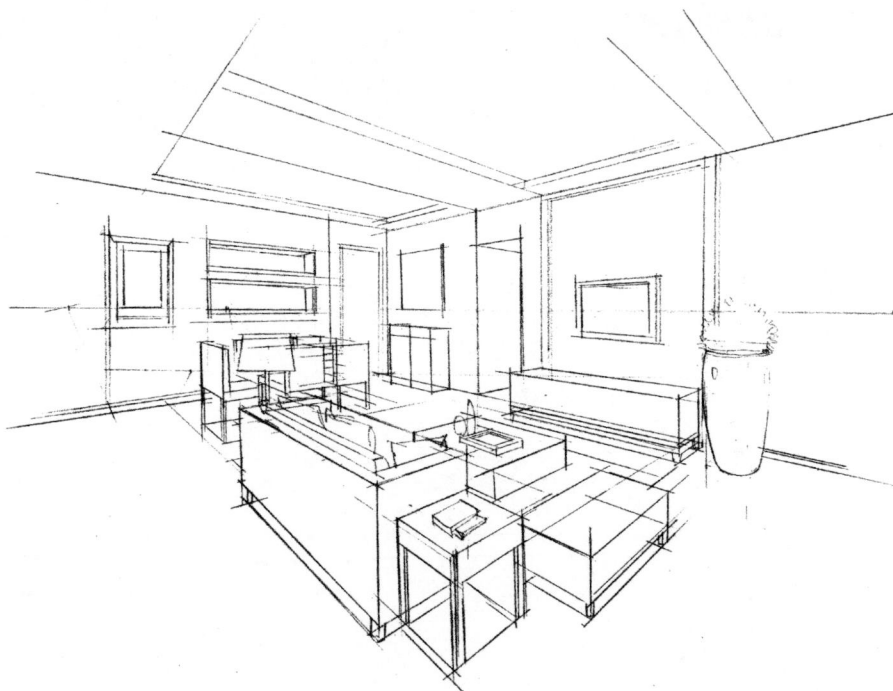

（4）用钢笔定稿，细化家具的结构和形态特征。添加一些艺术摆设，营造家居的艺术氛围。

沙发的转折处应处理得柔和一些。

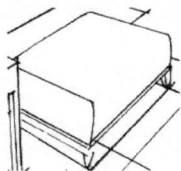

用弧形折线勾勒植物的轮廓。

（5）分析室内光源，确定室内空间与周围家具的阴影关系和家具本身的明暗关系，并进行细化，使物体更真实。然后画出边上的植物来调节画面的和谐感。

用竖直线的排列画出光照轮廓。

暗部的刻画从上而下渐变过渡，同时要留出反光。

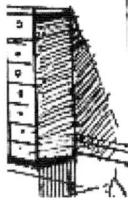

（6）加强画面的黑白对比度，加深物体底部的阴影。室内的装饰材质需要给予简单的表现，比如一些亮光面家具，需要通过排线来表现，同时加一些点的表现来加强整体的画面感。

用排线的方法渲染光影的层次效果。

重点刻画中间茶几的明暗对比，增强画面前后的层次感。

10.2.3 起居室表现

（1）确定起居室的空间尺寸，画出视平线和两个灭点，把家具的平面先大体归纳出来，并定好空间中的隔断位置。然后确定家具底面的透视形体，并相应画出家具的透视深度。

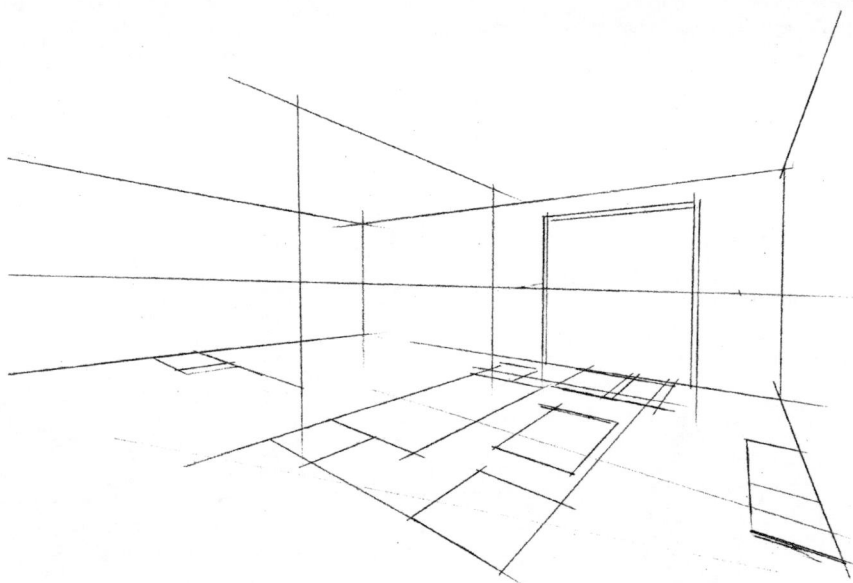

（2）根据家具之间的比例关系，画出家具的高度。

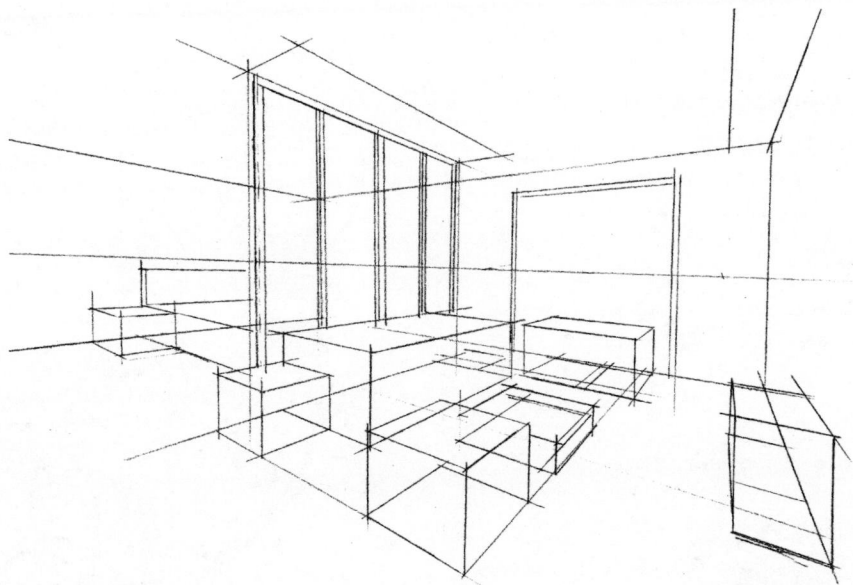

（3）在确保透视准确的前提下，细化家具的结构和特征，并调整画面的整体关系，使画面更饱满。

（4）用钢笔定稿，对物体进行深入的刻画和材质的区分。

窗帘可以通过阴影的刻画体现出褶皱的层次感。

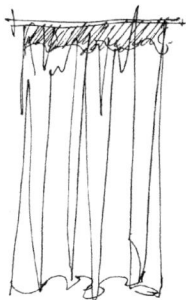

（5）画出地面铺设材质，过渡画面整体的明暗。然后对物体的阴影关系进行刻画，增强物体的立体感和分量感。

中式家具以实木为主，底部阴影必须加深。

玻璃器皿通过线条的有序排列，可以表现出其质感和透明度。

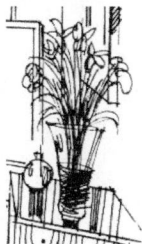

（6）完善整个画面的细节，刻画物体的倒影，加强透视图的黑白灰效果。

家具暗面的刻画可以通过竖线和斜线的有序排列组合来表达。

对受光部和背光部上的色调进行明显的区分。

10.2.4 客餐厅表现

（1）先选好构图，确定视平线和两个灭点的位置，画出各个墙面。

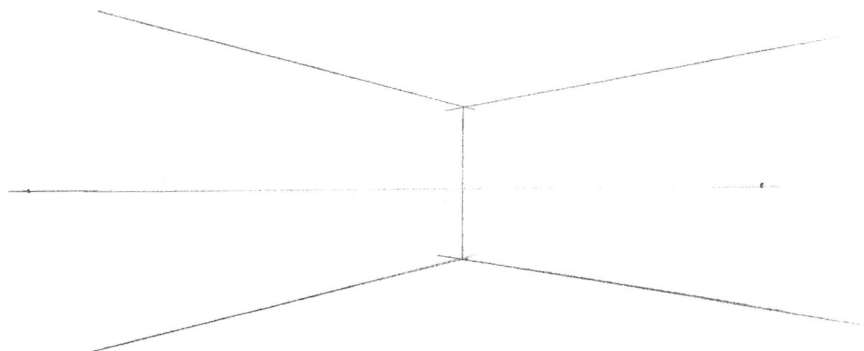

（2）对于两个空间，要着重强调其中一个空间的表现，可以通过灭点的位置来确定。在这张透视图中，主要强调画面中的沙发组合，所以运笔要干脆利落，以体现出物体的空间感。

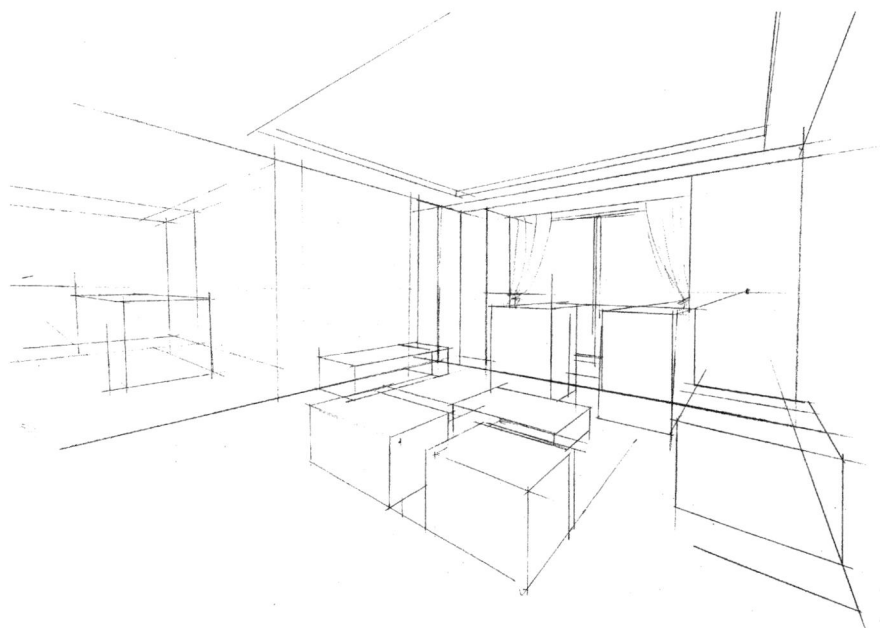

（3）细化空间的每个部位，体现出形体特征和透视感。

（4）从空间的墙面结构线入手，用钢笔勾勒出每个物体的结构线，勾勒时以画面中的组合家具为主，逐步深入。线条应稳定有力，不用太考虑细节的变化，以表现物体的体块关系为主。

同等大小的物体在透视图中应注意远近大小的变化。

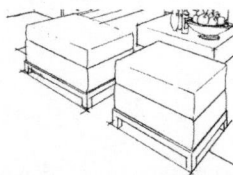

窗帘的画法在不同的空间里要适当地进行调整，以体现风格的特性。

（5）加强物体的细节刻画，如电视背景墙大理石边框的刻画、沙发背景的虚化处理，以衬托家具组合。

大理石边框暗面的处理，要注意明暗色阶的渐变。

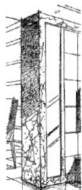

运用柔和的线条来表现沙发的褶皱，以体现沙发的柔软度。

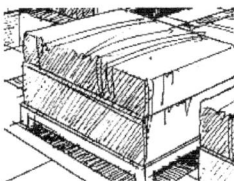

（6）加深物体的阴影颜色，强化画面的对比关系。然后在画面上添加点的效果，使整体画面形成点、线、面的视觉艺术效果。

细化沙发与边柜的对比，强调沙发靠垫的细节处理。

画面中心的茶几表现对比要强烈，细节要生动。

10.2.5 卧室表现一

（1）确定视平线的
高度，画出各个墙面。

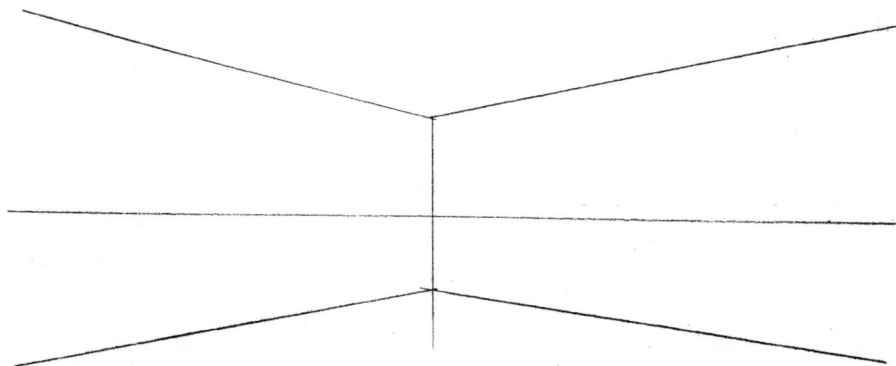

（2）画出室内空间
主体的大体形状，以床的
透视空间关系为主，然后
把室内空间的结构和基本
造型表现出来。

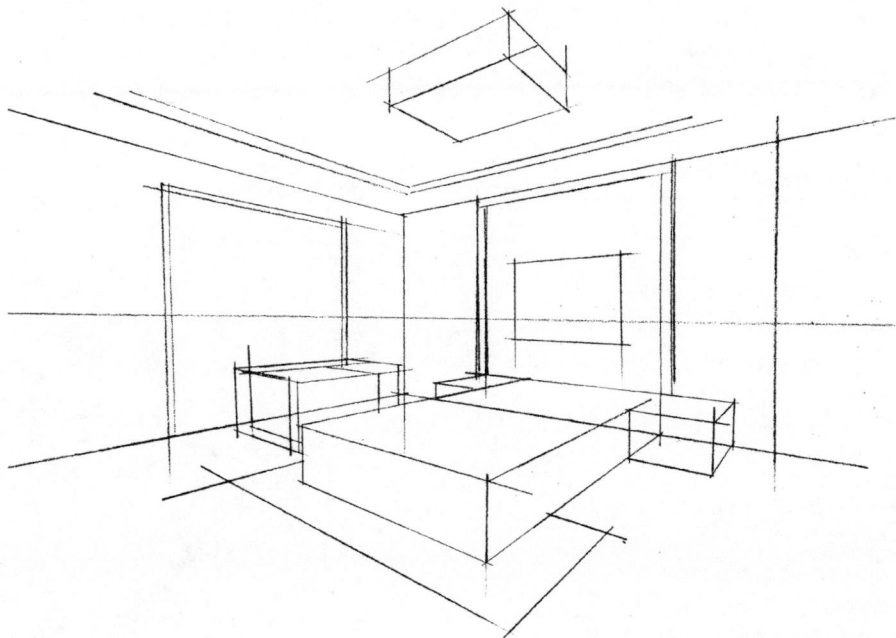

（3）细化物体的结构和轮廓，根据画面所要表达的场景添加艺术摆设和其他家具，以丰富空间的层次，使空间不那么单调。

如果床面过空，可加入一些布艺条或者其他的装饰品。

（4）从空间的墙面结构线入手，用钢笔将物体的结构和轮廓勾勒和表达出来。在细化的过程中不断给画面添加装饰品，并使之相协调，注意在运笔上一定要有把握，一次性画到位。

在布艺条上加上陈设品可以丰富床面的层次关系。

现代简约风格的沙发在表现时，线条要简单、利落，重点在于对形体结构的把握。

（5）细致地刻画物体的光影变化，增强画面的层次感。主体床要详细刻画到位，用笔的方式可以细腻多变。相比之下，化妆台的刻画就要弱一些，这样更能衬托出床的主体位置。

起衬托作用的地毯可以简单处理。

勾勒一些比较次要、形体关系比较弱的植物，可以调节室内环境。

（6）完善整个透视阴影，加强物体底部投影的深度，使画面具有更强烈的光影变化。

用娴熟的手法勾勒一些自由活泼的线条，增强画面的艺术表现力。

大胆地运用线条的排列，区分形体的明暗关系。

10.2.6 卧室表现二

（1）选好构图，确定视平线和两个灭点的位置，然后画出各个墙面。接着画出家具底面的透视，最后把物体进行区分细化。

比床面高的视平线定位，有助于表现床面更多的细节。

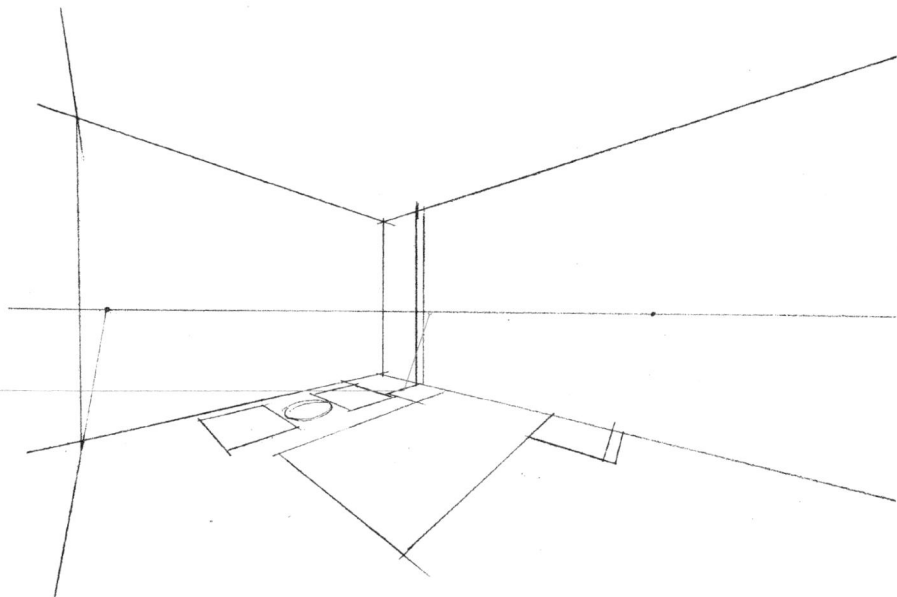

（2）确定好各个物体之间的比例和高度关系，画出立体透视图。

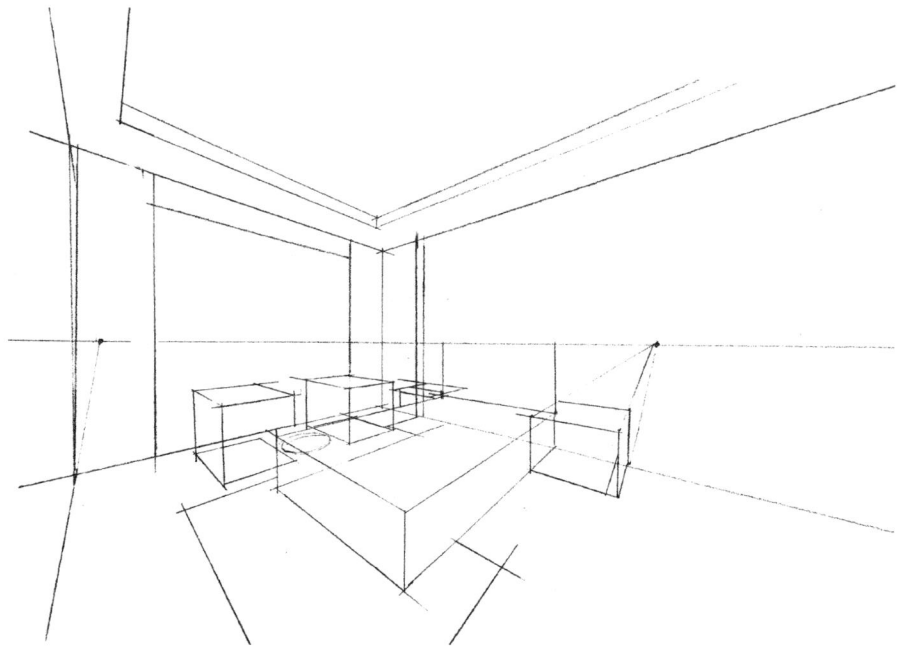

（3）细化物体的结构和轮廓，根据画面所要表达的场景，添加艺术摆设和其他家具，以丰富空间的层次，弥补画面的不足。

线条的方向可以引导空间的整体透视。

可以画出床上用品，丰富画面的空间。

（4）选用钢笔或者签字笔进行勾勒定稿，要注意整体空间中墙面结构的体现，用笔可以硬朗一些。画织物或者弧形结构时，线条应流畅、有韵律感。

远景中的窗帘在用笔上可以轻松自然一些，表现出略带飘动的感觉。

线条与线条之间的交叉要稍出头，以免画面显得呆板。

画出床单的褶皱效果。

在画左右床头灯时，一定要注意近大远小、近高远低的透视关系。

（5）用排线的方式表达画面的阴影关系，空间的前后关系可以通过线条排列的疏密来体现，不可忽略每件家具的投影。由于形体本身的结构不同，透视变化下所产生的底面阴影大小是不一样的，在进行暗部刻画的时候一定要注意这一点。

在深入刻画形体时，要学会在适当的地方留白。

斜线自上而下排列体现投影的色调变化。

（6）强调画面的对比效果，可以通过加深家具底部的阴影颜色、加强画面中床的明暗对比关系、减弱窗户的明暗对比关系，来体现前后之间的空间感和画面的层次感。

把床体理解为长方体来加强明暗关系的表现。

艺术陈设品在室内空间表现中是不可缺少的，不仅能活跃家居气氛，还可以丰富空间的层次。

通常情况下，受光部的整体投影要轻于背光部的投影。

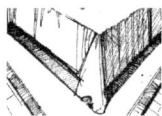

两个不同空间的面的排线要有强烈的疏密对比。

10.2.7 客厅表现

（1）选好构图，确定视平线和两个灭点的位置，画出各个墙面。

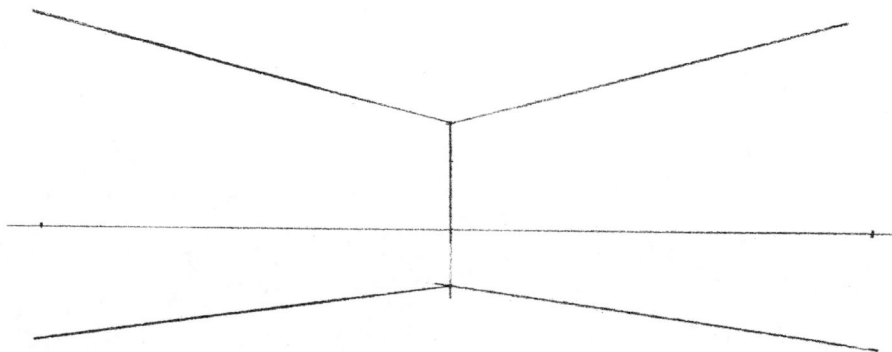

（2）通过两点透视距点求深度法画出室内地面长5000mm、宽5000mm的透视网格，以提供家具摆放位置的标准尺度。

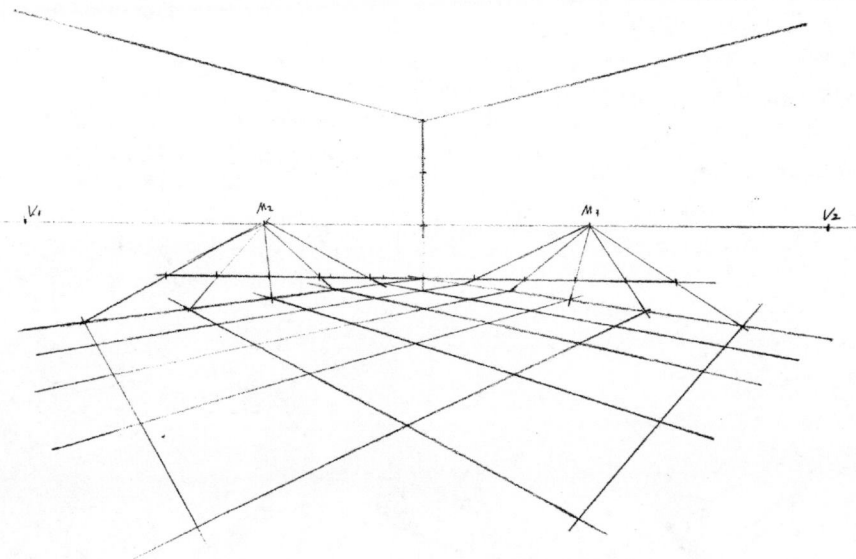

（3）确定家具相应的位置，并严格按比例关系及透视关系画出家具透视底面。

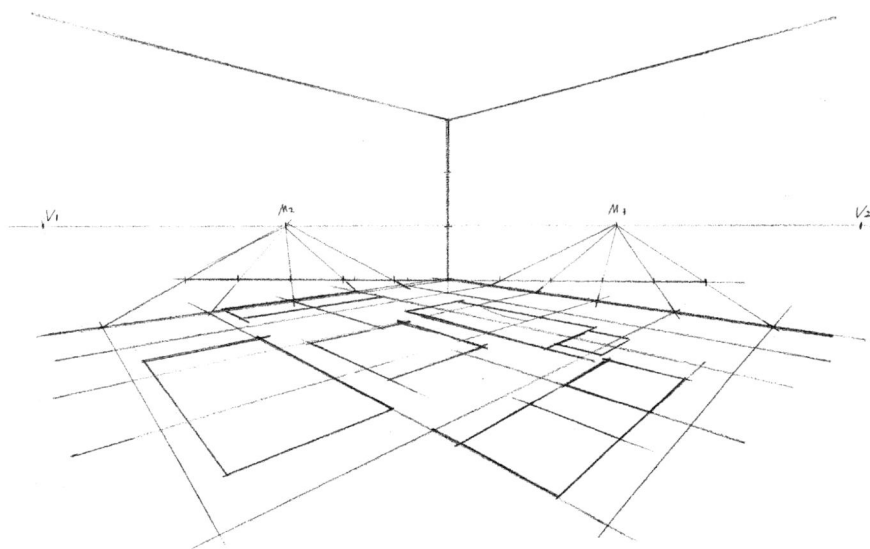

（4）根据家具的实际大小尺寸，确定各个物体的高度，画出家具体块的透视。

注意长方体的两点透视变化。

（5）用铅笔细化家具的结构和造型特征，并刻画墙体的立面造型。

铅笔勾勒是一个相当放松的过程，不用拘泥于细节上的刻画。

形体的结构线在画铅笔线稿的过程中就要交代清楚。

（6）进一步勾勒空间的每个物体和界面造型，注意笔法的多样性。通过线条的勾勒能展现出形体的材质变化。然后擦掉多余的铅笔稿。

椭圆造型要注意透视特征，前半圆要大于后半圆。

弧线勾勒要心中有数，一气呵成。

258

（7）深入刻画每个物体的形体结构、明暗关系和材质的变化，然后调整画面的整体关系。

远景的形体比较简单，只刻画出形体特征即可。

主要家具需仔细刻画出详细的结构和明暗关系，丰富其本身的细节。

在手绘表现图中，将家具的所有面全部刻画到位是不可取的，处理不好会产生零乱感。

表现出地毯的纹理，会更有效地表达其质感和体积感。

（8）加重投影的深度和物体的虚实变化，通过点、线、面的表现来调整和呼应整个画面的节奏和韵律感。

底部投影要刻画出丰富的明暗变化。

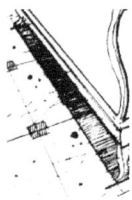

窗帘的表现要体现出松紧关系。

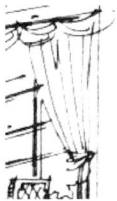

投影的刻画可以用竖直线的排列组合，但是要有疏密的变化。

10.2.8 别墅空间表现

（1）别墅空间的绘
制也同样先用铅笔画出整
体空间的高度垂直线，然
后找出两个灭点的位置，
确定室内空间的各个面。

两点透视有两个灭点。

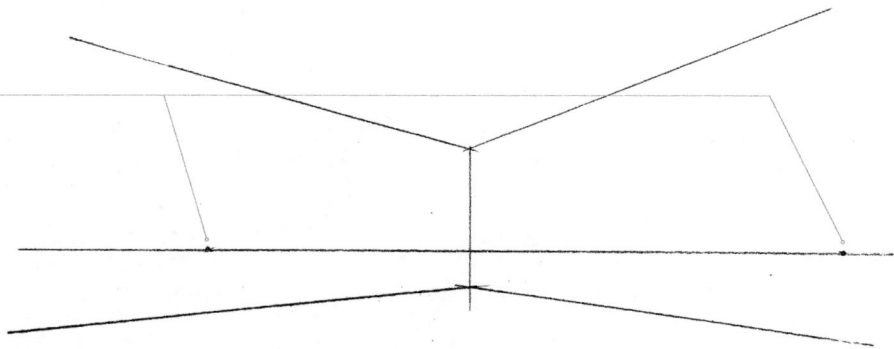

（2）将别墅空间中
形体复杂的结构进行简单
的概括，把主要的室内家
具体块绘制出来，注意透
视关系。大空间的透视相
对来说会复杂一些，透视
不准确就会影响画面的整
体视觉效果。

在确定大体空间关系时，用笔要干净利
落，体现物体的空间感觉。

两点透视所有形体的透视线分别向左右
余点消失。

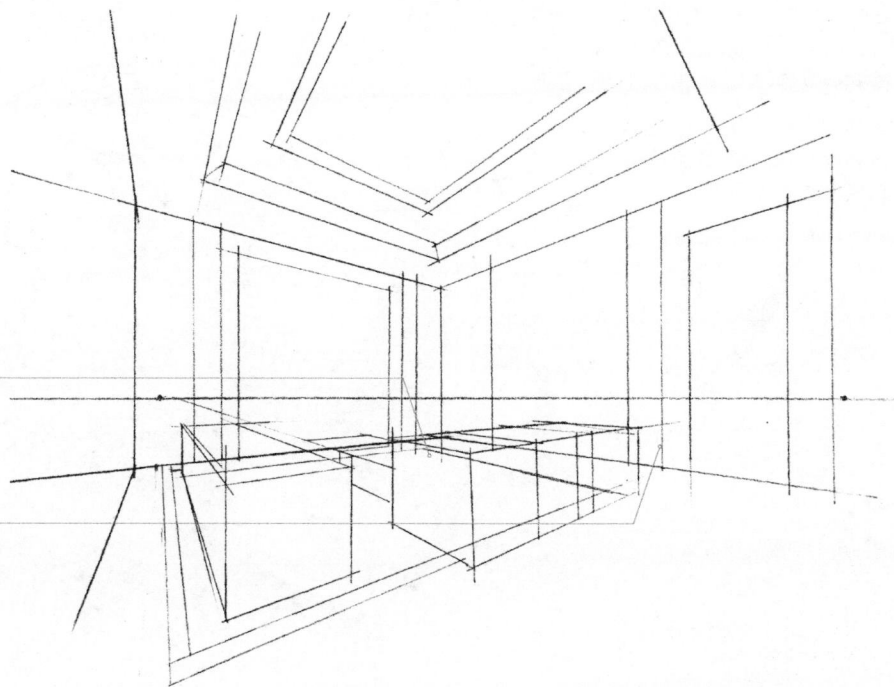

（3）在主体体块结构确定的基础上，要进行细致到位的刻画。用铅笔细化勾勒出家具的结构和造型特征，并画出墙体的立面造型。

视平线定在画面较低的位置，所看到的天花板就会多一些。

（4）用钢笔或者签字笔进行勾勒定稿，要注意整体空间中墙面结构的体现，用笔可以硬朗一些。画织物或者弧形结构时，线条应流畅、有韵律感。尤其是勾勒一些复杂的形体时，一定要先找到方法，并要有耐心地一个一个勾画出来。再添加绿色植物收边，以平衡画面的视觉效果。

增加柱子形体的细节刻画。

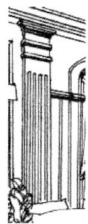

主观虚化背景墙面，衬托前面的家具组合。

（5）用排线的方式
表达画面的阴影，空间的
前后关系可以通过线条排
列的疏密来体现。不可忽
略每件家具的投影，要
通过细节的深入刻画不
断地呼应空间的整体效
果。同时对大面积的地
面材质进行表现，以免地
面单调无味。

用笔要细腻，投影的线条排列应该秩序
整齐。

阴角线的样式结构要表达清楚。

（6）完善整个画面的
细节处理，加强阴影关系的
平衡，对一些结构线再进行
勾勒和刻画，同时注意整个
画面氛围的渲染。

欧式沙发线条复杂，在勾勒时注意取舍
和疏密关系。

运用折线来丰富地面材料的质感，避免
画面前景单调。

10.3 室内鸟瞰图表现

室内手绘表现图中除了一点透视、两点透视图以外，最有说服力的表达方式应该是鸟瞰图。鸟瞰图所表现出来的空间场景更具直观性，可以把每个空间的立体效果和空间动线表现得更真实，使观者更容易看懂。其缺点就是比较难表现，完整地绘出一张准确到位的鸟瞰图会花费较多的时间。下面举几个实体案例进行步骤讲解，希望大家能快速掌握鸟瞰图绘制的基本方法。

10.3.1 客餐厅表现一

（1）把室内空间的平面布置图分析清楚，确定整个平面布局和地面型材的铺设，然后根据所要表现的重点确定灭点的位置。

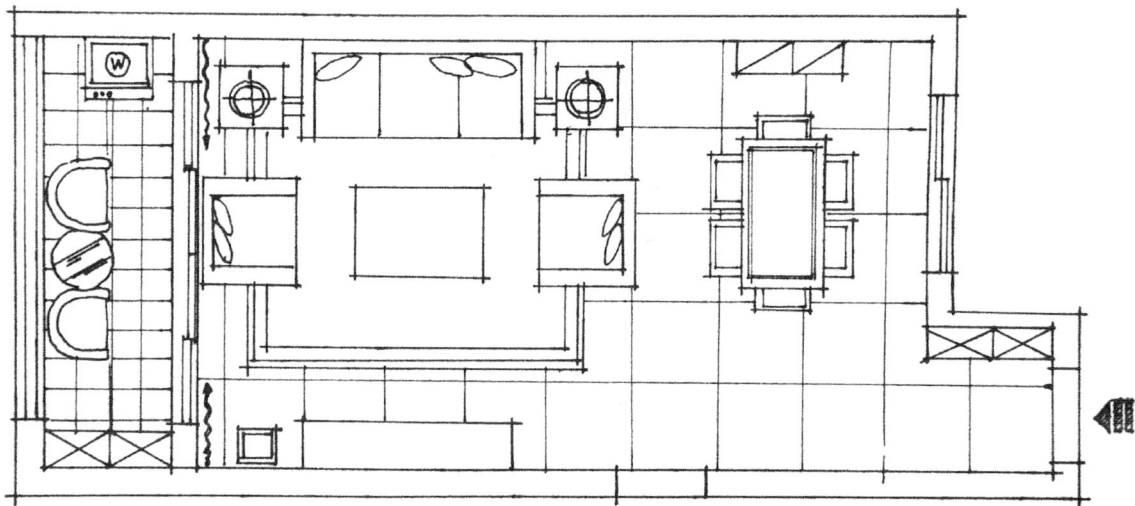

（2）画出整体外墙的框架，所有的墙线都消失在同一个灭点上。

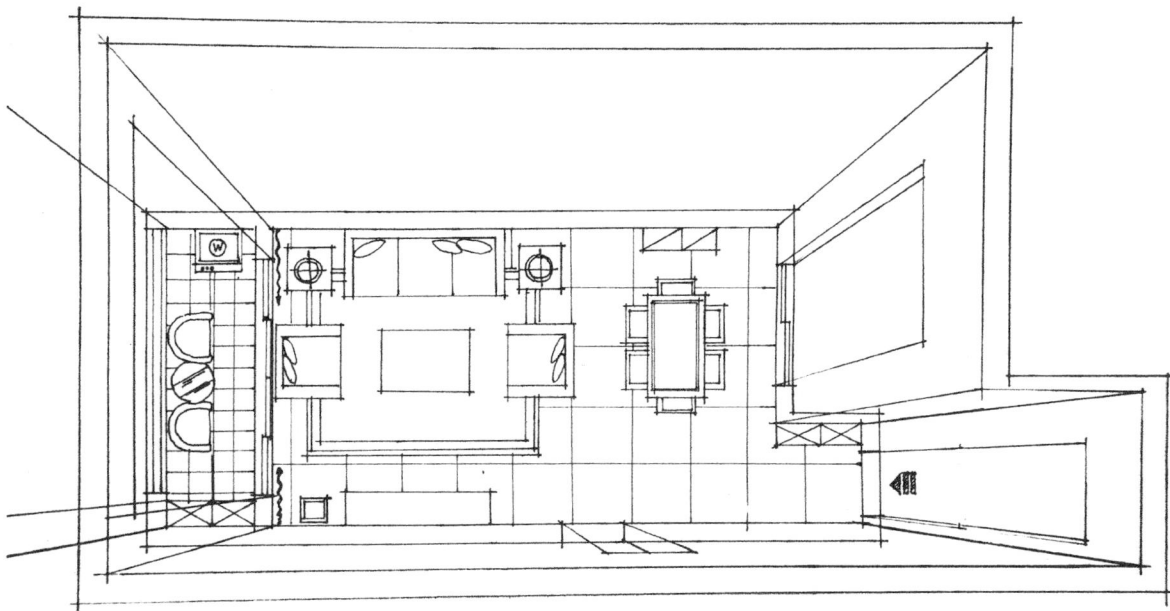

（3）把每件家具的平面像画墙体一样画出高度，每件家具的尺寸要相互进行比较，这主要通过自己的绘画感觉和对家具尺寸的了解来定。对于手绘表现图来说，只要确保基本的形体、结构和比例准确就可以了。

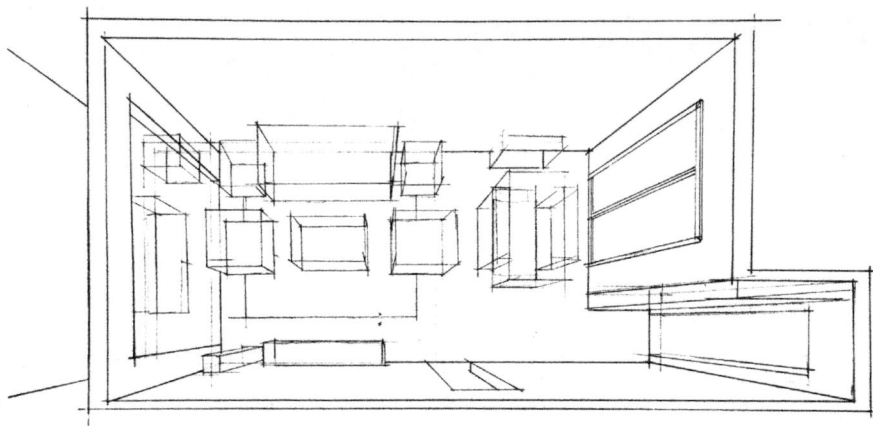

（4）在上一步的基础上，对每件家具的形体进行细致的区分，准确地绘制出其结构和造型，不断地调整画面的整体效果。

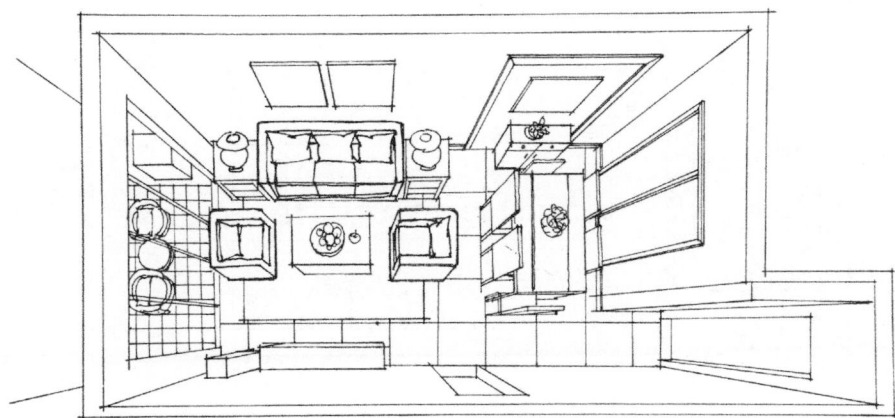

（5）给每个形体加上投影，让物体在整个空间中更有立体感和空间感。尤其是物体底部阴影的刻画，要有虚实关系，要注意把握得当。然后细化每一个物体的细节部分，使整体画面更协调，更耐人寻味。接着加强画面的黑白灰阴影对比，表现具有强烈视觉冲击力的画面效果。

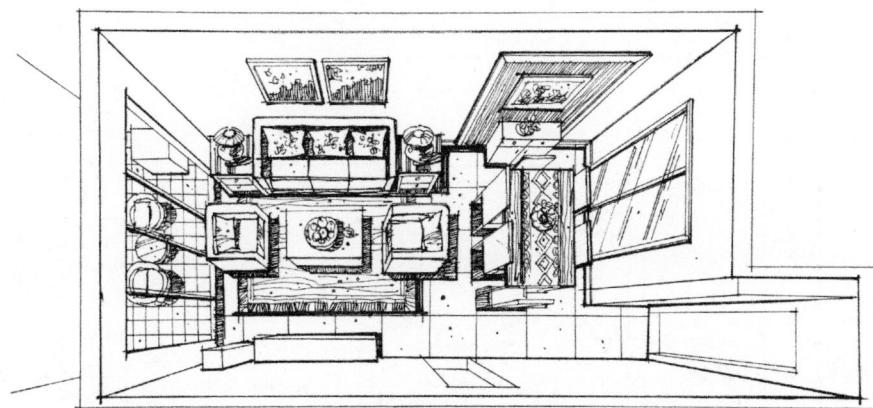

10.3.2 客餐厅表现二

（1）确定好透视角度，然后画出室内空间的墙体。此图为三点透视，其能够描绘出更多、更全面的空间。

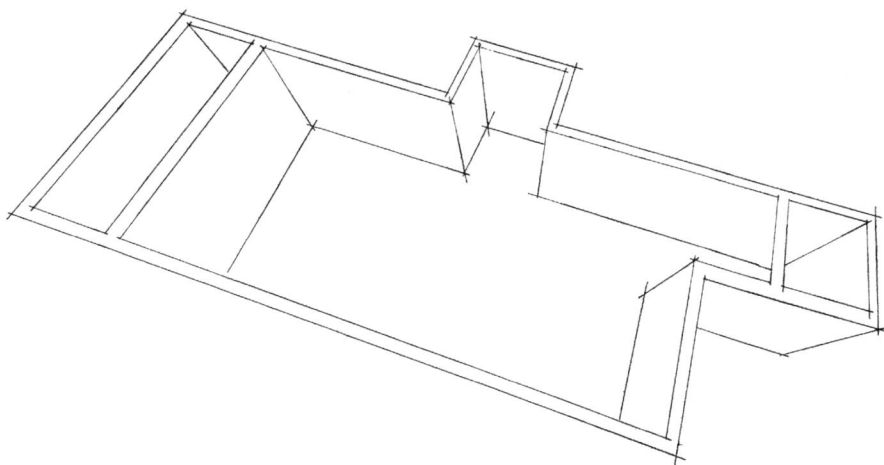

（2）在把整体墙体区域分隔好以后，确定好所有家具的摆放位置，同时确定门窗的大小和位置。

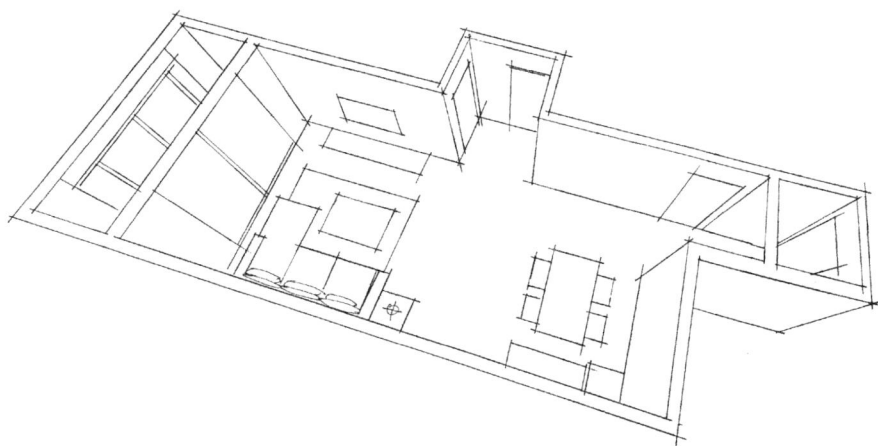

（3）按照家具的基本尺寸画出高度，形成家具透视体块。

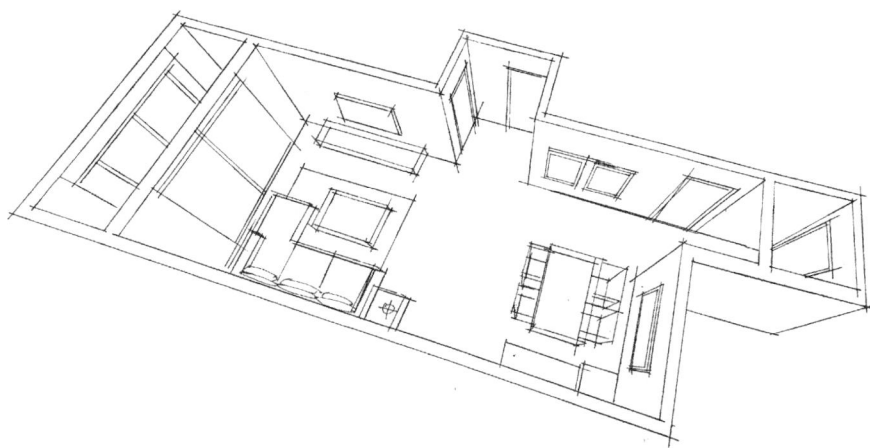

（4）深入刻画家具及室内装饰品，注意一些形体会产生透视变化，比如电视机和艺术挂画的形体变化。

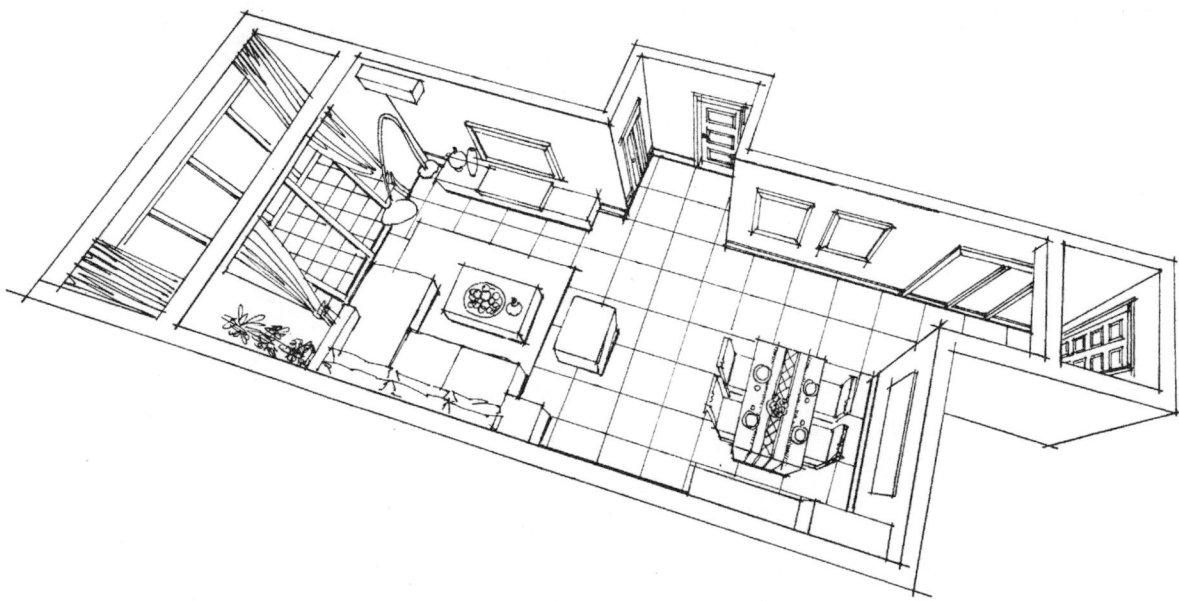

（5）更进一步地对物体进行刻画，丰富艺术挂画的内容和地面材质的体现，加强光影效果，突出画面主体和周围环境的关系。

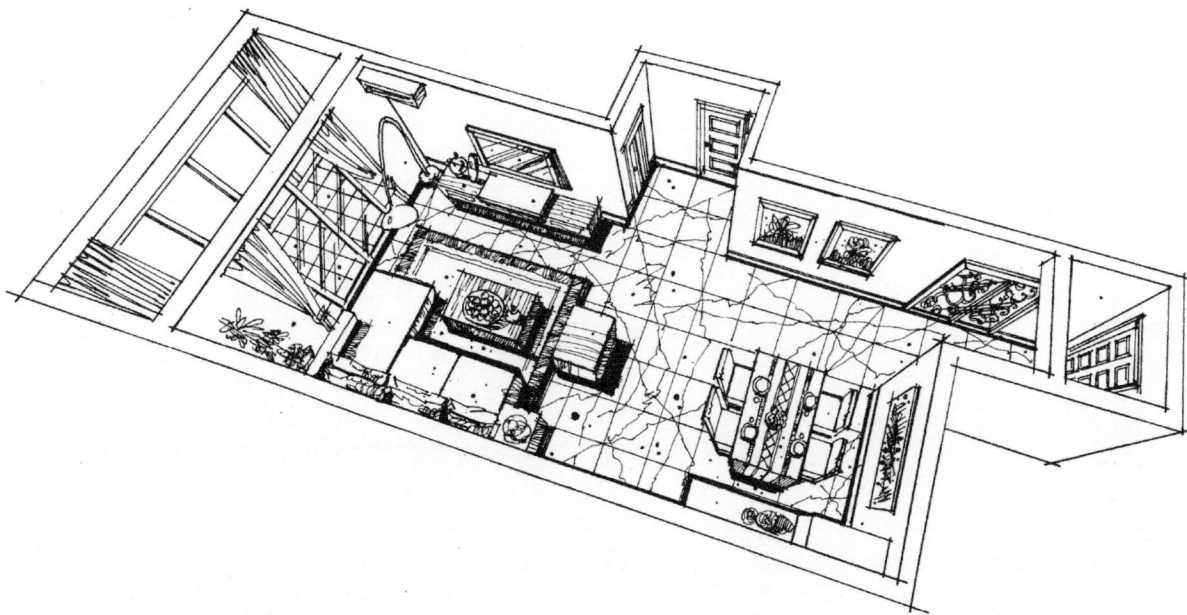

10.3.3 单身公寓表现

（1）先把室内空间的平面按照空间格局和比例关系绘制出来，然后确定地面型材的铺设，接着根据所要表现的重点确定灭点的位置。

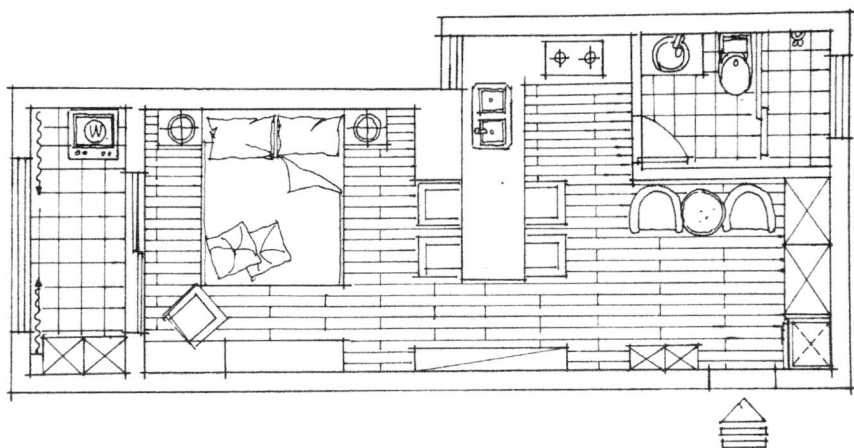

（2）画出整体空间的外墙框架，注意所有的墙线都消失在同一个灭点上。

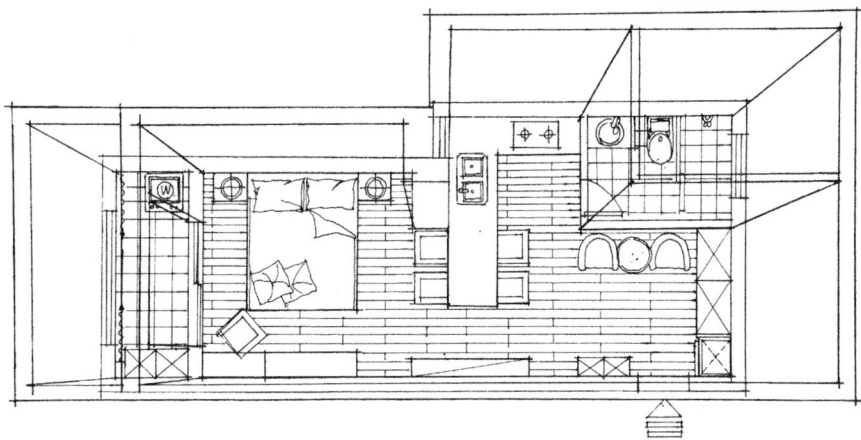

（3）画出每个家具形体的高度，家具的尺寸要相互比较来确定，这主要通过自己的绘画感觉和对家具尺寸的了解来定。对于手绘表现图来说，只要确保基本的形体、结构和比例准确就可以了。

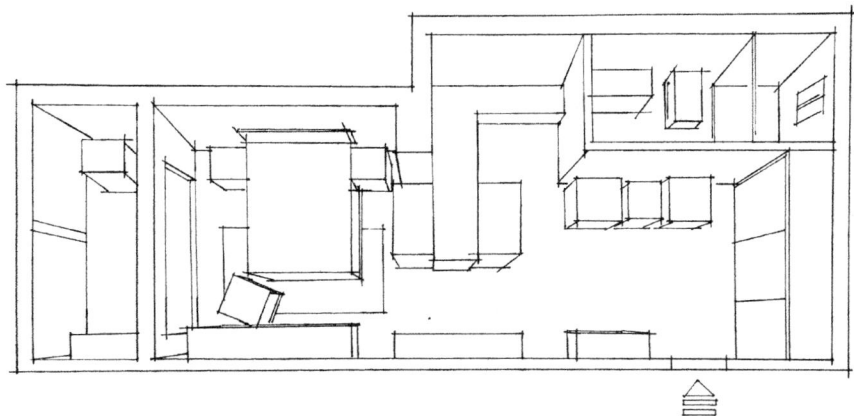

（4）在上一步的基础上，对家具的形体进行深入刻画，准确地绘制出其结构和造型，不断地完善画面的细节。

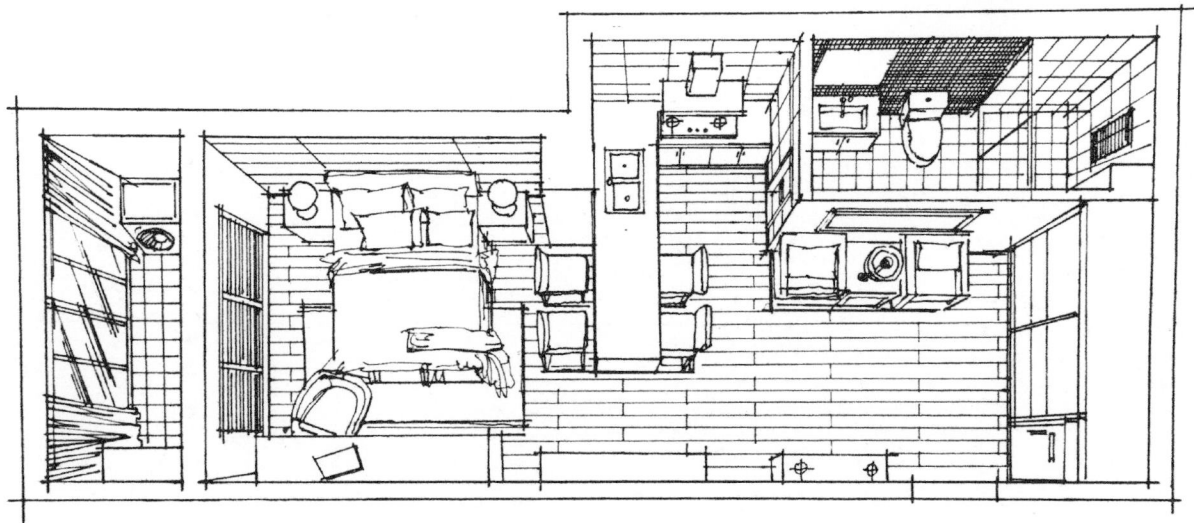

（5）加强物体的阴影关系，让物体在整个空间中都能够更有立体感，尤其是对物体底部的刻画，要体现出物体在画面上的虚实变化，使整体画面更具有层次感。然后加强画面的黑白灰阴影对比，表现出具有强烈视觉冲击力的画面效果。

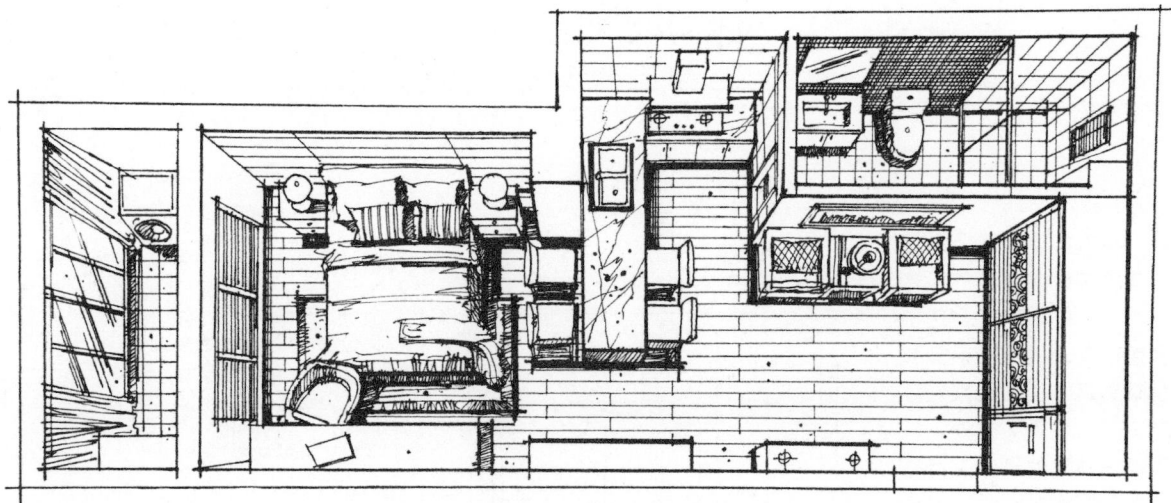

10.3.4 整体室内空间表现

（1）室内全景的表现相对来说比较复杂，但是方法和单一空间的画法大致相同。首先找准三点透视的3个灭点的位置，然后按照透视原理画出所有室内墙体。

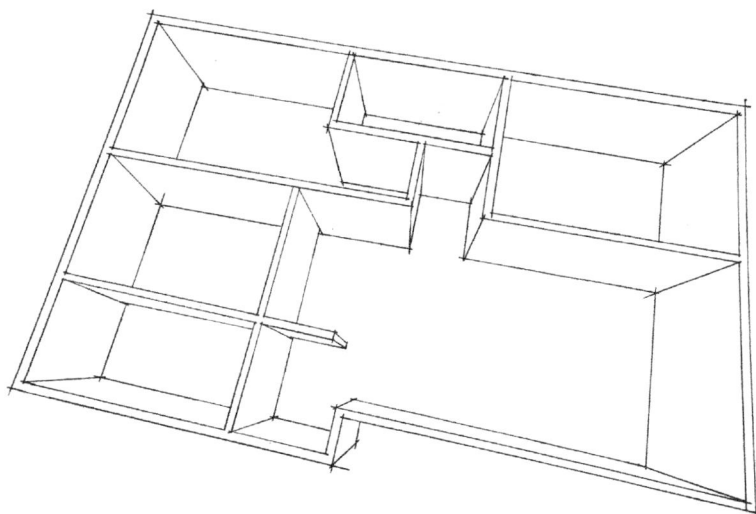

（2）确定家具在空间格局中的摆放位置，然后画出其平面图。

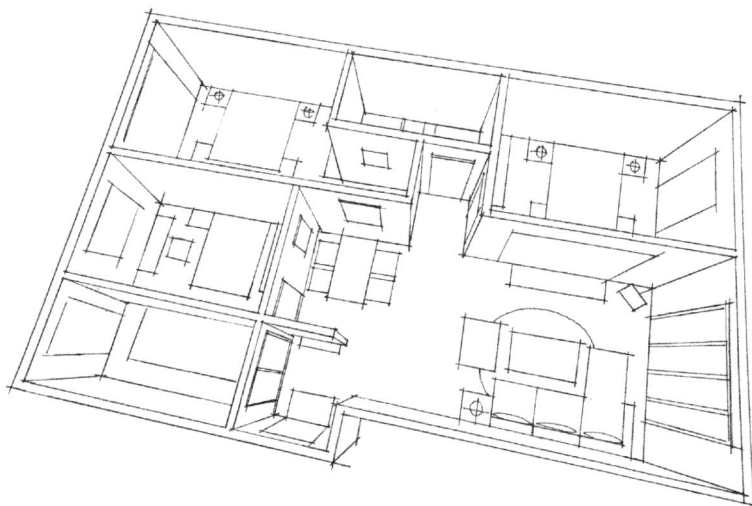

（3）画出家具及陈设的尺寸高度，形成家具的透视体块。

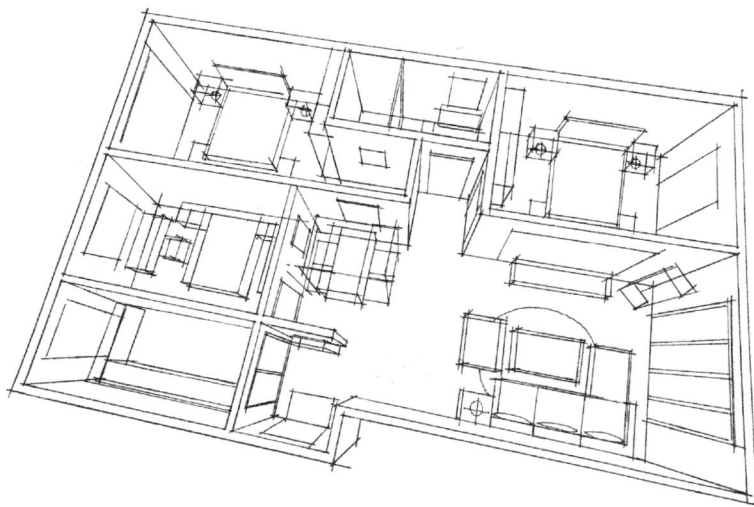

（4）细化所有家具的造型和结构，丰富立面的造型设计和地面砖材的铺设，添加软装配饰进行点缀，以活跃室内家居的氛围，增强其艺术效果。

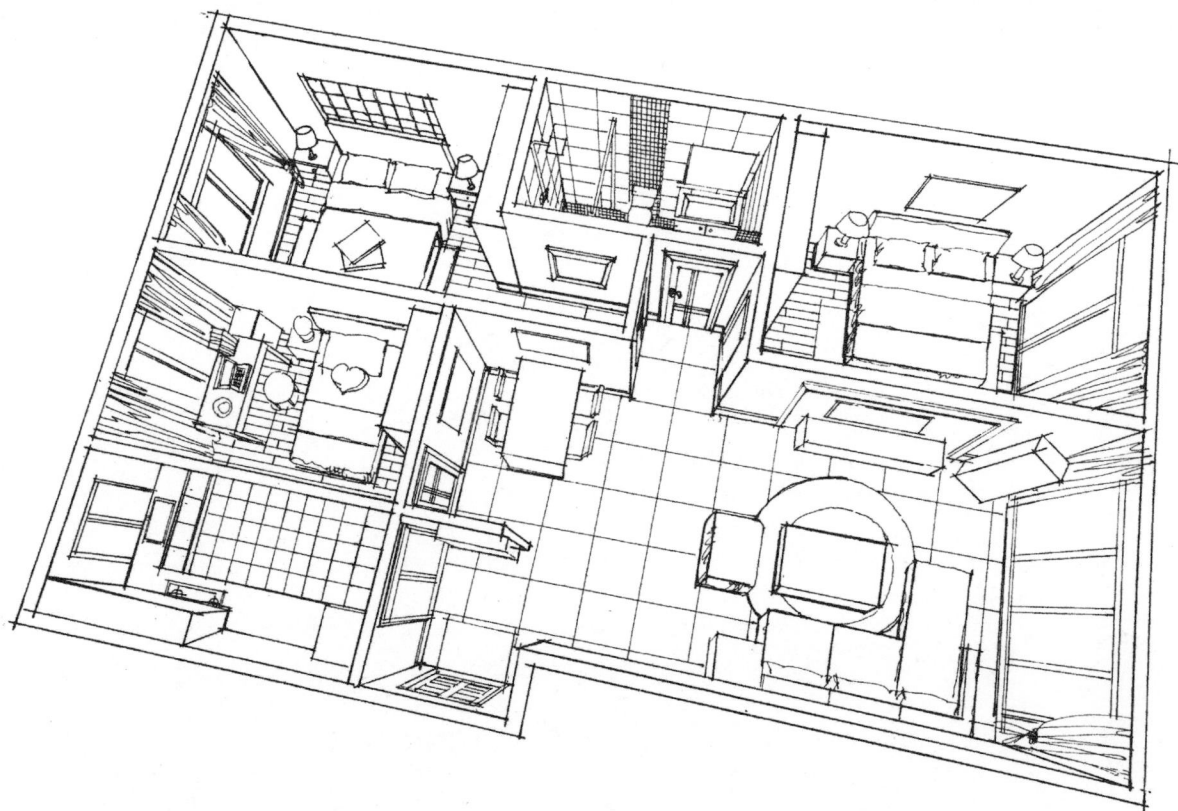

（5）加深墙体的结构线，然后加强画面黑白灰阴影效果的刻画，接着画出画面的光影效果。

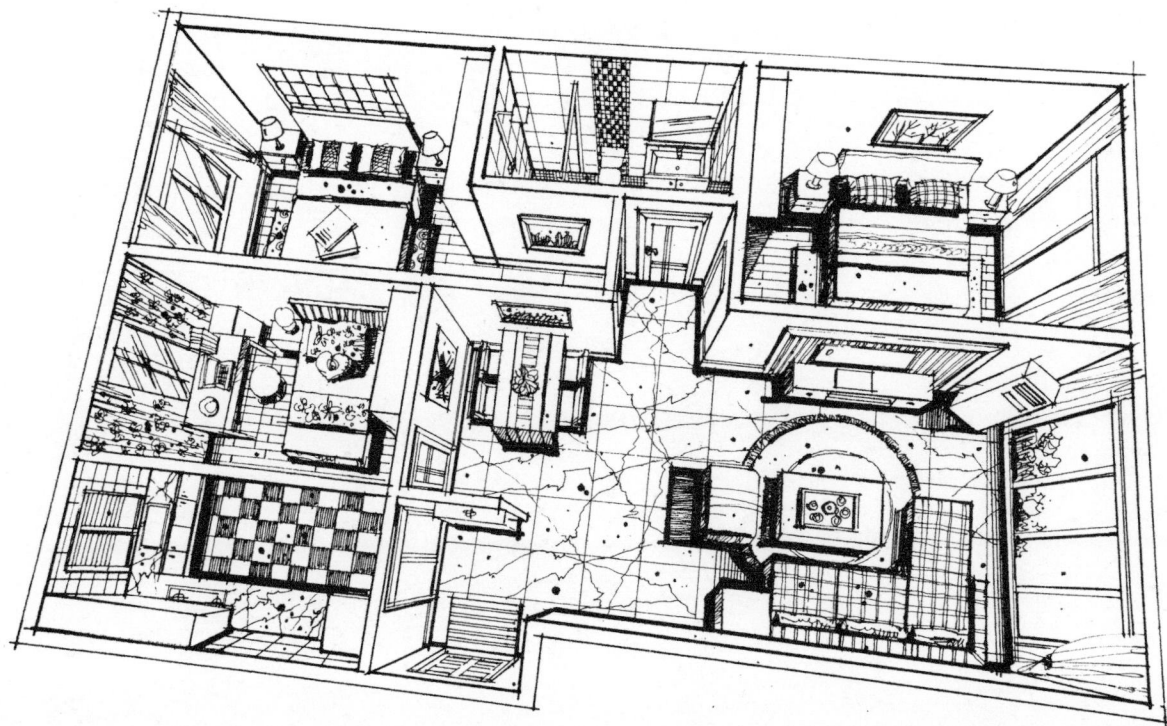

第11章 马克笔表现与透视

11.1 马克笔表现基础

11.1.1 马克笔的种类

马克笔的颜色较多，可达上百种，且色彩的分布按照使用的频率分成几个系列，使用非常方便。尤其它的笔尖有多种粗细和形状，可以画出多种效果的线条。利用马克笔的各种特点，可以创造出多种风格的室内透视图。

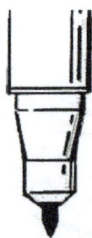
细头形

平口形

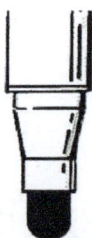
圆头形

方尖形

油性马克笔有较强的渗透力，具有色彩透明度高、易挥发的特性，尤其适合在光滑的纸面或复印纸上着色，色彩容易扩散。但由于其具有易挥发的特性，因此一支笔用不了多久就会干涩，此时通过注射适当的溶剂即可继续使用。在室内透视图的绘制中，油性马克笔使用得更为普遍，且容易出效果，所以本节内容着重介绍油性马克笔的技法。

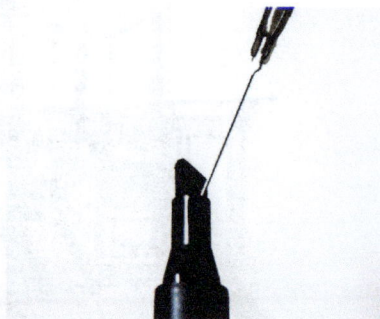

11.1.2 马克笔的使用技巧

1.笔触分类

由于马克笔笔触单调且不便于修改，所以在绘图中力求用笔肯定、准确、干净利落，切忌拖泥带水，同时用笔要大胆，敢于去画，并要反复进行练习。

马克笔运笔时主要有平铺、叠加、留白和点的方式，下面逐一进行介绍。

平铺

这种笔触是表现过程中最常见的笔触，基本处于全涂的状态，主要运用于大面积的体块空间。其笔头与纸张成45°，下笔时力度均匀，一气呵成。平铺时一定要注意线条的粗细变化及运用，避免产生画面呆板的现象。

叠加

一幅表现图中如果仅有平铺或者只有直线条的表现，画面就会显得很僵硬，所以马克笔的颜色是可以叠加的，一般在第一遍颜料还没有干透的情况下进行叠涂，这样可以使颜色快速地融合到一起。但是叠涂的次数不宜太多，最多不能超过3次，以避免纸面起毛，影响颜色的透明度。

留白

马克笔笔触的留白主要是为了反映物体的光影，增强画面的活泼感，如果把整个画面都铺得满满的，会显得闷，毫无生气。所以在刻画物体的过程中，可以对画面进行适当的留白。

点

点的运用讲究用笔灵活，没有很明显的方向感，这种笔法多用于点睛之处，或者用于表现植物等。

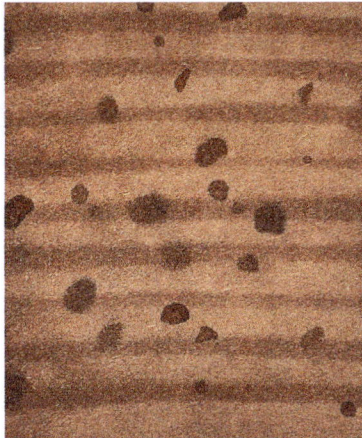

2.马克笔的握笔技巧

垂直握笔法

水平握笔法

3.马克笔的表现要领

第1点：用笔果断，起笔、运笔和收笔的力度要均匀，排线时笔触要尽可能按照形体的结构走，这样更容易表现出形体的结构与透视感。

第2点：用笔用色不拘于细节上的对比，注意笔触之间的排列和衔接，体现笔触本身所带来的美感。

第3点：适当地对画面留白，切忌把画面画得过满、过闷。

第4点：注意笔触的综合运用，丰富画面感。

第5点：画面不要太灰，要有明确的明暗对比关系，偏深的颜色要运用得当。

4.错误的用笔方法

第1种：起笔和收笔过重，导致两头重，中间轻。　　第2种：有头无尾，收笔太过草率。

第3种：笔头的下半部分没有均匀接触纸面。　　第4种：运笔犹豫不决，缺少自信。

5.马克笔渐层法

下面用同一色系不同明暗度的3支马克笔示范明暗渐变效果的绘制步骤。

第1步：选择同一色系里颜色最浅的马克笔垂直均匀地平铺一层。

第2步：在最浅的颜色还未干透时，用更深一些的颜色从左到右进行垂直均匀的平铺，此时会出现很明显的两个色块。

第3步：在第2种颜色干透之前，用第1种颜色迅速在两色块的交界线上来回叠涂几次，使边界的颜色自然过渡。

第4步：用最深的颜色从左到右来回平铺，如需要，可及时用第2种颜色叠涂过渡，使交界线颜色过渡自然，直到色彩过渡得有渐变效果为止。

用渐层法给右图这组单体组合进行上色。马克笔上色对于初学者来说有一定难度，不易把握，它不但要求初学者有较好的色彩学知识和色彩搭配能力，而且需要熟练掌握用笔技巧。我们不妨先从简单的单体开始练习，在表现上只要刻画出它本身的颜色和材质即可，无须考虑它在场景中的环境色变化。

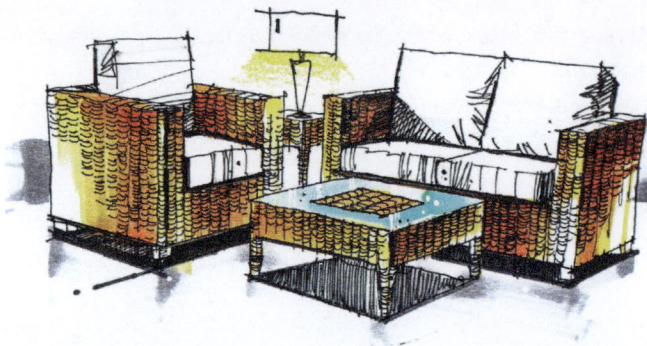

11.1.3 马克笔的色彩表现

在马克笔练习的最初阶段，可以用单色进行表达，这样就不必进行颜色的搭配，只需考虑物体的明暗关系和阴影的层次即可。这一阶段主要是对用笔的灵活性、笔触之间的连接等方面进行练习。

平铺

渐变

1.单色表现立方体光影

用马克笔单色表现物体时不需要考虑物体的色彩关系，只需要考虑明暗关系就可以，相对来说比较容易。下面我们以立方体为例，画出其明暗关系。

（1）在确定立方体形态的基础上，假设一个光源，并确定光线方向，受光部为亮面，背光部为暗面。

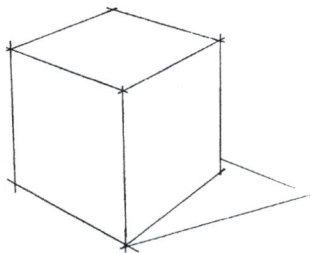

（2）把握光线的方向，找出明暗交界线的位置。

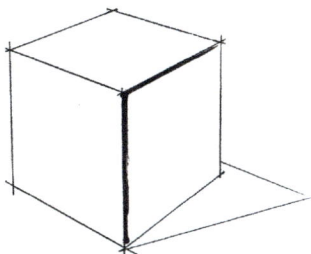

（3）从明暗交界线开始用平铺法绘制暗面，用粗而平的笔触逐步退晕，注意反光处的控制，不能全部画满，要留有一定的缝隙。

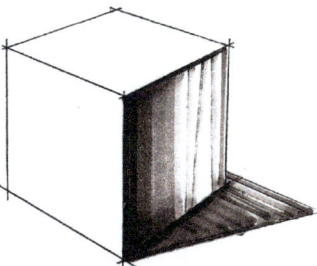

（4）处理暗面与阴影的明暗关系。在明暗表现图中，阴影的刻画是必不可少的。在完成暗面与阴影的表现之后，需要对画面的整体进行调整，直至完成。

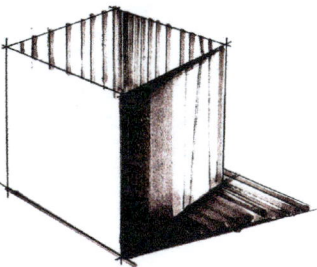

2.单色表现圆柱体光影

在表现圆柱体时，可以把它区分为亮面、灰面、明暗交接线、暗面、反光及投影。

亮面是接受光线最强的部位，可以根据物体表面的平滑度进行有区分的刻画。在光线特别强的情况下，可以进行留白的处理。

明暗交界线是亮面与暗面的衔接处，通常在马克笔表现时是最重的一个部位，也是最该强调的一个部位。如果用笔上一次颜色不够，可以进行多次叠涂，但是要注意亮面与暗面的过渡。

灰面远离光源后会变弱，可以把它理解为明暗交界线与亮面的一个过渡面，在马克笔颜色的选用上可用浅于明暗交界线的颜色。

暗面不受直射光照射，而受反射光照射，暗面处理的好坏会直接影响这个物体的效果。暗面是最为复杂的一个面，因为它受周围环境的影响没有一个很明确的色相，所以马克笔表现不到位会使其显得很闷、不透气，而且叠涂次数多了很容易显脏。因此用马克笔刻画暗面的时候，需要看准颜色一笔到位。

反光是由周围光线的折射所产生，所以它再亮都不能超过亮面，在表现过程中可以适当地作留白处理，可以用彩铅作调整，或者后期用涂改液进行提亮。

投影的处理主要根据光源和周围环境而定，在表现上要注意前后左右的色彩变化，投影的刻画可以使空间产生前后深远的透视效果。

11.2 用马克笔表现室内透视空间步骤详解

在手绘表现图中，为了视觉效果和画面的真实性，我们通常会给透视线稿上色，画出丰富的色彩变化。由于马克笔具有着色简便、绘制速度快且容易出效果等特点，一直是设计师的首选工具。在着色前，首先要考虑画面的整体色彩关系，比如冷暖关系、黑白灰关系。同时也要注意物体的材质和光感的表现与营造。下面我们介绍一些运用马克笔、彩铅上色的室内实例来具体分析。

11.2.1 酒店客房

（1）先画出大面积的地板颜色，按照两点透视的灭点方向运笔，第一遍主要以平铺为主，注意笔触之间的衔接与变化。为床头柜和部分墙面上色。

大面积色块直接用马克笔进行直线平铺。控制好画面的整体色调，运用马克笔的笔触变化，以避免画面呆板。

用马克笔的细头画直线，活跃整个地板色块。

（2）在整个暖色调里可以适当地加一些冷色调，使整个画面形成冷暖之间的对比，所以将休闲沙发及镜面处理成蓝色，此时的画面形成了两大色系。在上第1遍颜色的时候，可适当选纯度高一些的颜色，根据画面的需要再进行调整。

用马克笔渐层法表现玻璃或者镜面的质感。

镜面的表现：选用一支偏蓝灰色的马克笔画出镜面的颜色。待第1遍颜色还未干透时用一支深灰色的马克笔降低第1遍颜色的纯度，然后运用渐层法丰富这种微妙的变化效果，注意运笔要由浅到深。

（3）进一步画出家具的固有色，表现出受光部和背光部，画一些柔性材质的时候可通过叠涂来完成。

在沙发亮面的处理上，只要有几笔淡淡的色相即可。

马克笔笔触的排列要按形体透视方向表现。

受光部不宜用马克笔重复排笔，用笔要轻快，一两笔就到位。

（4）继续深入刻画形体颜色，用彩色铅笔过渡色彩的变化，加强灯光效果，突出主体，深化形体的投影关系，然后用涂改液表现出受光部或者轮廓线。

运用灰色马克笔加强暗部的明暗对比来丰富层次。

运用彩铅的过渡体现反射度较高的镜面对环境色的反映。

用彩铅表现地毯，很容易画出质感。

11.2.2 中式客厅一

（1）用深色马克笔
铺设地面，稳定整个画
面。注意用笔要大胆，笔
触干净利落，同时强调画
面的深远关系。

马克笔线条可以丰富投影的层次与变化。

（2）因为中式的室
内设计主要是以暖木色为
主，所以我们选用红棕色
的马克笔铺满家具的固有
色和背景造型。同一材质
在空间的处理上要进行适
当的区分，以使空间多一
些层次感。

减弱远处的颜色浓度以和近处的颜色形
成对比，加深画面的透视感。

运用平铺法画出物体的固有色，并大致
区分出明暗。

（3）通过蓝色的地毯和电视屏幕表现整体空间的冷暖对比关系，使整个空间不会显得特别拥挤。每表现一个阶段，都要考虑画面整体的黑白灰关系。

画光时可以先留出光照的轮廓，然后用马克笔细致地刻画出光感的强弱变化。

暗面的处理要注意深浅层次，使物体显得更透气。

（4）运用马克笔结合彩铅刻画重点和细节部分，然后调整画面的整体虚实关系，以及色彩的变化。画面中有些部分不一定要一次性涂满颜色，可以借用铅笔过渡，否则画面容易失去活力。在画一些鲜艳的颜色时要谨慎，几笔点到即可，否则画面会很花哨。

用涂改液画衬布的转折处，增强室内光感。

为了加强明暗对比和丰富层次，可以先用马克笔平铺一遍，然后用彩铅从下向上快速过渡。

部分形体进行留白处理。

281

11.2.3 中式客厅二

（1）一般在表现中式风格的室内透视图时，主要以暖木色为主，可以先选用一支暖黄色的马克笔进行大面积的涂色，确定好主色调。

用灰调子的马克笔轻轻地涂画吊顶。

上第1遍颜色的时候，装饰花格的色调不需要有太丰富的变化，用一支笔即可完成。

（2）为了突出家具，地毯和装饰墙面可以用暖深色表现，稳住整体画面，不断完善透视图的整体配色。

用渐层法从上到下大面积表现墙纸，注意越往下颜色越深。

用画墙纸的颜色平铺地毯，使整个空间的色调更统一。

（3）深入刻画每个物体的造型和明暗关系，以及配景的颜色，烘托出室内的氛围。调整局部与整体的关系，突出主体家具在画面中的视觉中心位置。

运用黄色彩铅提亮亮面颜色，增强光感和深浅关系。

（4）完善和整理画面的色彩关系，确保构图的完整性，用彩铅柔化物体的环境色。

墙纸的图案用白色的高光笔，按照图案的透视变化画出来。

木纹材质的表现可以先用钢笔刻画出丰富的纹理，然后用马克笔进行渐变上色。

利用涂改液表现出高光，增强画面效果。

11.2.4 欧式卧室

（1）先用马克笔平铺大面积的地面，要注意顺着一点透视的透视方向运笔，笔触要均匀、流畅，并注意在运笔过程中地面的虚实变化。

地板的刻画先用马克笔平铺一遍，顺着地面透视方向运笔，在颜色未干透时用稍深一些的颜色对中间部位进行叠涂，使画面更生动、有变化。

（2）用深色的马克笔对所有的家具进行暗面的刻画，突出形体的明暗与空间关系。此时可以先不考虑每个物体暗面之间的变化，后期可以通过环境色的表现区分出明暗变化。

家具暗面的表现一般会做留白处理，以免整个暗面沉闷。

上色时顺着形体的结构运笔。

（3）运用马克笔绘
制出大面积护墙板的固有
色，通过颜色的深浅变化
表现空间的深远关系，同
时画出小面积的冷色进行
对比。

注意家具暗面层次变化的刻画。

（4）深入刻画每个
物体的明暗及冷暖关系，
加强画面的对比度，然后
用彩铅补充画面的细节部
分。要注意整体刻画到
位，不要过于着眼局部而
忽视了整体。

通过彩铅刻画墙纸的细腻质感。

用涂改液点画，丰富画面。

11.2.5 欧式客厅

（1）在用马克笔上色之前，可以先用彩铅进行颜色的搭配，在心里有一个大致的色彩搭配概念，以免出现马克笔画错无法修改的问题，即要先确定正确的上色步骤。

光源处用暖黄色的彩铅轻画一遍。

（2）快速表现出透视图的大体色彩关系，并注意同一个色系的颜色区分，然后加强地面的光影关系。

电视屏幕的表现一定要注意色彩的渐变关系。

竖直的排线可以表现地面的反光。

在暗面投影的处理上，要有丰富的深浅变化关系，使画面显得更透气。

（3）深入刻画每个物体的明暗及色彩冷暖关系，对阴影部分进行强化。

用竖直线的马克笔笔触体现茶几面光滑的质感，笔触的宽窄及明暗根据周围的陈设品决定。

反光的处理在用笔上不宜过多。

沙发的转折处适当留白，更能体现形体的体积。

（4）丰富室内的灯光效果和配景颜色，然后调整画面的整体色彩关系。

用黄色彩铅轻轻地画出室内光。

刻画投影时，要注意物体与投影之间的空间距离，拉开形体与墙面的距离。

利用彩铅丰富地面的环境色。

11.2.6 整体空间表现一

（1）选用一支灰色
马克笔表现地面的颜色。

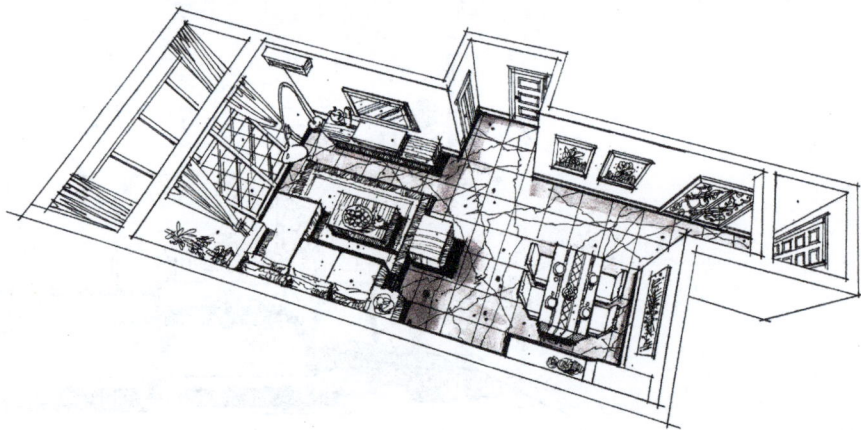

（2）找出画面当中
的木制家具，分别铺涂其
固有色，同时为了刻画出
整体画面的冷暖变化，将
地毯和玻璃材质用蓝色表
现。注意由于光线，要表
现出色彩的渐变关系。

通过色彩的深浅变化来体现地毯的明暗
变化。

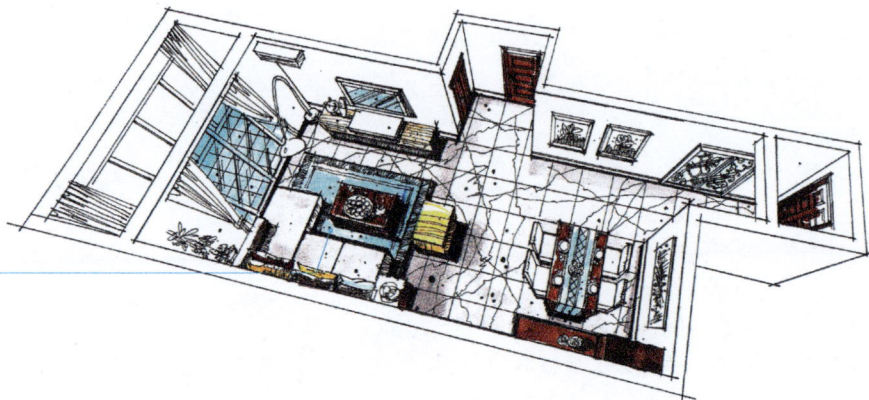

（3）将墙面进行色
彩搭配，使整体画面形成
一种整体关系，此处用笔
可随意、自由一些。

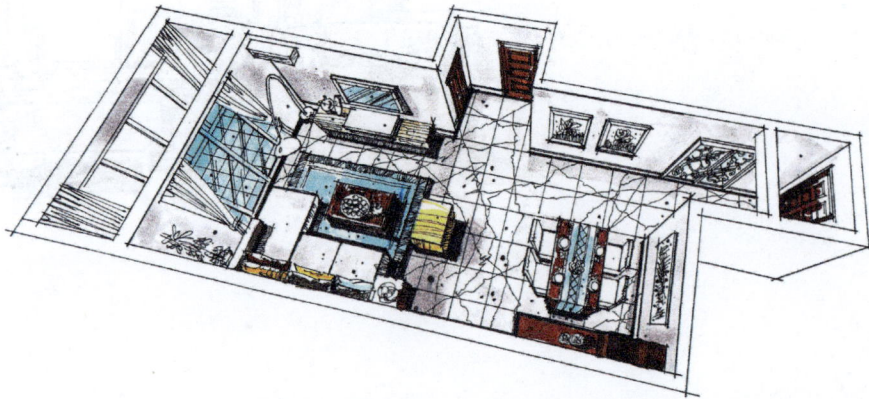

（4）用暖色彩铅对地面进行处理，加强环境色的营造，制造出家居的温馨感。

通过彩铅调整画面，增强光感。

（5）深入刻画物体的每个细节，尤其要注重颜色的对比和材质的刻画。

用彩铅过渡门板的渐变色彩，使整个色调更为统一、协调。

（6）调整画面整体的虚实关系和色彩的变化，鲜艳的颜色在整体画面中要有呼应，大面积地砖的刻画要有丰富的自然变化。

用涂改液勾画出地砖的高光，表现砖面质感。

用马克笔尖头勾勒出窗帘的暗面。

11.2.7 整体空间表现二

（1）鸟瞰图的表现所要传递的内容主要是空间的格局、家具的搭配、立面的造型艺术和整体色彩的搭配。在表现时应尽量把物体的固有色表现出来，所以先把大面积的地面材质画出来，并确定它们的色彩。

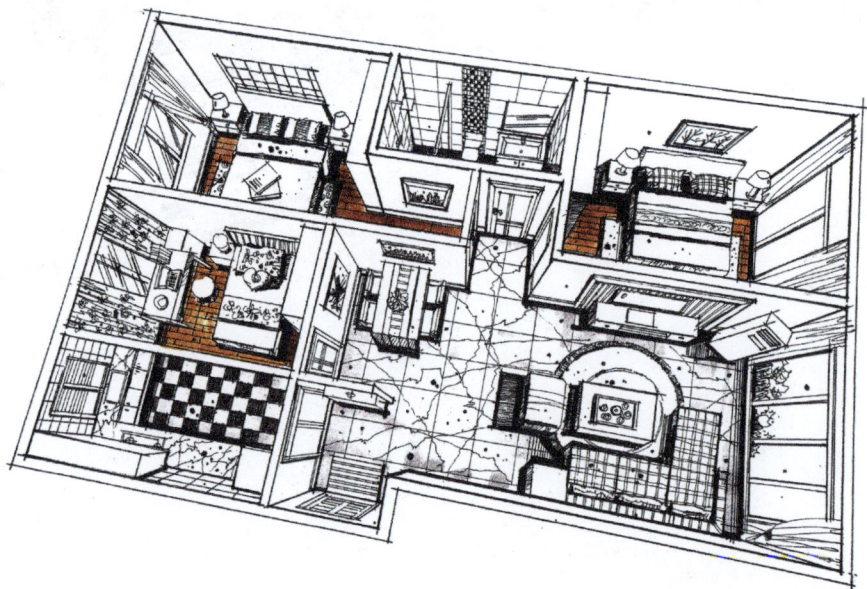

（2）找出最感兴趣的空间或者主体物大胆地用马克笔进行表现。在表现时一定要考虑特殊空间的定位，比如图中的儿童房墙面可以用粉红色进行表现，以体现该空间的特定效果。

一些较纯的颜色用马克笔简单画几笔即可，然后找出同类色的彩铅过渡其明暗关系。

转折面通过明暗色调进行区分。

（3）深入刻画每个空间和物体的明暗及色彩，注意物体与物体之间的冷暖和虚实关系。

用马克笔渐层法来表现地毯的明暗层次。

用点画法可以刻画出变化丰富的马赛克效果。

（4）利用彩铅进行细节上的刻画和调整，以衔接整体空间的色彩效果。

利用彩铅体现窗户的透明度。

11.3 用马克笔表现室内设计图

马克笔的绘制练习，最终目的是服务于设计图的表现。由于马克笔具有快速出效果的特点，更有利于设计师创意构思的表达，而且其色块对比强烈，具有很强的形式感。接下来我们用马克笔表现室内平面图和立面图。

11.3.1 室内平面图的表现

对于一幅室内平面图而言，虽然不能很完整地表现出透视关系，但是需要考虑的内容还是比较复杂的，因为平面图所传达的信息是多方面的，比如空间与空间之间的关系，空间与周围环境的关系，空间的动线场景，等等。那么我们将如何给予其生动的表现呢？在表现中又要注意哪几个方面呢？

首先，在绘制平面框架和家具陈设时，比例和尺寸一定要精准。其实，平面手绘是设计师安排功能的区分和整体构思过程的体现，应该从大角度出发，不必花太多的时间抠细节，主要考虑的还是空间划分和人流路线等。在这个构思过程中，正确的比例关系把握要到位。

其次，为了丰富整个画面的视觉效果，可以把图中的内容（家具、电器、绿色植物等）进行深入刻画，尤其是对物体材质的表现，应该更到位，以免画面产生呆板或者平淡之感。

再次，为了凸显空间关系，物体的投影部分是尤其不能忽略的，投影的刻画可以体现光影的投射效果，更能衬托物体，使平面空间看起来有立体感。

最后，在进行表现时还要体现出表现图的基本原则，线条的轻重和粗细变化要得当，使平面表现图更显美感和韵律。

阳台Terrace

保姆房Servant Room

厨房Kitchen

卫生间Bathroom

餐厅Dinning Room

上UP

廊厅Hallway

套房卫生间Suite Bathroom

玄关Foryer

客厅Parlor

卧室套房Bedroom Suite

主入口Main Entry

电梯Elevator

阳台Terrace

阳台Terrace

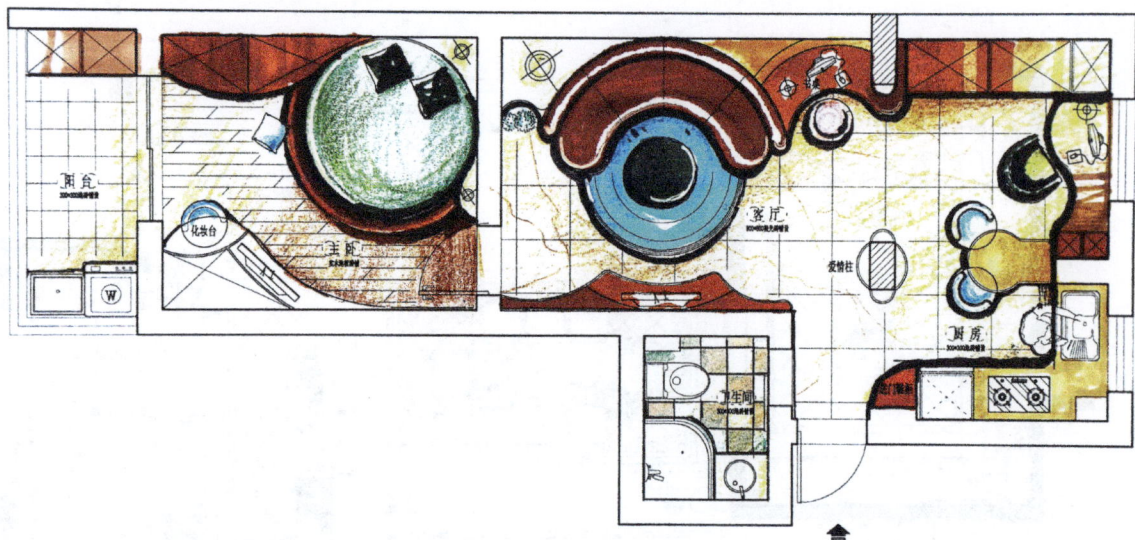

11.3.2 室内立面图的表现

在马克笔手绘表现图中，立面图的应用比较广，且容易出效果。它和平面设计图一样，也能传达设计师的整体设计立意，是室内设计表达基本图样之一，其主要反映立面的造型、材质搭配及色彩运用，并最终投入实际的施工，所以要求我们对立面的尺寸和装饰结构的表达必须准确到位。

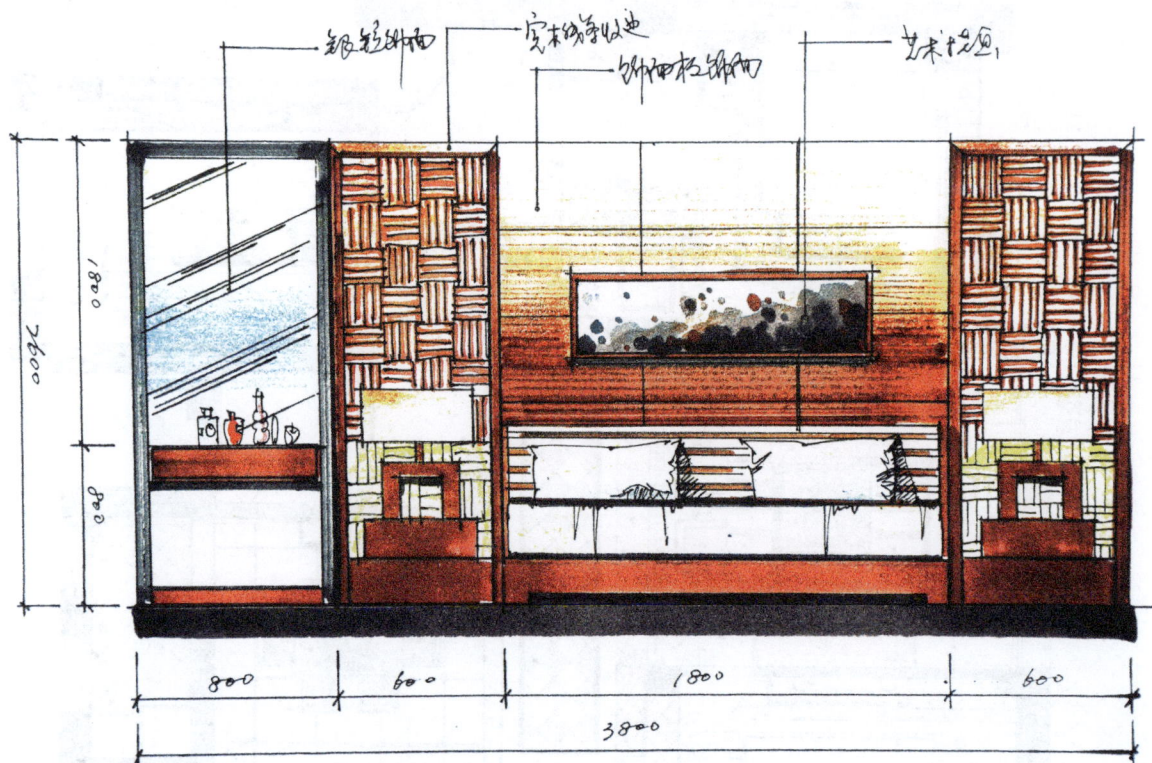

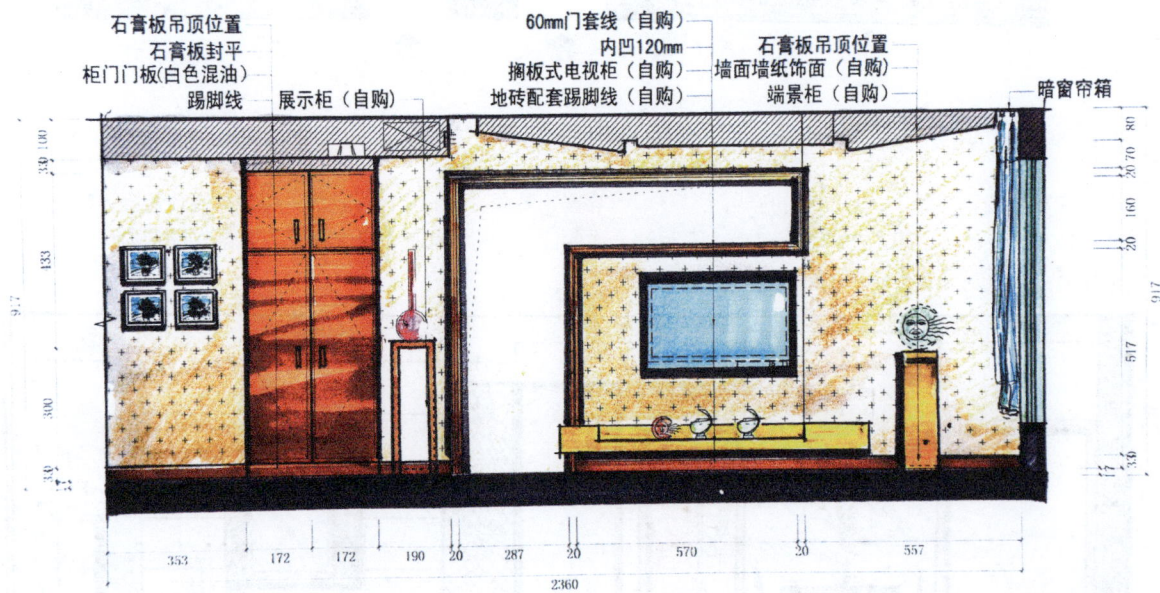

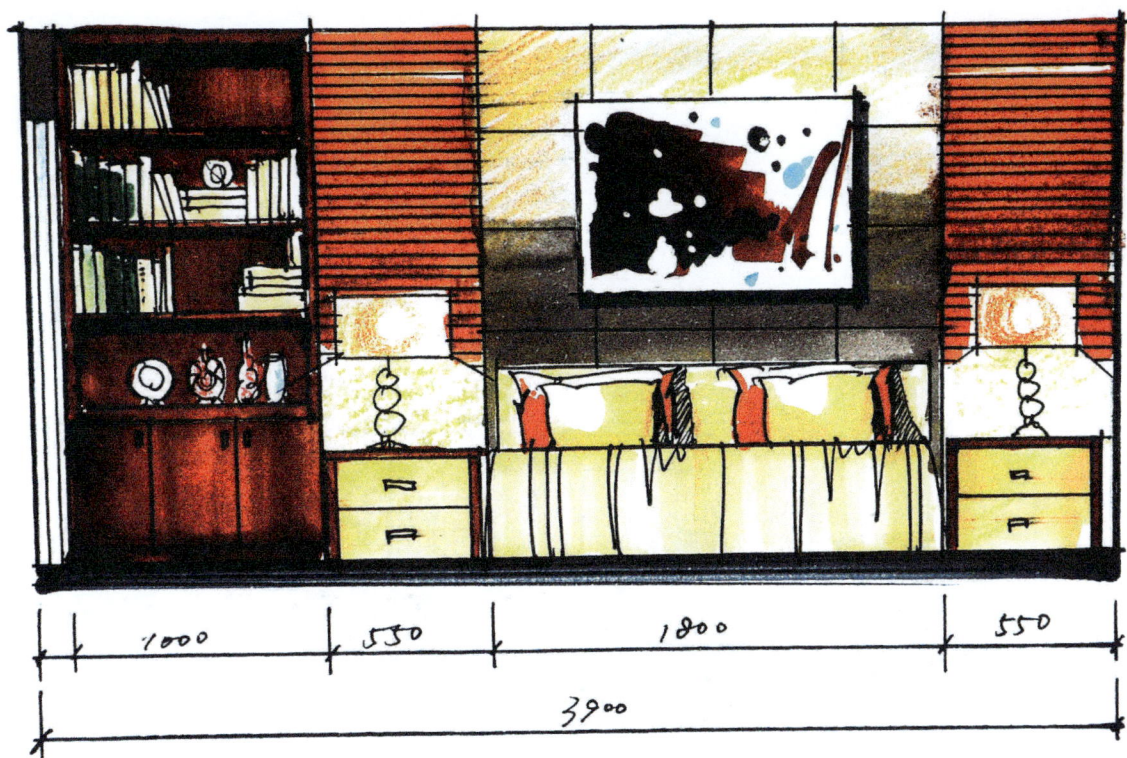

1000	550	1800	550

3900

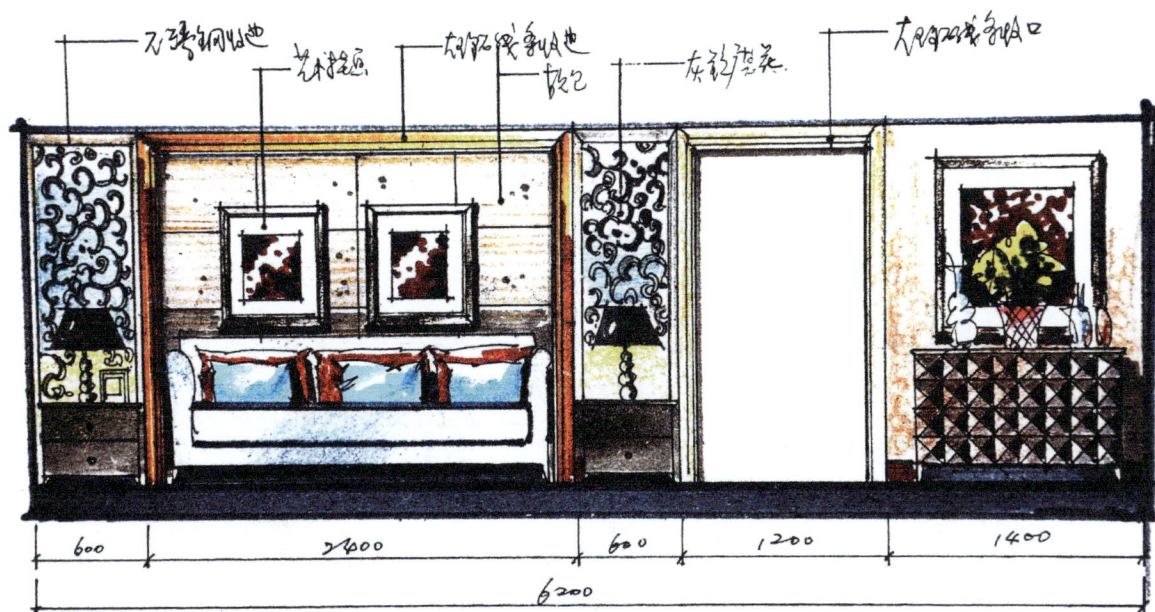

不锈钢拉丝   艺术挂画   内阳线刻A地   条纹壁纸   大阳线刻A开口
                                      饭记

600	2400	600	1200	1400

6200